高等职业教育机电类专业新形态教材

# 数控加工编程

主　编　周　平　孙德英
参　编　程显敏　邹竹青　王永山

机械工业出版社

本书共分4个项目，内容包括数控加工基础知识、数控车床编程与加工、数控铣床编程与加工、加工中心编程与加工。本书以FANUC数控系统为主，融数控加工工艺、编程、操作为一体，贯彻理论与实践一体化教学思想，以完成典型零件的编程任务为主线，以任务驱动、行动导向编排教材内容，重点突出、循序渐进、图文并茂、实例丰富，并配有二维码链接微课资源，通过生动形象的讲解和动画帮助学生理解知识、提升兴趣、提高学习效率。本书配有电子课件、教案、习题答案等资源，结合线上课程，形成"线上+线下"立体化教学体系。

本书可作为高等职业院校数控技术等专业的教材，也可作为企业数控加工技术操作人员的参考用书。

本书配套资源丰富，凡使用本书作为教材的教师可登录机械工业出版社教育服务网www.cmpedu.com注册后免费下载。咨询电话：010-88379375。

## 图书在版编目（CIP）数据

数控加工编程/周平，孙德英主编. —北京：机械工业出版社，2022.10
（2024.8重印）

高等职业教育机电类专业新形态教材

ISBN 978-7-111-71396-8

Ⅰ.①数… Ⅱ.①周… ②孙… Ⅲ.①数控机床-程序设计-高等职业教育-教材 Ⅳ.①TG659

中国版本图书馆CIP数据核字（2022）第148418号

机械工业出版社（北京市百万庄大街22号 邮政编码100037）
策划编辑：刘良超  责任编辑：刘良超
责任校对：李 杉 张 薇 封面设计：王 旭
责任印制：单爱军
北京虎彩文化传播有限公司印刷
2024年8月第1版第3次印刷
184mm×260mm·16.25印张·396千字
标准书号：ISBN 978-7-111-71396-8
定价：49.80元

电话服务 网络服务

客服电话：010-88361066 机 工 官 网：www.cmpbook.com
　　　　　010-88379833 机 工 官 博：weibo.com/cmp1952
　　　　　010-68326294 金 书 网：www.golden-book.com
**封底无防伪标均为盗版** 机工教育服务网：www.cmpedu.com

# 前言

目前,制造技术趋向智能化,数控技术是智能制造的重要应用领域,是智能制造能力的重要体现,其应用水平直接影响智能制造的质量和效率,因此,培养大量高端数控技能型人才,是促进智能制造产业可持续发展的重要保障。

本书是编者结合实践教学与企业生产中常用的数控系统,总结多年的教学经验,引用企业生产案例编写而成的。在编写过程中,编者严格遵循数控技术专业教学标准和高职人才的成长规律,紧紧把握科学性、实用性和先进性原则,促进课程标准与职业标准融通、课程考核标准与职业技能标准衔接,突出对学生实践动手能力和解决问题能力的培养,并融入素养提升元素,以提高学生职业素养和工匠意识。

本书共分4个项目,内容包括数控加工基础知识、数控车床编程与加工、数控铣床编程与加工、加工中心编程与加工。本书以FANUC数控系统为主,融数控加工工艺、编程、操作为一体,贯彻理论与实践一体化教学思想,以完成典型零件的编程任务为主线,以任务驱动、行动导向编排教材内容,重点突出、循序渐进、图文并茂、实例丰富,并配有二维码链接微课资源,通过生动形象的讲解和动画帮助学生理解知识、提升兴趣、提高学习效率。本书配有电子课件、教案、习题答案等资源,结合线上课程,形成"线上+线下"立体化教学体系。

本书在超星学习平台上有对应的在线课程,PC端访问地址为:https://mooc1.chaoxing.com/course-ans/ps/207391117。

本书由大连职业技术学院周平、孙德英担任主编,大连职业技术学院程显敏、邹竹青,中国华录松下电子信息公司王永山参加编写。孙德英编写项目1、项目4,周平编写项目2中的任务2.2~任务2.9、项目3中的任务3.2~任务3.9,程显敏编写任务项目2中的任务2.1,邹竹青编写项目3中的任务3.1,王永山负责各任务案例设计及课后训练内容。全书由周平统稿。

由于编者水平有限,书中难免存在不妥之处,敬请广大读者批评指正。

编 者

# 二维码索引

| 名称 | 二维码 | 页码 | 名称 | 二维码 | 页码 |
| --- | --- | --- | --- | --- | --- |
| 1-1 数控机床的分类 | | 5 | 2-4 刀尖圆弧补偿指令 G41/G42 | | 56 |
| 1-2 数控机床的坐标系 | | 11 | 2-5 G71 指令动作 | | 61 |
| 1-3 数控机床的坐标系与点 | | 14 | 2-6 G71 加工过程演示 | | 62 |
| 2-1 G90 指令动作 | | 45 | 2-7 G73 指令动作 | | 65 |
| 2-2 G94 指令动作 | | 47 | 2-8 G73 加工过程演示 | | 65 |
| 2-3 圆弧插补指令 G02/G03 | | 54 | 2-9 外径切槽循环指令 G75 | | 73 |

（续）

| 名称 | 二维码 | 页码 | 名称 | 二维码 | 页码 |
|---|---|---|---|---|---|
| 2-10 螺纹加工方法和切削用量的选择 | | 80 | 3-3 刀具长度补偿指令 G43/G44 | | 158 |
| 2-11 螺纹加工指令 G32 | | 80 | 3-4 子程序指令 M98/M99 | | 168 |
| 2-12 单一循环螺纹切削指令 G92 | | 82 | 3-5 坐标系旋转指令 G68/G69 | | 175 |
| 2-13 数控车床操作面板的认识和基本操作 | | 107 | 3-6 孔加工概述 | | 182 |
| 2-14 数控车床对刀 | | 111 | 3-7 固定循环指令 G81 | | 185 |
| 3-1 圆弧插补指令 G02/G03 | | 148 | 3-8 钻孔、锪孔循环指令 G82 | | 185 |
| 3-2 刀具半径补偿指令 G41/G42 | | 155 | 3-9 高速深孔往复排屑循环指令 G73 | | 186 |

（续）

| 名称 | 二维码 | 页码 | 名称 | 二维码 | 页码 |
|---|---|---|---|---|---|
| 3-10 啄式深孔钻循环指令 G83 | | 187 | 3-15 数控铣床对刀 | | 218 |
| 3-11 攻右旋螺纹循环指令 G84 | | 188 | 4-1 加工中心的分类和特点 | | 225 |
| 3-12 精镗循环指令 G76 | | 189 | 4-2 加工中心的自动换刀装置 | | 227 |
| 3-13 同类孔重复加工方法 | | 196 | 4-3 回参考点指令 G27、G28、G29、G30 | | 229 |
| 3-14 数控铣床操作面板的认识和基本操作 | | 214 | | | |

# 目录

前言
二维码索引
**项目 1　数控加工基础知识** ………………………………………………………………… 1
　任务 1.1　认识数控加工技术 …………………………………………………………… 2
　任务 1.2　数控编程基础 ………………………………………………………………… 11
**项目 2　数控车床编程与加工** ……………………………………………………………… 23
　任务 2.1　数控车削加工工艺 …………………………………………………………… 24
　任务 2.2　阶梯轴零件的编程与加工 …………………………………………………… 41
　任务 2.3　成形曲面零件的编程与加工 ………………………………………………… 53
　任务 2.4　切槽、切断的编程与加工 …………………………………………………… 70
　任务 2.5　螺纹的编程与加工 …………………………………………………………… 79
　任务 2.6　异形面的编程与加工 ………………………………………………………… 88
　任务 2.7　复杂轴类零件的编程与加工 ………………………………………………… 97
　任务 2.8　套类零件的编程与加工 ……………………………………………………… 103
　任务 2.9　FANUC 0i 系统数控车床操作 ……………………………………………… 106
**项目 3　数控铣床编程与加工** ……………………………………………………………… 114
　任务 3.1　数控铣削加工工艺 …………………………………………………………… 115
　任务 3.2　直槽的编程与加工 …………………………………………………………… 136
　任务 3.3　圆弧槽的编程与加工 ………………………………………………………… 146
　任务 3.4　内、外轮廓的编程与加工 …………………………………………………… 154
　任务 3.5　多个相似轮廓的编程与加工 ………………………………………………… 167
　任务 3.6　孔的编程与加工 ……………………………………………………………… 181
　任务 3.7　曲面的编程与加工 …………………………………………………………… 200
　任务 3.8　花形底座的编程与加工 ……………………………………………………… 206
　任务 3.9　FANUC 0i 系统数控铣床操作 ……………………………………………… 213
**项目 4　加工中心编程与加工** ……………………………………………………………… 222
　任务 4.1　立式加工中心板类零件的编程与加工 ……………………………………… 223
　任务 4.2　卧式加工中心箱体类零件的编程与加工 …………………………………… 237
**参考文献** ……………………………………………………………………………………… 249

# 项目1　数控加工基础知识

【工匠引路】

曹彦生——为导弹"雕刻"翅膀

曹彦生，是中国航天科工二院的是传奇人物，24岁就成为了高级技师。然而，耀眼成绩的取得，却源自他刚参加工作时一次险些铸成大错的事故。

2005年，曹彦生进入中国航天科工二院283厂，原以为能够接触到先进的数控加工设备，结果每天重复的都是简单的铣平面的工作，这让曹彦生心灰意冷。就在曹彦生心浮气躁的时候，一次操作失误让他彻底警醒。在一次铣平面的过程中，曹彦生输入坐标的时候输错了一个符号，瞬间，飞速旋转的刀具直接扎到了工作台上。尽管第一时间终止了错误的程序，但是，工作台上已经留下了一圈刀痕，这道痕迹更是深深地刻在了曹彦生的心里，沉下心的曹彦生慢慢认识到，看似简单的工作却是对自己心态和技能的全面锤炼。在这个岗位上，他一干就是3年。为了练就技能，日常生活中曹彦生只要看到一些复杂的结构，他都要想办法加工出来。

多年的技能磨砺终于迎来了用武之地。一次，厂里为国家某新型导弹加工空气舵，这是导弹的重要构件，犹如导弹的翅膀，直接影响着导弹的发射和飞行姿态，由于结构复杂、厚度薄，控制形变和对称度难度极大，两次做出来的产品都失败了，眼看整批次空气舵存在报废的风险，大家想到了曹彦生。当时正值春节，曹彦生一个人在车间里待了整整4天4夜，凭着多年积累的技术经验，曹彦生成功加工出了新的产品。十几年的时间里，曹彦生参与制造的导弹不断升级换代，他用高超的技术为高精度导弹的研制和生产保驾护航，让它们成为保家卫国的防空利剑。

曹彦生说:"每当看到我们制造的产品,那种自豪感,就觉得太给力了,觉得干这个事值了,真值了!"

## 任务1.1　认识数控加工技术

【学习目标】

掌握数控机床的概念及种类,熟悉数控机床的加工特点及适用范围,了解数控机床的产生背景和发展趋势。

【任务导入】

根据表1-1中的机床图片写出数控机床的名称、类型及应用范围。

表1-1　常见数控机床的名称、类型及应用范围

| | 机床名称 | 类型 | 应用范围 |
|---|---|---|---|
|  | | | |
| 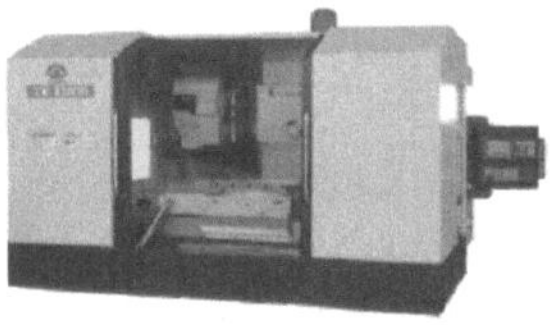 | | | |
| 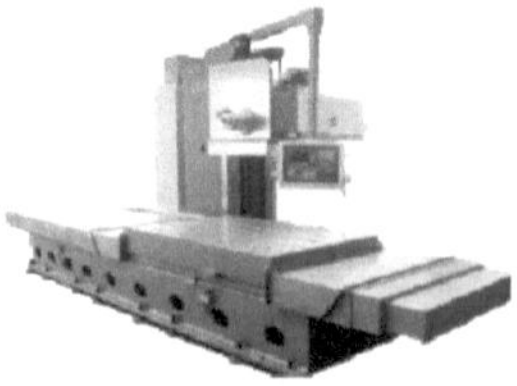 | | | |
| 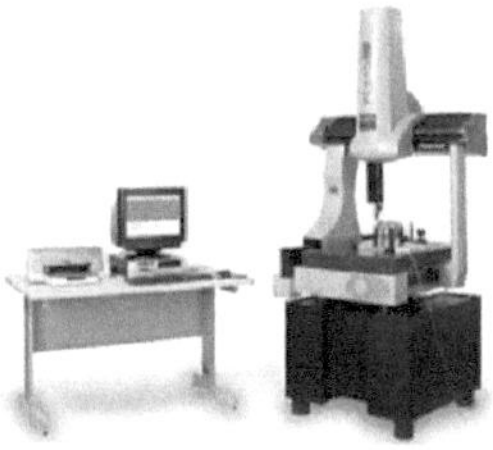 | | | |

项目1  数控加工基础知识

【新知学习】

一、数控机床的概念及组成

**1. 数控机床的基本概念**

数控（NC）——数字控制（Numerical Control），它是指用数字化信号对机床运动及其加工过程进行控制的一种方法。

计算机数控（Computer Numerical Control，CNC）——是用计算机控制加工过程，实现数值控制的系统，主要采用存储程序的专用计算机来实现部分或全部基本数控功能。

数控机床（Numerically Controlled Machine Tool）——装备了数控系统的机床称为数控机床。

**2. 数控加工的工作过程**

利用数控机床加工工件的过程如图1-1所示，主要包括以下内容。

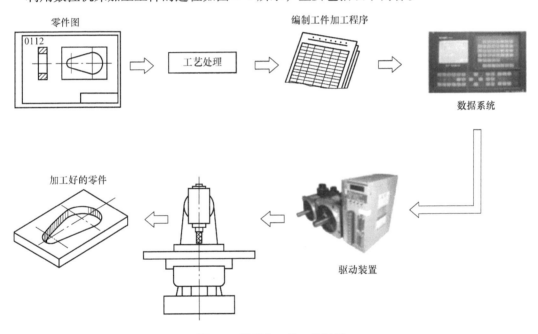

图1-1  数控加工的工作过程

（1）分析零件图样，确定工艺方案  编程人员首先要根据零件图，分析零件的材料、形状、尺寸、精度、毛坯形状和热处理等技术要求，明确加工的内容和要求，选择合适的数控机床、刀具及夹具，拟定零件加工方案，确定加工顺序、合理的走刀路线及切削用量等。

（2）数值处理  在确定了工艺方案后，就需要根据零件的几何尺寸、加工路线等，计算刀具中心的运动轨迹，以获得到位数据。计算出零件轮廓上相邻几何元素交点或切点的坐标值，得出各几何元素的起点、终点、圆弧的圆形坐标值等，以满足编程要求。

（3）编写程序单  按照数控装置规定的指令和程序格式编写工件的加工程序单。

（4）程序输入  加工程序可以保存在存储介质（如磁盘、U盘）上，作为控制数控装

3

置的输入信息。通常，若加工程序简单，可直接通过机床操作面板上的键盘输入；对于大型复杂的程序（如 CAD/CAM 系统生成的程序），经过串行接口 RS-232 将加工程序传送给数控装置或计算机直接数控 DNC 通信接口，边传送边加工。

（5）程序校验和首件试切　在正式加工之前，必须对程序进行校验和首件试切。通常可以采用机床空运行的功能，来检查机床动作和运动轨迹的正确性，以校验程序。

**3. 数控机床的组成**

数控机床主要由输入/输出装置、计算机数控装置、伺服系统和机床主体等部分组成，如图 1-2 所示。

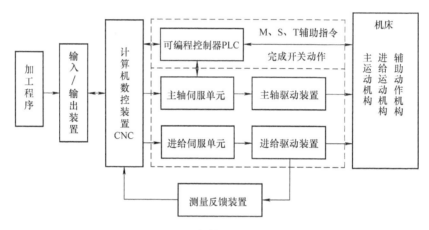

图 1-2　数控机床的组成

（1）输入/输出装置　在数控机床上加工工件时，首先根据零件图样上的零件形状、尺寸和技术条件，确定加工工艺，编制出零件的加工程序，程序通过输入装置，输送给机床数控系统，机床内存中的数控加工程序可以通过输出装置传出。输入/输出装置是机床与外部设备的接口，常用的输入装置有 RS-232 串行通信口及 MDI（手动输入）方式等。

（2）计算机数控装置　计算机数控装置是数控机床的核心，它接受输入装置送来的脉冲信息，经过数控装置的逻辑电路或系统软件进行编译、运算和逻辑处理后，输出各种信号和指令来控制机床的各个部分，进行规定的、有序的动作。

（3）伺服系统　伺服系统是数控系统的执行部分，其作用是把来自数控装置的脉冲信号转换成机床的运动，使机床工作台精确定位或按规定的轨迹做严格的相对运动，最后加工出符合图样要求的零件。每个进给运动的执行部件都有相应的伺服系统，伺服系统的精度及动态响应决定了数控机床的加工精度、表面质量和生产率。伺服系统一般包括驱动装置和执行机构两大部分，常用的执行机构有步行电动机、直流伺服电动机、交流伺服电动机等。

（4）机床主体　机床本体是数控机床的机械结构实体，主要包括机床的主运动部件、进给运动部件、执行部件和基础部件。数控机床机械部件的组成与普通机床相似，但传动结构要求更为简单，在精度、刚度、抗展性等方面要求更高，而且其传动和变速系统要便于实现自动化控制。为了适应这种要求，数控机床具有以下几个方面的特点：

1）进给运动采用高效传动件，具有传动链短、结构简单、传动精度高等特点，一般采用滚珠丝杠副、直线滚动导轨副等。

2）采用高性能主传动件及主轴部件，具有传递功率大、刚度高、抗振性好、热变形小

项目1 数控加工基础知识

等优点。

3)具有完善的刀具自动交换和管理系统。

4)在加工中心上一般有工件自动交换、工件夹紧和放松机构。

5)采用全封闭罩壳。由于数控机床是自动完成加工的,因此为了操作安全等原因,一般采用移动门结构的全封闭罩壳,对机床的加工部件进行全封闭。

半闭环、闭环数控机床还带有检测反馈装置,其作用是对机床的实际运动速度、方向、位移量以及加工状态加以检测,把检测结果转化为电信号反馈给数控装置。检测反馈装置主要有感应同步器、光栅、光电编码器、磁栅和激光测距仪等。

此外数控机床还有许多辅助装置,如自动换刀装置,自动工作台交换装置、自动对刀装置,自动排屑装置及电、液、气、冷却、润滑、防护等装置。

## 二、数控机床的种类

数控机床的分类方法很多,大致有以下几种。

**1. 按运动控制的特点分类**

(1)点位控制数控机床  点位控制数控机床只要求控制机床的移动部件从某一位置移动到另一位置的准确定位,对于两位置之间的运动轨迹不做严格要求,在刀具运动过程中,不进行切削加工,如图1-3所示。点位控制的数控机床为了提高效率和确保精确的定位精度,首先系统控制进给部件高速运行,接近目标点时连续降速,低速趋近目标点,从而减少运动部件因惯性过冲引起的定位误差。

1-1 数控机床的分类

具有点位控制功能的数控机床有数控钻床、数控镗床、数控压力机和数控电焊机等。

(2)直线控制数控机床  直线控制数控机床的特点是除了控制点与点之间的准确定位外,还要保证两点之间移动的轨迹是一条与机床坐标轴平行的直线,并且在两点之间移动时要进行切削加工,因此对移动的速度也要进行控制,如图1-4所示。

具有直线控制功能的数控机床有简易数控车床、数控铣床和数控磨床等,单纯用于直线控制的数控机床目前不多见。

(3)轮廓控制数控机床  轮廓控制数控机床能够控制两个或两个以上运动坐标的位移及速度,因而可以进行曲线或曲面的加工,如图1-5所示。

具有轮廓控制功能的数控机床有数控车床、数控铣床及加工中心等。

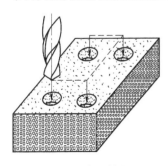
图1-3 点位控制

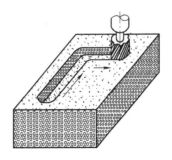
图1-4 直线控制

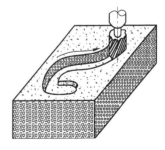
图1-5 轮廓控制

**2. 按伺服系统的类型分类**

（1）开环控制系统　开环控制系统是指不带反馈的控制系统，即系统没有位置反馈元件，通常用功率步进电动机或电液伺服电动机作为执行机构。其输入的数据经过 CNC 装置运算后发出指令脉冲，通过环形分配器和驱动电路，使步进电动机或电液伺服电动机转过一个步距角，再经过减速齿轮带动丝杠旋转，最后转换为工作台的直线移动，如图 1-6 所示。移动部件的移动速度和位移量是由输入脉冲的频率和脉冲数决定的。

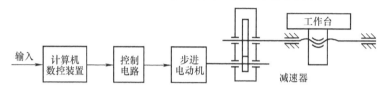

图 1-6　开环控制系统

开环控制具有结构简单、系统稳定、调试容易、成本低等优点。但是因为系统对移动部件的误差没有进行补偿和校正，所以控制精度不高。一般应用于经济型数控机床或旧机床数控化改造上。

（2）半闭环控制系统　如图 1-7 所示，半闭环控制系统的测量反馈装置安装在伺服电动机或丝杠的端部，通过测量电动机或丝杠的旋转角度来间接测量工作台的位移。由于惯性较大的机床移动部件不包括在检测范围之内，因而称为半闭环控制系统。

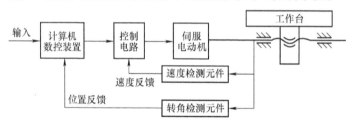

图 1-7　半闭环控制系统

这种系统的控制精度高于开环控制系统，稳定性较好。由于闭环内不包括机械传动环节，部分误差无法消除，因此它的位移精度比闭环系统的要低。中档数控机床广泛采用半闭环数控系统。

（3）闭环控制系统　闭环控制系统的位置检测装置安装在工作台上，当数控系统发出位移指令后，经过伺服电动机、机械传动装置驱动移动部件，直线位置检测装置把检测到的位移量反馈到数控装置中，与输入信号进行比较，将误差补偿到控制指令中，使移动部件按照实际的要求运动，最终实现精确定位，如图 1-8 所示。

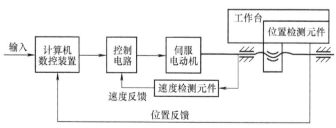

图 1-8　闭环控制系统

闭环控制系统可以消除机械传动部分的各种误差，控制精度高，调节速度快。但由于机械传动装置的刚度、摩擦阻尼特性、反向间隙等非线性因素的影响，造成闭环控制系统的机床安装调试比较困难，价格也比较昂贵，因此闭环控制系统主要用于精度要求高的镗铣床、超精车床、超精磨床和大型的数控机床。

**3. 按工艺用途分类**

数控机床是在普通机床的基础上发展起来的，各种类型的数控机床基本上都起源于同类型的普通机床。数控机床按工艺用途大致可以分为以下三类。

（1）金属切削类数控机床　指采用车、铣、镗、铰、钻、磨、刨等各种切削工艺的数控机床，包括数控车床、数控铣床、数控磨床、数控钻床、数控镗床以及加工中心等。

（2）金属成形数控机床　指采用挤、冲、压、拉等成形工艺的数控机床，包括数控折弯机、数控组合压力机、数控弯管机等。

（3）特种加工数控机床　这类数控机床有数控线切割机床、数控电火花加工机床、数控激光切割机、数控火焰切割机床等。

**4. 按功能水平分类**

按数控系统的功能水平不同，数控机床可分为低、中、高三档。低、中、高档的界线是相对的，不同时期的划分标准有所不同。就目前的发展水平来看，数控系统可以根据表 1-2 所示的功能和指标划分。其中，中、高档数控系统一般称为全功能数控或标准型数控。在我国还有经济型数控系统的说法。经济型数控系统属于低档数控系统，是由单片机和步进电动机组成的数控系统，或是其他功能简单、价格低的数控系统。经济型数控系统主要用于车床、线切割机床以及旧机床改造等。

表 1-2　数控系统不同档次的功能及指标

| 功能 | 低档 | 中档 | 高档 |
| --- | --- | --- | --- |
| 系统分辨率 | $10\mu m$ | $1\mu m$ | $0.1\mu m$ |
| G00 速度 | 3～8m/min | 10～24m/min | 24～100m/min |
| 伺服类型 | 开环及步进电动机 | 半闭环及直、交流伺服电动机 | 闭环及直、交流伺服电动机 |
| 联动轴数 | 2～3 | 2～4 | 5轴或5轴以上 |
| 通信功能 | 无 | RS-232 或 DNC | RS-232、DNC、MAP 通信接口 |
| 显示功能 | 数码管显示 | CRT：图形、人机对话 | CRT：三维图形、自诊断 |
| 内装 PLC | 无 | 有 | 功能强大的内装 PLC |
| 主 CPU | 8 位、16 位 CPU | 16 位、32 位 CPU | 32 位、64 位 CPU |
| 结构 | 单片机或单板机 | 单微处理器或多微处理器 | 分布式多微处理器 |

## 三、数控机床加工的特点及应用

**1. 数控机床加工的特点**

数控机床与普通机床相比，具有以下特点：

1）可以加工具有复杂型面的工件。在数控机床上加工零件，零件的形状主要取决于加工程序。因此，只要能编写出程序，无论工件多么复杂都能加工。例如，采用五轴联动的数控机床，就能加工螺旋桨的复杂空间曲面。

2）加工精度高，质量稳定。数控机床本身的加工精度比普通机床高，一般数控机床的定位精度为 ±0.01mm，重复定位精度为 ±0.005mm，在加工过程中操作人员不参与操作，工件的加工精度全部由数控机床保证，因此消除了操作者的人为误差；又因为数控加工采用工序集中方式，减少了工件多次装夹对加工精度的影响，所以工件的精度高，尺寸一致性好，质量稳定。

3）生产率高。数控机床可有效地减少零件的加工时间和辅助时间。数控机床的主轴转速和进给量的调节范围大，允许机床进行大切削量的强力切削，从而有效地节省了加工时间。数控机床移动部件在定位中均采用了加速和减速措施，并可选用很高的空行程运动速度，缩短了定位和非切削时间。对于复杂的零件可以采用计算机自动编程，而零件又往往安装在简单的定位夹紧装置中，从而缩短了生产准备时间。尤其在使用加工中心时，工件只需一次装夹，就能完成多道工序的连续加工，减少了半成品的周转时间，生产率明显提高。此外，数控机床能进行重复性操作，尺寸一致性好，降低了次品率，节省了检验时间。

4）改善劳动条件。使用数控机床加工工件时，操作者的主要任务是编辑程序、输入程序、装卸零件、准备刀具、观测加工状态、检验零件等，劳动强度大大降低，机床操作者的劳动趋于智力型工作。另外，机床一般是封闭式加工，既清洁，又安全。

5）有利于生产管理现代化。使用数控机床加工工件，可预先精确估算出工件的加工时间，所使用的刀具、夹具可进行规范化、现代化管理。数控机床使用数字信号与标准代码作为控制信息，易于实现加工信息的标准化，目前已与计算机辅助设计与制造（CAD/CAM）有机结合起来，是现代集成制造技术的基础。

**2. 数控机床的适用范围**

从数控机床加工的特点可以看出，数控机床加工的主要对象如下。

1）多品种、单件小批量生产的零件或新产品试制中的零件。
2）几何形状复杂的零件。
3）精度及表面粗糙度要求高的零件。
4）加工过程中需要进行多工序加工的零件。
5）用普通机床加工时，需要昂贵工装设备（工具、夹具和模具）的零件。

### 四、数控机床的产生与发展趋势

**1. 数控机床的产生**

20世纪40年代以来，随着科学技术和社会生产的不断发展，产品更新换代越来越快，零件形状越来越复杂，精度越来越高，传统的加工设备和制造手段已难以满足和适应这种变化。1948年，美国帕森斯公司在制造飞机框架和直升机螺旋桨叶片时，为提高精度和效率，首先提出了采用数字控制技术进行机械加工的方案。美国军方出资，帕森斯公司和麻省理工学院共同开始研制。1952年3月，世界上第一台数控机床试制成功，它是一台立式数控铣床。但这只是一台试验性机床，第一台工业用数控机床于1954年底生产出来，数控机床于1955年进入实用化阶段。从此，很多国家都开始研制数控机床，数控技术得到了迅猛的发展，加工精度和生产率不断提高。数控机床的发展至今经历了两个阶段，共六代系统。

（1）数控（NC）阶段（1952—1970年）

第一代：1952年，采用电子管元件构成的NC系统。

第二代：1959年，采用晶体管电路的NC系统。同年，出现了带有自动换刀装置的数控机床，称为"加工中心"。

第三代：1965年，采用小、中规模集成电路的NC系统。1967年，英国首先把几台数控机床联结成具有柔性的加工系统,这就是最初的柔性制造系统(FMS)。

NC阶段的特点是由硬件数字逻辑电路"搭"成专用的计算机作为数控系统,又称为普通数控系统或硬件数控系统。

(2)计算机数控(CNC)阶段(1970年至今)

第四代:1970年,采用小型计算机的NC系统。许多功能可通过软件实现,通用性强,数控机床从此进入CNC(Computer Numerical Control)阶段。

第五代:1974年,采用微处理器的数控系统。微处理器是将计算机的核心原件采用大规模集成电路集成在一块半导体芯片上,具有中央处理器的功能。

第六代:1990年,基于PC的数控系统。

目前被广泛使用的数控系统是日本FUNUC、德国SIEMENS、美国Hass、意大利的FIDIA等公司的产品,我国的数控系统有广州数控系统、华中数控系统等,主要以生产经济型机床为主。随着国防工业和汽车工业的发展,我国大力支持发展数控技术,技术水平提升速度很快。

**2. 数控机床的发展趋势**

(1)高速化、高精度化 速度和精度是数控机床的两个重要技术指标,它们直接关系到加工效率和产品质量。当前数控机床的主轴转速最高转速在40000r/min以上,最大进给率达到240m/min,目前先进加工中心的刀具交换时间普遍已在1s左右,高的已达0.5s。

数控机床配置了新型、高速、多功能的数控系统,其分辨率可达到$0.1\mu m$,有的可达到$0.01\mu m$,实现了高精度加工。伺服系统采用前馈控制技术、高分辨率的位置检测元件、计算机数控的补偿功能等,保证了数控机床的加工精度。

(2)多功能化 CNC装置功能的不断扩大,促进了数控机床的高度自动化及多功能化。数控机床的数控系统大多采用CRT(Cathode Ray Tube)显示,可实现二维图形的轨迹显示,有的还可以实现三维彩色动态图形显示;有的数控系统装有小型数据库,可以自动选择最佳刀具和切削用量;有的数控系统具有各种监控、检测等功能,如刀具寿命管理、刀具尺寸自动测量和补偿、工件尺寸自动测量及补偿、切削参数自动调整、刀具磨损或破损检测等功能,有的甚至可以实现无人化运行。

(3)自动化 自动编程系统,如图形交互式编程系统、数字化自动编程系统、会话式自动编程系统、语音数控编程系统等,其中图形交互式编程系统的应用越来越广泛。图形交互式编程系统是以计算机辅助设计、制造软件为基础,首先形成零件的图形文件,然后再调用数控编程模块,自动编制加工程序,同时可动态显示刀具的加工轨迹。其特点是速度快、精度高、直观性好、使用简便,目前常用的图形交互式软件有Master CAM、Cimatron、Creo、UG、CAXA等。

(4)智能化 数控系统的智能化包括多个方面,一是为追求加工效率和加工质量方面的智能化;二是为提高驱动性能及使用连接的智能化;三是简化编程和操作方面的智能化;四是数控系统的智能诊断、智能监控等。

随着人工智能在计算机领域的渗透和发展,数控系统引入了自适应控制(Adaptive Control)、模糊系统和神经网络的控制机理,不但具有自动编程、模糊控制、学习控制、自适应控制、工艺参数自动生成、三维刀具补偿、运动参数动态补偿等功能,而且人机界面极为友好。同时数控系统还具有故障诊断专家系统,其自诊断和故障监控功能更趋完善。此外,伺服系统智能化的主轴交流驱动和智能化进给伺服装置，能自动识别负载和优化调整参数。

（5）高可靠性　数控系统造价比较昂贵，用户期望其能发挥最大的投资效益，因此要求设备具有高可靠性。由于采取了各种有效的可靠性措施，现代数控机床的平均无故障时间（MTBF）可达到 10000 ~ 36000h。

（6）网络化　实现多种通信协议，既能满足单机需要，又能满足柔性制造系统（FMS）、计算机集成制造系统（CIMS）对基层设备的要求。配置网络接口并通过 Internet 可实现远程监视和控制加工，进行远程检测和诊断，使维修变得简单。建立分布式网络化制造系统，便于形成"全球制造"。

【任务实施】

到数控实训中心参观各类数控设备，了解其结构及其加工零件的特征，完成表 1-1 的内容。

【知识与任务拓展】

通过互联网、图书馆等查询与数控加工相关的资料，了解数控技术发展方向和前沿技术；到央视网或学习强国 APP 等平台上观看大国工匠系列故事。

【课后训练】

一、填空题

1. 数控机床主要由_____、_____、_____和_____等部分组成。
2. Numerical Control 的中文含义是_____，其英文缩写是_____。
3. 数控机床按运动控制方式可分为_____、_____及_____三类。
4. 数控机床按伺服系统可分三种，其中_____无测量反馈装置，_____的检测点直接检测工作台的实际位置，_____的检测点从驱动电动机或丝杠引出。
5. 世界上第一台数控机床是_____年研制出来的，_____年出现了带有自动换刀装置的加工中心。

二、判断题

1. 半闭环、闭环数控机床带有检测反馈装置。　　　　　　　　　　　　（　　）
2. 数控机床机工精度高的原因是它避免了人工操作误差。　　　　　　　（　　）
3. 数控机床工作时，数控装置发出的控制信号可直接驱动各轴的伺服电动机。（　　）
4. 按数控系统的功能水平不同，数控机床可分为低、中、高三档。　　　（　　）
5. FMS 是柔性制造单元的简称。　　　　　　　　　　　　　　　　　　（　　）

三、选择题

1. 计算机数控简称（　　）。
A. NC　　　　　　B. CNC　　　　　　C. DNC　　　　　　D. MC
2. 数控机床的核心是（　　）。
A. 伺服系统　　　B. 数控系统　　　　C. 反馈系统　　　　D. 传动系统
3. 数控机床是采用数字化信号对机床的（　　）进行控制。
A. 运动　　　　　B. 加工过程　　　　C. 运动和加工过程　D. 以上都不对

4. 不适合采用数控机床进行加工的工件是（　　）。
   A. 周期性重复投产　　　　　　　B. 多品种、小批量
   C. 单品种、大批量　　　　　　　D. 结构比较复杂
5. 下列特点中，不属于数控机床特点的是（　　）。
   A. 加工精度高　　B. 生产效率高　　C. 劳动强度低　　D. 经济效益差
6. 数控机床中把脉冲信号转换成机床移动部件运动的组成部分称为（　　）。
   A. 控制介质　　B. 数控装置　　C. 伺服系统　　D. 机床本体

四、简答题

1. 与普通机床相比，数控机床加工有哪些特点？
2. 数控机床加工的主要对象是什么？
3. 按伺服系统的类型分类，数控机床可以分为几种？各有什么特点？

## 任务1.2　数控编程基础

【学习目标】

　　熟悉数控机床坐标系的有关规定，掌握数控机床的坐标轴名称及正向判断方法；了解手工编程的步骤及程序结构、格式，熟悉各功能字含义。

【任务导入】

　　标出表1-3中数控机床的机床坐标轴及其正方向。

表1-3　常见数控机床的机床坐标轴

| 数控车床 | 立式数控铣床 | 卧式加工中心 |
|---|---|---|
| 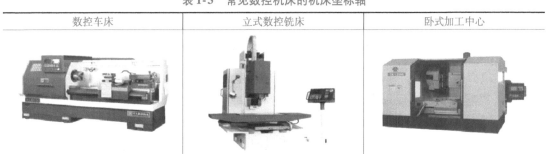 | | |

【新知学习】

一、数控机床坐标系的确定

　　数控机床的标准坐标系及运动方向在国际标准中有统一规定。为了确定机床的运动方向和移动距离，需要再机床上建立一个坐标系，这就是机床坐标系。

1. 规定原则

（1）右手直角笛卡儿坐标系　标准机床坐标系中 $X$、$Y$、$Z$ 坐标轴的

1-2　数控机床的坐标系

相互关系用右手直角笛卡儿坐标系决定，如图 1-9 所示。右手的大拇指、食指和中指互相垂直时，拇指代表 $X$ 轴，食指代表 $Y$ 轴，中指代表 $Z$ 轴。拇指指向为 $X$ 轴的正方向，食指指向为 $Y$ 轴的正方向，中指指向为 $Z$ 轴的正方向。分别平行于移动轴 $X$、$Y$、$Z$ 的第一组附加轴为 $U$、$V$、$W$，第二组为 $P$、$Q$、$R$。

以 $X$、$Y$、$Z$ 轴为轴线旋转的运动称为回转运动 $A$、$B$、$C$，$A$、$B$、$C$ 的正方向根据右手螺旋法则确定，如图 1-9 所示，即当右手紧握螺旋，拇指指向 $X$、$Y$、$Z$ 的正向时，其余四指所指的方向分别 $+A$、$+B$、$+C$ 轴的旋转方向。

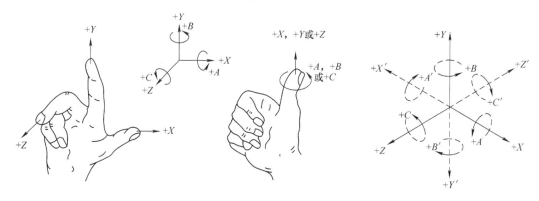

图 1-9 右手直角笛卡儿坐标系

（2）刀具运动原则  数控机床的坐标系就是机床运动部件进给运动的坐标系。进给运动既可以是刀具相对工件的运动，也可以是工件相对于刀具的运动。为了方便程序编制人员能在不知刀具移近工件，或工件移近刀具的情况下确定机床的加工操作，在标准中统一规定：永远假定刀具相对于静止的工件而运动。

（3）运动正方向的规定  机床的某一部件运动的正方向，是增大工件和刀具距离（即增大工件尺寸）的方向。

## 2. 机床坐标轴的确定方法

确定机床坐标轴时，一般是先确定 $Z$ 轴，再确定 $X$ 轴和 $Y$ 轴。

（1）确定 $Z$ 轴  一般选取产生切削力的主轴轴线为 $Z$ 坐标轴，刀具远离工件的方向为正向，如图 1-10 和图 1-11 所示。当机床有多个主轴时，选一个与工件装夹面垂直的主轴为 $Z$ 坐标；当机床无主轴时，选与工件装夹面垂直的方向为 $Z$ 坐标轴，如图 1-12 所示。

（2）确定 $X$ 轴  $X$ 坐标轴是水平的，它平行于工件的装夹面。对于工件做旋转切削运动的机床（如车床、磨床等），$X$ 坐标的方向是在工件的径向上，且平行于横滑座。对于安装在横滑座的刀架上的刀具，离开工件旋转中心的方向是 $X$ 坐标轴的正方向，如图 1-10 所示。

对于刀具做旋转切削运动的机床（如铣床、钻床、镗床等），当 $Z$ 坐标轴垂直时，对于单立柱机床，从主要刀具主轴向立柱看时，$+X$ 运动的方向指向右方，如图 1-11a 所示；当 $Z$ 坐标轴水平时，从主要刀具主轴向工件看时，$+X$ 运动方向指向右方，如图 1-11b 所示。

对于无主轴的机床（如牛头刨床），$X$ 坐标轴平行于主要的切削方向，且以该方向为正方向，如图 1-12 所示。

（3）确定 $Y$ 轴  $+Y$ 的运动方向，根据 $X$ 和 $Z$ 坐标轴的运动方向，按照右手直角笛卡儿坐标系统来确定。

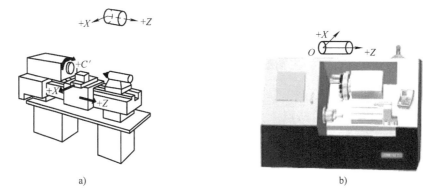

图 1-10 数控车床坐标系

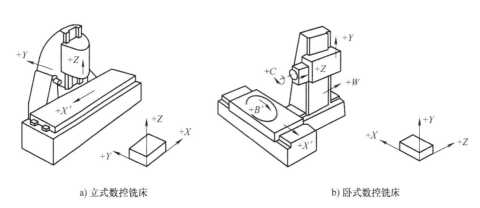

a) 立式数控铣床　　　　　　　　　　　b) 卧式数控铣床

图 1-11 数控铣床坐标系

(4) 机床的回转坐标　数控机床上有回转进给运动时，且回转轴线平行于 $X$ 坐标轴、$Y$ 坐标轴或 $Z$ 坐标轴，则对应的回转坐标分别为 $A$ 坐标、$B$ 坐标或 $C$ 坐标，各回转坐标的正方向根据右手螺旋定则确定，如图 1-13 所示。

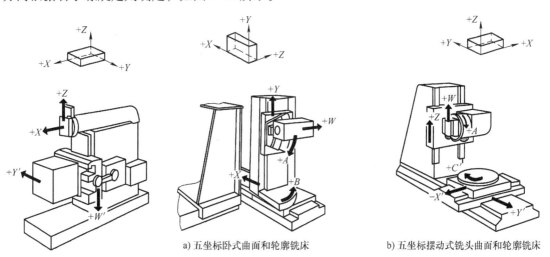

图 1-12 牛头刨床坐标系　　　　　a) 五坐标卧式曲面和轮廓铣床　　　b) 五坐标摆动式铣头曲面和轮廓铣床

图 1-13 多坐标数控铣床坐标系

（5）机床的附加坐标系　为了编程和加工方便，有时要设置附加坐标系。如果在 $X$、$Y$、$Z$ 坐标的运动之外还有第二组和第三组坐标平行于它们，则分别用 $U$、$V$、$W$ 和 $P$、$Q$、$R$ 指定，如图 1-13 所示。

（6）主轴旋转运动的方向　主轴的顺时针旋转运动方向，是按照右旋螺纹进入工件的方向。

## 二、数控机床的坐标系与点

数控机床的坐标系包括机床坐标系和编程坐标系两种。

### 1. 机床坐标系

机床坐标系又称为机械坐标系，其坐标轴和运动方向视机床的种类和结构而定。

1-3　数控机床的坐标系与点

通常，当数控车床配置后置式刀架时，其机床坐标系如图 1-14 所示，$Z$ 轴与车床导轨平行（取卡盘轴线），正方向是离开卡盘的方向；$X$ 轴与 $Z$ 轴垂直，正方向为刀架远离主轴轴线的方向。

机床坐标系的原点也称为机床原点或机械原点，如图 1-14 和图 1-15a 所示的 $O$ 点。该点应是机床上一个固定的点，其位置是由机床设计和制造单位确定的，通常不允许用户改变。它是其他所有坐标，如工件坐标系、机床参考点的基准点，也是制造和调整机床的基础。

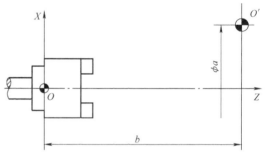

图 1-14　数控车床的机床坐标系

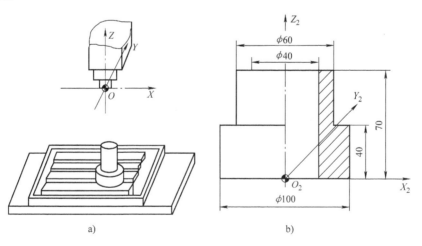

图 1-15　立式数控铣床的坐标系和机床原点、工件原点

与机床原点不同但又很容易混淆的另一个概念是机床参考点。机床参考点也是机床坐标系中一个固定的点，它与机床原点之间有一确定的相对位置。机床参考点由机床制造厂测定后输入数控系统，并记录在机床说明书中，用户不能更改。

数控机床通电时并不知道机床原点的位置，在机床每次通电之后、工作之前，必须进行回零操作，使刀具或工作台退离到机床参考点，以建立机床坐标系。可以说，回零操作是对基准的重新核定，可消除多种原因产生的基准偏差。

一般地，数控机床的机床原点和机床参考点重合，如华中数控机床。也有些数控机床的机床原点和机床参考点不重合。数控车床的机床原点有的设在卡盘后端面的中心；数控铣床机床原点的设置，各生产厂不一致，有的设在机床工作台中心，有的设在进给行程的终点，如图1-16所示。

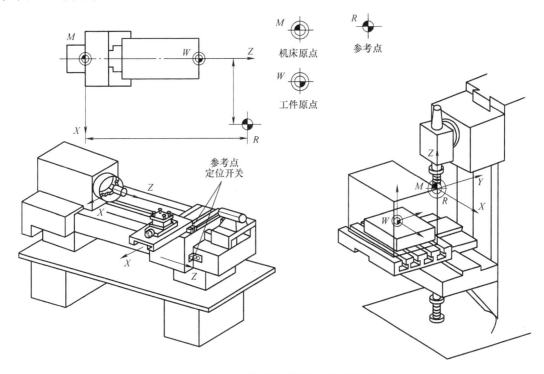

图1-16 数控机床的机床原点与机床参考点

**2. 编程坐标系**

编程坐标系又称为工件坐标系，是编程时用来定义工件形状和刀具相对工件运动的坐标系。

编程坐标系的原点，也称为编程原点、工件原点、编程零点、工件零点，其位置由编程者确定，如图1-15b所示的$O_2$点。工件原点的设置一般应遵循下列原则。

1）工件原点与设计基准或装配基准重合，以便于编程。
2）工件原点尽量选在尺寸精度高、表面粗糙度值小的工件表面上。
3）工件原点最好选在工件的对称中心上。
4）要便于测量和检验。

**3. 编程用几何点**

数控加工程序中表示几何点的坐标位置有绝对值和增量值两种方式。绝对坐标是指点的坐标值是相对于工件原点计量的。相对坐标又称为增量坐标，是指运动终点的坐标值，是以前一点的坐标为起点来计量的。

编程时要根据零件的加工精度要求及编程方便与否选用坐标类型。在数控程序中，绝对坐标与增量坐标可单独使用，也可在不同程序段上交叉设置使用，有的系统还可以在同一程序段中混合使用。使用原则主要是看用哪种方式编程更方便，如图 1-17 和表 1-4 所示。

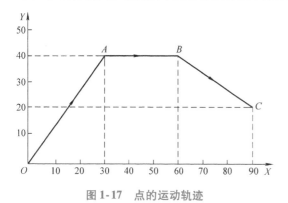

图 1-17 点的运动轨迹

表 1-4 绝对坐标与相对坐标

| 运动轨迹 | 绝对坐标 | | 相对坐标 | |
|---|---|---|---|---|
| | X | Y | X | Y |
| O | 0 | 0 | 0 | 0 |
| A | 30 | 40 | 30 | 40 |
| B | 60 | 40 | 30 | 0 |
| C | 90 | 20 | 30 | -20 |

### 三、数控编程的步骤及种类

所谓编程，即把零件的全部加工工艺过程及其他辅助动作，按动作顺序，用数控机床上规定的指令、格式，编成加工程序，然后将程序输入数控机床。

**1. 数控加工程序编制的步骤**

（1）确定工艺过程　在确定加工工艺过程时，编程人员首先要根据图样分析零件的材料、形状、尺寸、精度、毛坯形状和热处理等技术要求，明确加工的内容和要求，选择合适的数控机床、刀具及夹具，拟定零件加工方案，确定加工顺序、合理的走刀路线及切削用量等。同时，编程人员应结合所用数控机床的规格、性能、数控系统的功能等，充分发挥机床的效能。加工路线应尽可能短，要正确选择对刀点、换刀点，减少换刀次数，提高加工效率。

（2）数值处理　根据零件图的几何尺寸、确定的工艺路线及设定的坐标系，计算出刀具中心轨迹，以获得刀位数据。对于形状比较简单的零件（如直线和圆弧组成的零件）的轮廓加工，需要计算出几何元素的起点、终点、圆弧的圆心、两几何元素的交点或切点的坐标值。对于形状比较复杂的零件（如非圆曲线、曲面组成的零件），需要用直线段或圆弧段逼近，根据要求的精度计算出其节点坐标值，这种情况一般要借助计算机绘图软件（如 AutoCAD、CAXA、UG、MasterCAM）来完成数值计算的工作。

（3）编写加工程序　加工路线、工艺参数及刀位数据确定以后，编程人员可以根据数控系统规定的功能指令代码及程序段格式，逐段编写加工程序单。

（4）程序输入　加工程序可以保存在存储介质（如磁盘、U 盘）上，作为控制数控装置的输入信息。通常，若加工程序简单，可直接通过机床操作面板上的键盘输入；对于大型复杂的程序（如 CAD/CAM 系统生成的程序），经过串行接口 RS-232 将加工程序传送给数控装置或计算机直接数控 DNC 通信接口，边传送边加工。

（5）程序校验与首件试切　在正式加工之前，必须对程序进行校验和首件试切。通常可采用机床空运行的功能，来检查机床动作和运动轨迹的正确性，以校验程序。在具有 CRT 图形模拟显示功能的数控机床上，可以通过显示走刀轨迹或模拟刀具对工件的切削过程，对程序进行校验。但这些方法只能检验出运动是否正确，不能检查出被加工零件的加工精度。因此有必要进行零件的首件试切。当发现有加工误差时，应分析误差产生的原因，采取尺寸补偿措施，加以修正。

**2. 数控编程的种类**

（1）手工编程　手工编程是指在编程的过程中，全部或主要由人工进行，如图1-18所示。对于加工形状简单、计算量小、程序不多的零件，采用手工编程较简单、经济、效率高。

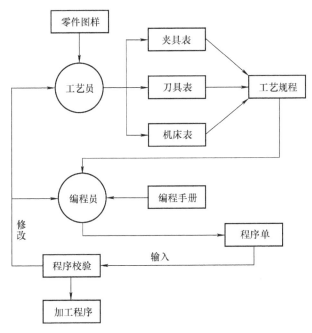

图1-18　手工编程

（2）自动编程　自动编程即计算机辅助编程，是利用计算机及专用自动编程软件，以人机对话的方式确定加工对象和加工条件，自动进行运算并生成指令的编程过程。它主要用于曲线轮廓、三维曲面等复杂型面的编程，可缩短生产周期，提高机床的利用率，有效地解决各种模具及复杂零件的加工。

自动编程可分为以语言数控自动编程（APT）或绘图数控自动编程（CAD/CAM）为基础的自动编程方法。

1）语言数控自动编程（APT）。它是指加工零件的几何尺寸、工艺要求、切削参数及辅助信息等用数控语言编写或零件源程序后，输入到计算机中，再由计算机进一步处理得到零件加工程序单。自动编程框图如图1-19所示。

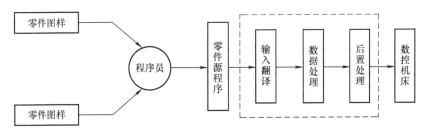

图1-19　自动编程

2）绘图数控自动编程。它是指用 CAD/CAM 软件将零件图形信息直接输入计算机，以人机对话方式确定加工条件，并进行虚拟加工，最终得到加工程序。典型的 CAD/CAM 软件有 UGNX、Creo、MasterCAM、Cimatron、CAXA 等。

## 四、程序的结构与格式

每种数控系统，根据系统本身的特点及编程的需要，都有一定的程序格式。对于不同的机床，其程序的格式也不同。因此编程人员必须严格按照机床说明书的规定格式进行编程。

### 1. 程序的结构

一个完整的程序由程序号、程序主体和程序结束指令三部分组成。

下面是一个在 FUNUC 0i 系统中编写的数控加工程序，该程序由程序号 O0001 开始，以程序结束指令 M02 结束。

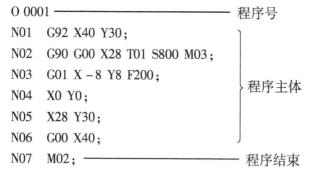

**程序号**：每个独立的程序都有一个自己的程序号，位于程序主体之前，一般独占一行。FANUC 系统的程序号以英文字母 O 开头，后面紧跟 0~4 位数字，其他系统程序号有采用 P、% 等字母或符号与数字混合组成。例如：

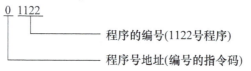

**程序主体**：程序主体是由若干个程序段组成的，表示数控机床要完成的全部动作。每个程序段由一个或多个指令构成，每个程序段一般占一行，FANUC 系统用"；"作为每个程序段的结束符。

**程序结束**：程序结束是以程序结束指令 M02 或 M30 作为整个程序结束的符号，来结束整个程序。

### 2. 程序段格式

一个数控加工程序是由若干个程序段组成的，每个程序段由程序段号和若干个"字"组成，一个"字"由地址符和数字组成。

程序段格式是指一个程序段中字、字符、数据的书写规则，目前广泛采用字地址可变程序段格式，就是程序段的长短是可变的，其格式如下所示：

N_ G_ X_ Y_ Z_ F_ S_ M_ T_ ；

各功能字的意义如下：

（1）顺序号　顺序号又称为程序段号，位于程序段之首，由地址符 N 和后面的若干位数字组成。顺序号一般不连续排列，以 5 或 10 间隔，便于插入语句，如 N020。数控程序中的顺序号实际上是程序段的名称，与程序执行的先后次序无关。数控系统不是按顺序号的次序来执行程序，而是按程序段编写时的排列顺序逐段执行。顺序号可以省略。

（2）准备功能字 G 指令　准备功能字 G 指令是用来规定刀具和工件相对运动的插补方式、刀具补偿、坐标偏移等。G 指令用地址 G 和两位数字来表示，从 G00~G99 共 100 种。G 指令是程序的主要内容，一般位于程序段中坐标数字的指令前。

（3）尺寸字　尺寸字由地址码、+、-符号及绝对值（或增量）的数值构成，尺寸字的地址码有 X、Y、Z、U、V、W、P、Q、R、A、B、C、I、J、K 等，例如 X20 Y-40。尺寸字的"+"可省略。表示地址码的英文字母的含义见表 1-5。

表 1-5　地址码中英文字母的含义

| 地　址　码 | 意　　义 |
| --- | --- |
| X、Y、Z | $X$、$Y$、$Z$ 方向的主运动 |
| U、V、W | 平行于 $X$、$Y$、$Z$ 坐标的第二坐标 |
| P、Q、R | 平行于 $X$、$Y$、$Z$ 坐标的第三坐标 |
| A、B、C | 绕 $X$、$Y$、$Z$ 坐标的转动 |
| I、J、K | 圆弧中心坐标 |
| D、H | 补偿号指定 |

（4）进给功能 F 指令　F 指令表示刀具中心运动时的进给速度，由地址码 F 和后面若干位数字组成，其单位是 mm/min 或 mm/r。

（5）主轴转速功能 S 指令　S 指令表示主轴转速，由地址码 S 和后面若干位数字组成。该指令有恒线速和转速两种指令方式。

G96——恒线速控制，使刀具在加工各表面时保持同一线速度，S 表示切削点的线速度，单位为 m/min。例如，G96 S150 表示切削点速度控制在 150m/min。

G97——恒线速取消，S 表示主轴转速，单位为 r/min。例如，G97 S800 表示恒线速度控制取消，并设定主轴转速为 800r/min。

（6）刀具功能 T 指令　T 指令为刀具指令，由地址码 T 和若干位数字组成。

在车床中，T 指令用来指定加工中所用的刀具号及其所调用的刀具补偿号，一般 T 后面可有 4 位数值，前两位为刀具号，后两位为刀具补偿号。如 T0101 表示选用 1 号刀具，调用 1 号刀具补偿；T0104 表示选用 1 号刀具，调用 4 号刀具补偿；T0100 表示取消刀具补偿。

在加工中心中，T 指令后跟两位数字指示刀具的编号，即 T00~T99，例如，T08 表示机床刀库中 8 号刀具。

（7）辅助功能字 M 指令　辅助功能 M 指令用于控制机床的辅助动作，用地址码 M 和后面两位数字组成。FANUC 0i 系统常用的 M 功能指令见表 1-6。

1）程序停止指令 M00。当 CNC 执行到 M00 指令时，机床停止自动运行，此时全部现存的模态信息保持不变，重按"循环启动"键可继续执行后续程序。该指令可用于自动加工过程中停车进行测量工件尺寸、工件调头、手动变速等操作。

2）程序计划停止指令 M01。与 M00 相似，不同的是必须预先在控制面板上按下"选择停止"键，执行到 M01 时程序才停止；否则，机床仍不停地继续执行后续的程序段。该指令常用于工件尺寸的停机抽样检查等，当检查完成后，可按"循环启动"键继续执行以后的程序。

3）程序结束指令 M02。M02 用在主程序的最后一个程序段中，表示加工程序全部结束。当 CNC 执行到 M02 指令时，机床的主轴、进给及切削液全部停止。使用 M02 的程序结束后，光标停止在程序尾，若要重新执行该程序需要手动将光标返回程序头。

4）程序结束并返回至零件程序头指令 M30。M30 和 M02 功能基本相同，只是 M30 指令还兼有自动返回到程序头的作用，准备下一个零件的加工。

5）主轴控制指令 M03/M04 和 M05。M03 指令启动主轴，使主轴以顺时针方向（从 Z 轴正向朝 Z 轴负向看）旋转；M04 指令启动主轴，使主轴以逆时针方向旋转；M05 指令停止主轴旋转。

6）换刀指令 M06。该指令为用于具有自动换刀装置的数控机床（如加工中心）的换刀功能。

表 1-6 FANUC 0i 系统常用辅助功能一览表

| M 代码 | 功　能 | M 代码 | 功　能 |
| --- | --- | --- | --- |
| M00 | 程序停止 | M06 | 换刀 |
| M01 | 程序计划停止 | M08 | 切削液开启 |
| M02 | 程序结束 | M09 | 切削液关闭 |
| M03 | 主轴正转 | M30 | 程序结束，返回开头 |
| M04 | 主轴反转 | M98 | 调用子程序 |
| M05 | 主轴停止 | M99 | 子程序结束 |

**3. 模态与非模态指令**

模态指令又称为续效指令，是指一经程序段中指定，便一直有效，直到以后程序段中出现同组另一指令或被其他指令取消时才失效。编写程序时，与上段相同的模态指令可省略不写。不同组模态指令编在同一程序段内，不影响其续效。例如：

N010　G91　G01　X20　Y20　Z-5　F150　M03　S1000；
N020　X35；
N030　G90　G00　X0　Y0　Z100；
N040　M02；

上例中，第一段出现三个模态指令，即 G91、G01、M03，因它们不同组而均续效，其中 G91 功能延续到第三段出现 G90 时失效；G01 功能在第二段中继续有效，至第三段出现 G00 时才失效；M03 功能直到第四段 M02 功能生效时才失效。

非模态指令的功能仅在出现的程序段中有效。

## 【任务实施】

观察数控实训中心的数控车床、立式数控铣床、卧式加工中心加工时各坐标轴的变化情况，并根据右手笛卡儿坐标系及机床坐标轴判断方法完成表 1-3 的内容。

## 【知识与任务拓展】

观察数控实训中心各种类型的数控机床，判断每种数控机床的坐标系；观察数控机床中存储的程序，熟悉数控加工程序的构成及格式。

【课后训练】

一、填空题

1. 数控机床程序的编制方法有两种：_____编程和_____编程。
2. 加工程序通常由_____、_____、_____三部分组成。
3. 通常在命名或编程时，不论机床在加工中是刀具移动，还是被加工工件移动，都一律假定_____相对静止不动，而刀具在移动，并同时规定_____作为坐标的正方向。
4. 数控编程的辅助功能中，使主轴停止的指令是_____，切削液打开的指令是_____，切削液关闭的指令是_____。
5. 数控编程中，准备功能指令是_____，辅助功能指令是_____，刀具功能指令是_____。
6. 数控车床加工时，G96 S150 表示切削点速度控制在 150 _____，G97 S800 表示设定主轴转速为 800 _____。

二、判断题

1. 数控机床的进给速度指令为 G 代码指令。（    ）
2. 数控程序由程序号、程序段和程序结束符组成。（    ）
3. 在编制加工程序时，程序段号可以不写或不按顺序书写。（    ）
4. 机床通电后，通常都进行回零操作，使刀具或工作台回到机床参考点。（    ）
5. T0400 表示使用 4 号刀，并取消刀具补偿。（    ）

三、选择题

1. 程序结束并复位的指令是（    ）。
 A. M02　　　　B. M30　　　　C. M17　　　　D. M06
2. 一般选取产生切削力的主轴轴线为（    ）。
 A. $X$ 轴　　　B. $Y$ 轴　　　C. $Z$ 轴　　　D. $A$ 轴
3. 数控机床的旋转轴 $B$ 轴是绕（    ）旋转的轴。
 A. $X$ 轴　　　B. $Y$ 轴　　　C. $Z$ 轴　　　D. $W$ 轴
4. 数控机床坐标轴确定的步骤是（    ）。
 A. $X→Y→Z$　　B. $Y→Z→X$　　C. $Z→Y→X$　　D. $Z→X→Y$
5. 只在本程序段有效，下一程序段需要时必须重写的指令称为（    ）。
 A. 模态指令　　B. 续效指令　　C. 非模态指令　　D. 准备功能指令
6. 数控机床的恒线速度切削指令是（    ）。
 A. G96　　　　B. G97　　　　C. G98　　　　D. G99
7. T0203 中的 02 的含义是（    ）。
 A. 刀具号　　　B. 刀偏号　　　C. 刀补号　　　D. 刀具长度补偿号
8. 在 FANUC 数控系统中准备功能一般由 G 和（    ）位数字组成。
 A. 2 位　　　　B. 3 位　　　　C. 4 位　　　　D. 几位都可以
9. 用绝对坐标编程时，当前点的坐标是以（    ）为参照。
 A．原点　　　　B. 前一点　　　C. 后一点　　　D. 都不对

10. 非模态代码是指（　　）。

A. 一经在一个程序段中指定，直到出现同组的另一个代码时才失效

B. 有续效作用的代码

C. 只在写有该代码的程序段中有效

D. 不能独立使用的代码

四、简答题

1. 简述编程的一般步骤。

2. 简述机床坐标轴的确定步骤及方法。

3. 什么是模态指令？什么是非模态指令？

# 项目2 数控车床编程与加工

【工匠引路】

赵晶——大国重器生产线上的一枚极致"螺丝钉"

赵晶,不到40岁便拥有了"中国兵器关键技能带头人""国家级数控车工技能大师""全国技术能手""全国青年岗位能手""2020年度全国三八红旗手标兵"等众多荣誉称号。我国很多作战装备的零件上,都凝结着她的智慧与汗水。

2003年,刚满20岁的赵晶从包头职业技术学院毕业后,被分配到中国兵器工业集团内蒙古第一机械集团有限公司。赵晶入厂后不怕苦不怕累,从最基础的磨刀学起,她说只有先把车床刀具加工好,才能车出精密的零件。很快,领导看她勤学肯干,便把她安排到车间关键岗位,她每日依然刻苦钻研、磨炼技艺。后来,厂里添置了从国外进口的高精度数控机床,除了外文设备说明书,几乎没有其他参考资料,厂里无人会用。赵晶在无人指导、没有资料可借鉴的情况下,凭着过往积累的加工技术和进取心,查阅了大量资料,仅用3个月的时间,就掌握了进口机床的操作要领,进而成为厂里的技能骨干。

赵晶凭着勤于思考、勇于创新、敢于实践的精神,练就了薄壁加工和轴套类零件高精度加工的绝活,她能纯熟地运用镗孔刀、螺纹刀、切槽刀等十几种刀具,使零件加工精度从0.1mm升至0.01mm、0.002mm,直至头发丝直径的1/30。在我军新型装甲车辆研制的漫漫征程中,赵晶在一系列主战装备型号项目工程的研制中做出了突出贡献,她先后攻克多个精密加工技术难点,完成技术攻关70余项,带队完成技术革新、提出合理化建议百余项,获得国家专利4项,创造经济效益2000余万元。尤其在某主战坦克关键传动部件精密加工技术中提出多项先进操作方法并展现出独树一帜的操作绝技,在提升生产效率的同时,保证和提高了装备质量和可靠性,成为兵器工业数控精密加工领域当之无愧的杰出人物。

谈及自己的工作,赵晶说:"身处大国重器的制造一线,我必须要用极致的态度对待自己的工作,立足本职、保持本色,一步一个脚印,用精益求精的工匠精神,言传身教的实际行动,继续耕耘,为祖国的兵工事业奉献青春。"

## 任务2.1 数控车削加工工艺

【学习目标】

掌握数控车床的装夹、加工方法,以及车削用量的确定方法,掌握车削加工工艺的制订原则与方法,掌握数控车床的刀具类型及车刀的选择和装夹方法。

【任务导入】

分析图2-1所示的零件数控加工工艺,并填写工艺文件。

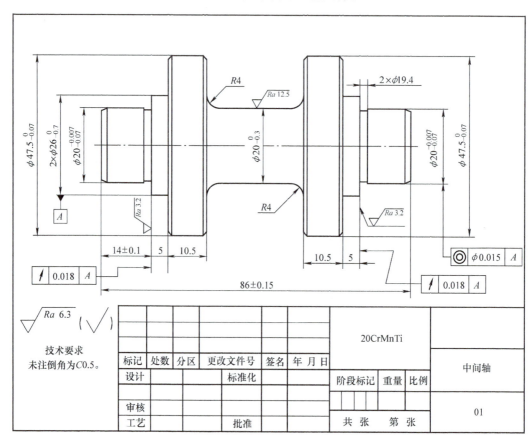

图2-1 中间轴

项目2 数控车床编程与加工

【新知学习】

一、数控车削的加工对象

数控车床是当今应用较为广泛的数控机床之一,它主要用于加工轴类、盘类等回转体零件的内外圆柱面、任意角度的内外圆锥面、复杂回转内外曲面、圆柱、圆锥螺纹等,并能进行切槽、钻孔、扩孔、镗孔等切削加工,如图2-2所示。由于数控机床有加工精度高、能做直线和圆弧插补以及在加工过程中能自动变速的特点,因此数控车削加工的工艺范围较普通车床宽得多。

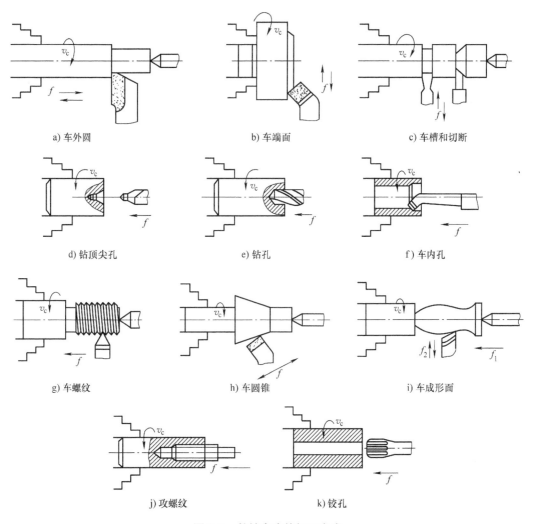

图 2-2 数控车床的加工方式

与普通车床相比,数控车削的加工对象具有以下特点:
1. 加工的回转零件精度要求高

由于数控车床具有刚性好,制造精度和对刀精度高,可方便精确地进行人工补偿和自动补偿的特点,所以能加工尺寸精度要求较高的零件,在有些场合可以以车代磨。此外,数控

25

车削的刀具运动是通过高精度插补运算和伺服驱动来实现的,所以它能加工直线度、圆度、圆柱度等形状精度要求高的零件。数控车削的工序集中,减少了工件的装夹次数,这有利于提高零件的位置精度。

**2. 加工的回转零件表面质量要求高**

数控车床具有恒线速度切削功能,能加工出表面粗糙度 $Ra$ 值小而均匀的零件。在材质、精车余量和刀具已确定的情况下,表面粗糙度值取决于进给量和切削速度。使用数控车床的恒线速度切削功能,可选用最佳线速度来切削锥面和端面,使车削后的表面粗糙度 $Ra$ 值既小又一致。数控车削还适合于车削各部位表面粗糙度值要求不同的零件,表面粗糙度 $Ra$ 值要求大的部位选用大的进给量,要求小的部位选用小的进给量。

**3. 加工的回转零件表面形状复杂**

由于数控车床具有直线和圆弧插补功能,所以可以车削任意直线和曲线组成的形状复杂的回转体零件。如图 2-3 所示的零件外轮廓的成形面,在普通车床上是无法加工的,而在数控车床上则很容易加工出来。

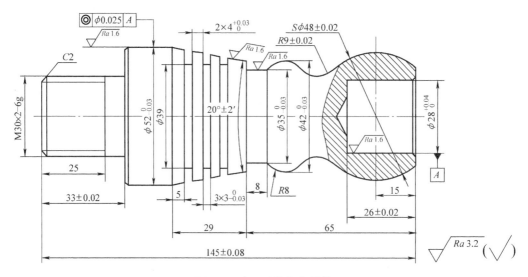

图 2-3 表面形状复杂零件

**4. 加工的回转零件可带特殊螺纹**

普通车床所车削的螺纹相当有限,它只能车削等导程的圆柱(锥面)米(寸)制螺纹,而且一台车床只能限定加工若干种导程。但数控车床能车削增导程、减导程以及要求等导程和变导程之间平滑过渡的螺纹。数控车床车削螺纹时,主轴转向不必像普通车床那样交替变换,可以一刀接一刀地循环切削,直到完成,所以车削螺纹的效率很高。数控车床具有精密螺纹切削功能,再加上采用硬质合金刀片、使用较高的转速,所以车削的螺纹精度高、表面粗糙度 $Ra$ 值小。

## 二、数控车削零件加工工艺方案的制订

在数控车床上加工零件,首先要根据零件图制订合理的工艺方案,然后才能进行编程和加工。工艺方案的好坏不仅会影响数控车床效率的发挥,而且会直接影响到零件的加工

质量。

**1. 零件图工艺分析**

（1）零件结构工艺性分析 在制订数控加工工艺时，应根据数控车削的特点，认真分析零件结构是否合理。如图 2-4a 所示，加工该零件上的槽需采用 3 把不同宽度的切槽刀，如无特别的要求，显然是不合理的。若改为图 2-4b 所示的结构，用一把切槽刀即可。这样做既减少了刀具的数量，少占刀位，又减少了换刀次数和换刀时间，显然更合理。

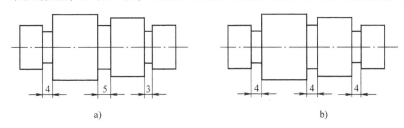

图 2-4 轴上槽宽尺寸标注

（2）轮廓几何要素分析 由于手工编程时，要计算每个基点的坐标；在自动编程时，要对构成轮廓的所有几何要素进行定义，因此在分析零件图时，要分析几何要素的给定条件是否充分。在零件图设计时可能出现构成加工轮廓的条件不充分、尺寸模糊不清等问题，使编程存在困难。

（3）精度及技术要求分析 在确定加工方法、装夹方式、刀具及切削用量之前，必须对零件的加工精度及技术要求进行分析。分析的主要内容如下。

1）分析精度及各项技术要求是否齐全合理。

2）分析机床的加工精度能否达到加工要求。

3）找出有位置精度要求的表面，这些表面应安排在一次安装中完成。

4）对表面粗糙度要求较高的表面应采用恒线速度切削功能进行加工。

（4）零件的配合表面和非配合表面 一般零件都包括配合表面和非配合表面。配合表面标注有尺寸公差、几何公差及表面粗糙度等要求。加工工艺安排一般为：首先是粗车，以去除较大的余量；其次是半精车，加工到接近零件形状，并留少量余量；最后是精加工，完成零件的加工。

**2. 工序划分的方法**

在数控车床上加工零件，应按工序集中的原则划分工序，在一次装夹下尽可能完成大部分甚至全部表面的加工。批量生产中，常用下列方法划分工序。

（1）按零件加工表面划分工序 即以完成相同型面的那一部分工艺过程为一道工序，对于加工表面多而复杂的零件，可按其结构特点（如内形、外形、曲面和平面等）划分成多道工序。将位置精度要求较高的表面在一次装夹下完成，以免多次定位夹紧产生的误差影响位置精度。

（2）按粗、精加工划分工序 即以粗加工中完成的那部分工艺过程为一道工序，精加工中完成的那一部分工艺过程为一道工序。对毛坯余量较大和加工精度要求较高的零件，应将粗车和精车分开，切分成两道或更多的工序。将粗车安排在精度较低、功率较大的数控机床上进行，将精车安排在精度较高的数控机床上完成。

这种划分方法适用于加工后变形较大，需粗、精加工分开的零件，如毛坯为铸件、焊接件或锻件的零件。

（3）按所用的刀具种类划分工序　以同一把刀具完成的那一部分工艺过程为一道工序，这种方法适于工件的待加工表面较多、机床连续工作时间较长、加工程序的编制和检查难度较大的情况。

（4）按安装次数划分工序　以一次安装完成的那一部分工艺过程为一道工序。这种方法适用于工件的加工内容不多的工件，加工完成后就能达到待检状态。

**3. 加工顺序的确定**

零件的加工工序通常包括切削加工工序、热处理工序和辅助工序等，合理安排好工序的顺序，并解决好工序间的衔接问题，可以提高零件的加工质量、生产效率，降低加工成本。

在数控车床上加工零件，应按工序集中的原则划分工序，制订零件数控车削加工顺序一般遵循以下原则。

（1）先粗后精原则　先粗后精是指按照粗车—半精车—精车的顺序进行加工，逐步提高加工精度。粗车可在较短的时间内将工件表面上的大部分余量切除，一方面可提高金属切除率，另一方面可满足精车的余量均匀性要求。若粗车后所留余量不能满足精加工要求，则应安排半精车，为精车做准备。

（2）先近后远原则　先近后远是指在一般情况下，先加工离对刀点较近的表面，后加工离对刀点较远的表面，以缩短刀具的移动距离，减少空行程的时间；同时还有利于保证毛坯或半成品的刚性。

（3）基面先行原则　基面先行是指先加工用于精基准的表面，以减小后续工序的装夹误差。例如，在轴类零件加工时，先加工出中心孔，再以中心孔定位加工外圆和端面。

（4）先内后外原则　对于有内孔和外圆表面的零件加工，通常先加工内孔，后加工外圆。因内表面加工散热条件较差，为防止热变形对加工精度的影响，应先安排加工。

**4. 确定刀具的进给路线**

刀具的进给路线是指刀具从对刀点开始运动起，直至加工程序结束所经过的路径，包括切削加工的路径及刀具切入、切出等非切削空行程。零件加工通常沿刀具与工件接触点的切线方向切入和切出。设计好进给路线是编制合理的加工程序的条件之一。

确定数控加工进给路线的总原则是：在保证零件加工精度和表面质量的前提下，尽量缩短进给路线，以提高生产率；进给路线方便坐标值计算，减少编程工作量，便于编程。对于多次重复的进给路线，应编写子程序，简化编程。

在确定加工路线时，主要遵循以下原则：

1）应能保证零件具有良好的加工精度和表面质量。

2）应尽量缩短加工路线，减少空刀时间，以提高加工效率。

3）应使数值计算简单，程序段数量少。

4）确定轴向移动尺寸时，应考虑刀具的引入距离和超越距离。

（1）进给路线的选择

1）最短的切削进给路线。选择最短的切削进给路线，可直接缩短加工时间，提高生产率，减少刀具的磨损。因此，在安排粗加工或半精加工切削路线时，应综合考虑被加工工件的刚性和加工的工艺性等要求，制订最短的切削路线。

图 2-5 所示为 3 种不同的切削路线。图 2-5a 所示为利用复合循环指令沿零件轮廓加工的切削路线；图 2-5b 所示为按三角形轨迹加工的切削路线；图 2-5c 所示为利用矩形循环指令加工的切削路线。通过分析和判断，按矩形循环轨迹加工的进给路线的长度总和最短。因此在同等条件下，其切削所需时间（不含空行程）最短，刀具的损耗最小。

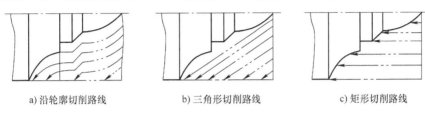

a) 沿轮廓切削路线　　b) 三角形切削路线　　c) 矩形切削路线

图 2-5　不同粗车进给路线示意图

2) 大余量毛坯的切削进给路线。图 2-6 所示为车削大余量的两种加工进给路线。图 2-6a 所示的切削方法，在同样的背吃刀量的条件下，所剩余量过大；而按图 2-6b 所示的切削方法，则可保证每次的车削所留余量基本相等，因此该方法切削大余量较为合理。

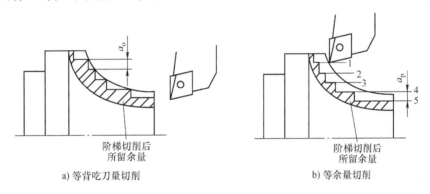

a) 等背吃刀量切削　　　　　　b) 等余量切削

图 2-6　大余量毛坯的切削进给路线

（2）特殊的切削进给路线　　在数控车削加工时，一般 Z 轴进给方向都是沿负方向进给，但有时并不合理，如用尖形车刀加工大圆弧内表面时，可以有两种不同的进给方法，如图 2-7 所示，加工的结果是不同的。

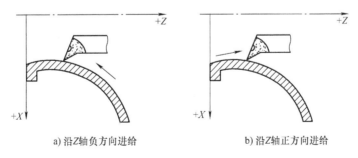

a) 沿 Z 轴负方向进给　　　　b) 沿 Z 轴正方向进给

图 2-7　尖形车刀加工大圆弧表面

图 2-7a 所示的加工进给方法（$-Z$ 方向），因切削时尖形车刀的主偏角为 100°～105°，这时切削力在 $X$ 方向有较大的吃刀抗力 $F_p$，如图 2-8 所示。当刀尖运动到圆弧的换象限处，

即 $X$ 轴运动由负方向变换为正方向时,$F_p$ 与传动横向拖板的传动力方向相同,由于丝杠副有轴向间隙,就可能使刀尖嵌入零件表面,即扎刀,理论上讲嵌入量等于间隙量 $e$。即使间隙量很小,由于刀尖在 $X$ 轴方向换向时,横向拖板进给时的移动量变化也很小,也会使横向拖板产生严重的爬行现象,从而降低零件的表面质量。图2-7b所示的加工进给方法,因刀尖在加工至换象限处时,$F_p$ 与传动横向拖板的传动力方向相反,如图2-9所示,因此不会受间隙的影响而产生扎刀。可见采用该加工进给方法较为合理。

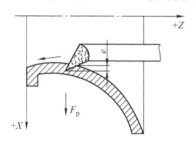 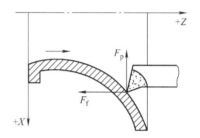

图2-8 扎刀现象　　　　　　　　图2-9 合理进给路线

另外,在车削大余量的毛坯和螺纹时,一般可使用数控机床的循环功能指令加工,其每次进给切削轨迹相差不大,切削路线由编程和指令控制,具体见机床编程说明。

(3) 车螺纹的轴向进给距离分析　车螺纹时,刀具沿螺纹方向的进给应与工件主轴旋转保持严格的速比关系。考虑到刀具从停止状态到达指定的进给速度或从指定的进给速度降至零,驱动系统必须有一个过渡过程。沿轴向进给的加工路线长度,除保证加工螺纹长度外,还应增加刀具引入距离 $\delta_1$ 和刀具切出距离 $\delta_2$。如图2-10所示,从而保证了在切削螺纹的有效长度内刀具的进给速度是均匀的。一般 $\delta_1$ 取 1~2 倍螺距,$\delta_2$ 取 0.5 倍的螺距以上。

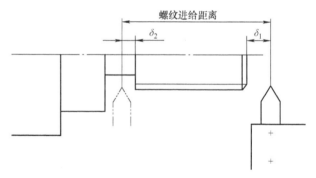

图2-10 切削螺纹的引入、引出距离

(4) 切槽的进给路线分析　车削精度不高且宽度较窄的矩形沟槽时,可用刀宽等于槽宽的车槽刀,采用直进法一次进给车出。精度要求较高的沟槽,一般采用二次进给,即第1次进给车槽时,槽壁两侧留精车余量,第2次进给时用宽刀修整。

车较宽的沟槽,可以采用多次直进法切割,并在槽壁及底面留精加工余量,最后一刀精车至尺寸,如图2-11所示。

较小的梯形槽一般用成形刀车削完成。较大的梯形槽,通常先车直槽,然后用梯形刀直进法或左右切削法完成。

### 三、零件在数控车床上的装夹方法

在数控车床上加工零件,应按工序集中的原则划分工序,在一次装夹下尽可能完成大部分甚至全部表面的加工。零件的结构形状不同,通常选择外圆装夹,并力求使设计基准、工艺基准和编程基准统一。

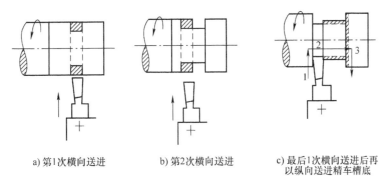

a) 第1次横向送进　　b) 第2次横向送进　　c) 最后1次横向送进后再以纵向送进精车槽底

图 2-11　切宽槽的进给路线

为了充分发挥数控机床高速度、高精度、高效率的特点，在数控加工中，还应有与数控加工相适应的夹具相配合，数控车床夹具可分为用于轴类工件的夹具和用于盘类工件的夹具两大类。

**1. 轴类零件的装夹**

轴类零件常以外圆柱表面作定位基准来装夹。

（1）用自定心卡盘装夹　自定心卡盘能自动定心，工件装夹后一般不需要找正，装夹效率高，但夹紧力较单动卡盘小，只限于装夹圆柱形、正三边形、六边形等形状规则的零件。如果工件伸出卡盘较长，仍需找正。自定心卡盘如图 2-12 所示。

（2）用单动卡盘装夹　单动卡盘的外形如图 2-13a 所示。它的四个爪通过4个螺杆独立移动。它的特点是能装夹形状比较复杂的非回转体，如方形、长方形等，而且夹紧力大。由于其装夹后不能自动定心，所以装夹效率较低，装夹时必须用划线盘或百分表找正，使工件回转轴线与车床主轴轴线对齐，图 2-13b 所示为用百分表找正外圆的示意图。

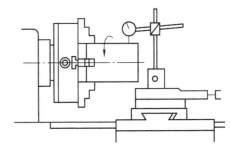

a) 单动卡盘　　　　　　　　　b) 百分表找正

图 2-12　自定心卡盘　　　　图 2-13　单动卡盘装夹

（3）在两顶尖间装夹　对同轴度要求比较高且需要调头加工的轴类工件，常用双顶尖装夹工件。如图 2-14 所示，其前顶尖为普通顶尖，装在主轴孔内，并随主轴一起转动，后顶尖为活顶尖装在尾架套筒内。工件利用中心孔被顶在前后顶尖之间，并通过拨盘和卡箍随主轴一起转动。

（4）用一夹一顶装夹　由于两顶尖装夹刚性较差，因此在车削一般轴类零件，尤其是较重的工件时，常采用一夹一顶装夹，如图 2-15 所示。为了防止工件的轴向位移，须在卡盘内装一限位支承，或利用工件的台阶作限位。由于一夹一顶装夹工件的安装刚性好，轴向定位正确，且比较安全，能承受较大的轴向切削力，因此应用很广泛。

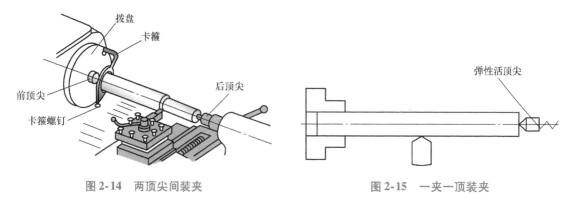

图 2-14　两顶尖间装夹　　　　　图 2-15　一夹一顶装夹

除此以外，根据零件的结构特征，轴类零件还可以采用自动夹紧拨动卡盘、自定心中心架和复合卡盘装夹。

**2. 盘类零件的装夹**

用于盘类工件的夹具主要有可调卡爪盘和快速可调卡盘两种。快速可调卡盘的结构刚性好，工作可靠，因而广泛用于装夹法兰等盘类及杯形工件，也可用于装夹不太长的柱类工件。

在数控车削加工中，常采用以下装夹方法来保证工件的同轴度、垂直度要求。

1) 一次安装加工。它是在一次安装中把工件全部或大部分尺寸加工完成的一种装夹方法。此方法没有定位误差，可获得较高的几何精度，但需经常转换刀架、变换切削用量，尺寸较难控制。

2) 以外圆为定位基准装夹。工件以外圆为基准保证位置精度时，零件的外圆和一个端面必须在一次安装中进行精加工后，方能合适为定位基准。以外圆为基准时，常用软卡爪装夹工件。

3) 以内孔为定位基准装夹。中小型轴套、带轮、齿轮等零件，常以工件内孔作为定位基准安装在心轴上，以保证工件的同轴度和垂直度。常用的心轴有实体心轴和胀力心轴两种。

### 四、数控车床刀具的类型及选用

刀具的选择确定是数控加工工艺中的重要内容，它不仅影响数控机床的加工效率，而且直接影响加工质量。数控机床主轴转速比普通机床高 1~2 倍，且主轴输出功率大，因此与传统加工方法相比，数控加工对刀具的要求更高。应根据机床的加工能力、工件材料的性能、加工工序的内容、切削用量以及其他相关因素，合理选择刀具类型、结构、几何参数等。

数控加工刀具必须适应数控机床高速、高效和自动化程度高的特点。

**1. 数控车刀的特点**

为适应数控加工精度高、效率高、工序集中及零件装夹次数少等要求，数控车刀与普通车床上所用的刀具相比，主要有以下特点。

1) 高的切削效率。
2) 刀具精度高、精度稳定。
3) 刚性好、抗振及热变形小。
4) 互换性好，便于快速换刀。
5) 刀具寿命长，切削性能稳定、可靠。
6) 刀具的尺寸调整方便，换刀调整时间短。
7) 系列化、标准化。

**2. 数控车刀的类型**

(1) 按刀具结构分

1) 整体式车刀。整体式车刀由整块材料磨制而成，使用时根据不同用途将切削部分修磨成所需要的形状。

2) 焊接式车刀。将硬质合金刀片用焊接的方法固定在刀体上称为焊接式车刀。其优点是结构简单，制造方便，刚性较好，且通过刃磨可形成所需的几何参数，故使用方便灵活。

根据工件加工表面及用途的不同，焊接式车刀可分为切断刀、外圆车刀、内孔车刀、端面车刀、螺纹车刀、成形车刀等，如图 2-16 所示。

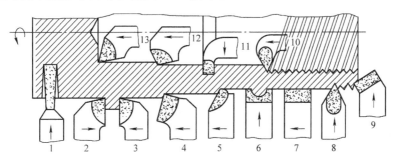

图 2-16 焊接式车刀的种类

1—切断刀 2—90°左偏刀 3—90°右偏刀 4—弯头车刀 5—外圆车刀 6—成形车刀 7—宽刃车刀
8—外螺纹车刀 9—端面车刀 10—内螺纹车刀 11—内槽车刀 12—通孔车刀 13—不通孔车刀

3) 机夹可转位车刀。机夹可转位车刀是将硬质合金可转位刀片用机械方法夹固在刀体上。如图 2-17 所示，机夹可转位车刀由刀杆、刀片、刀垫及夹紧元件组成。刀片由硬质合金模压形成，其每边都有切削刃，当某一切削刃用钝后，只要松开夹紧元件，将刀片转一个位置便可继续使用。

目前，数控车刀主要采用机夹可转位刀具。刀片主要采用硬质合金刀片和涂层硬质合金刀片。

(2) 按刀具所用材料分

1) 高速钢刀具。高速钢刀具的硬度和韧性的配合较好，热稳定性和热塑性也较好，但不适用于较硬材料的加工和数控高速切削。

高性能高速工具钢材料牌号为 W2Mo9Cr4Co8，适用于高强度合金钢材料加工。

2) 硬质合金刀具。常用的普通硬质合金有 K、P、M 共 3 大类。K 类主要牌号有 YG3、YG6、YG8 等，适用于铸铁和有色金属加工；P 类主要牌号有 YT5、YT15、YT30 等，适用于钢加工；M 类主要牌号有 YW1、YW2 等，适用于难加工钢材加工。

新型硬质合金的主要牌号有 YM051、YM052、YW3、YW4、YN5、YN10、YD15 等，通过添加某些碳化物使材料性能得到提高，更能适应难加工材料的加工。

3）金刚石刀具。金刚石刀具的特点是其切削刃口可以磨得非常锋利，适用于有色金属、非金属的精加工。

4）其他材料刀具，如涂层刀具、立方氮化硼刀具、陶瓷刀具等。

目前，数控机床用得最普遍的是硬质合金刀具。

（3）按切削工艺分　车削刀具分外圆车刀、内孔车刀（镗刀）、螺纹车刀、切割刀具等多种。

**3. 数控车刀的选择**

刀具选择总的原则是：安装调整方便，刚性好，寿命长，精度高。在满足加工要求的前提下，尽量选择较短的刀柄，以提高刀具加工的刚性。

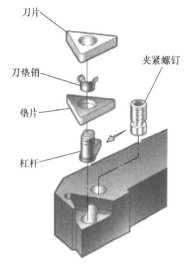

图 2-17　机夹可转位车刀

数控车刀一般分为 3 类：尖形车刀、圆弧形车刀和成形车刀。

（1）**尖形车刀**　尖形车刀是以直线形切削刃为特征的车刀。其刀尖即为刀位点，如 90°的内、外圆车刀，左、右端面车刀，切槽（断）刀等。

使用尖形车刀加工，零件的轮廓形状主要由刀尖位移得到。

（2）**圆弧形车刀**　圆弧形车刀是以一圆弧形切削刃为特征的车刀。由于其切削刃为圆弧形，因此刀位点为圆弧的圆心。当加工凹形轮廓时，车刀圆弧半径应小于或等于被加工凹形轮廓的最小半径；而加工凸形轮廓时，车刀圆弧半径应尽量取大，以利于提高刀具强度。

圆弧形车刀可用于加工内、外表面，尤其适合车削各种光滑连接（凹形）的成形面。

（3）**成形车刀**　成形车刀的特征是切削刃的形状、尺寸与被加工零件的轮廓形状相一致。在数控车削中，常见的成形车刀有小半径的圆弧车刀、非矩形车槽刀、螺纹车刀等。

**4. 刀片选择**

由于数控车刀主要采用机夹可转位车刀，因此选择的主要问题是刀片的形状、角度、精度、材料、尺寸、厚度、圆角半径、断屑槽、刃口修磨等要能满足各种加工条件的要求。

刀片是可转位车刀的重要元件，刀片可分为带圆孔、带沉孔及无孔 3 大类，形状有三角形、正方形、五边形、六边形、圆形、菱形等。图 2-18 所示为几种常用的刀片形状及角度。

（1）**刀片材料选择**　目前刀片材料应用最多的是硬质合金刀片和涂层硬质合金刀片。选择刀片材质的主要依据是被加工工件的材料、被加工表面的精度、表面的质量要求、切削负荷的大小及切削过程中有无冲击和振动等。

（2）**刀片尺寸选择**　刀片尺寸的大小取决于有效切削刃长度。在具体选择时需综合考虑有效切削刃长度、背吃刀量、主偏角大小等因素。

（3）**刀片形状选择**　在刀片形状选择时，主要考虑被加工工件的表面形状、切削方法、刀具寿命、刀片的转位次数等因素。

**5. 车刀的装夹**

在实际切削中，车刀安装的高低，车刀刀杆轴线是否垂直，对车刀角度有很大影响。以

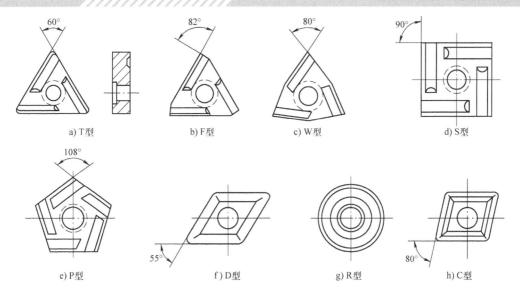

图 2-18 几种常见的可转位车刀的刀片

车削外圆为例,当车刀刀尖高于工件轴线时,因其车削平面与基面的位置发生变化,使前角增大,后角减小;反之,则前角减小,后角增大。车刀安装的歪斜,对主偏角、副偏角影响较大,特别是在车螺纹时,会使牙形半角产生误差。因此,正确地安装车刀,且使刀具夹紧夹牢是保证加工质量,减小刀具磨损,提高刀具使用寿命的重要环节。

## 五、车削用量的选择

数控车床加工中的切削用量包括:背吃刀量 $a_p$、主轴转速 $n$ 或切削速度 $v_c$(用于恒线速度切削)、进给速度 $u_f$ 或进给量 $f$。切削用量的选择是否合理对切削力、刀具磨损、加工质量和加工成本均有显著影响。数控加工中选择切削用量时,就是在保证加工质量和刀具寿命的前提下,充分发挥机床性能和刀具切削性能,使切削效率最高,加工成本最低。因此切削用量的大小应根据加工方法合理选择,并在编程时,将加工的切削用量数值编入程序中。

切削用量的选择原则是:粗加工时,一般以提高生产率为主,兼顾经济性和加工成本;半精加工和精加工时,应在保证加工质量的前提下,兼顾切削效率、经济性和加工成本。具体数值应根据机床说明书、切削用量手册,并结合经验而定。

粗加工时首先应选取尽可能大的切削用量数值;其次根据机床动力和刚性等,选取尽可能大的进给速度(进给量);最后根据刀具寿命确定主轴转速(切削速度)。

半精加工和精加工时应首先根据粗加工后的余量确定背吃刀量;其次根据已加工表面的表面粗糙度要求,选取较小的进给速度(进给量);最后在保证刀具寿命的前提下,尽可能选取较高的主轴转速(切削速度)。

**1. 背吃刀量的确定**

粗加工时,除留下精加工余量外,一次进给尽可能切除全部余量。在加工余量过大、工艺系统刚性较低、机床功率不足、刀具强度不够等情况下,可分多次进给。切削表面有硬皮的铸锻件时,应尽量使 $a_p$ 大于硬皮层的厚度,以保护刀尖。

精加工的加工余量一般较小,可一次切除。

在中等功率机床上,粗加工的背吃刀量可达 8~10mm;半精加工的背吃刀量取 0.5~

5mm；精加工的背吃刀量取 0.2~1.5mm。

**2. 进给速度（进给量）的确定**

进给速度是数控机床切削用量中的重要参数，主要根据零件的加工精度和表面粗糙度要求以及刀具、工件的材料性质选取，最大进给速度受机床刚度和进给系统的性能限制。

粗加工时，对工件的表面质量没有太高的要求，这时主要根据机床进给机构的强度和刚性、刀杆的强度和刚性、刀具材料、刀杆和工件尺寸以及已选定的背吃刀量等因素选取进给速度。

精加工时，则按表面粗糙度要求、刀具及工件材料等因素选取进给速度。

可使用下面的公式实现进给速度与进给量的转化：

$$u_f = fn$$

式中　$u_f$——进给速度；

　　　$f$——每转进给量，一般粗车取 0.3~0.8mm/r，精车常取 0.1~0.3mm/r，切断取 0.05~0.2mm/r；

　　　$n$——主轴转速。

**3. 切削速度的确定**

切削速度可根据已经选定的背吃刀量、进给量及刀具寿命进行选取，也可根据生产实践经验和查表的方法来选取。

粗加工或工件材料的加工性能较差时，宜选用较低的切削速度。精加工或刀具材料、工件材料的切削性能较好时，宜选用较高的切削速度。

切削速度 $v_c$ 确定后，可根据刀具或工件直径按下面的公式确定主轴转速：

$$n = \frac{1000 v_c}{\pi d}$$

式中　$v_c$——切削速度，单位为 mm/min；

　　　$n$——主轴转速，单位为 r/min；

　　　$d$——工件直径，单位为 mm。

实际生产中，切削用量一般根据经验并通过查表的方式进行选取。常用硬质合金或涂层硬质合金刀具切削不同材料时的切削用量推荐值见表 2-1 和表 2-2。

表 2-1　硬质合金或涂层硬质合金刀具切削用量推荐表

| 刀具材料 | 工件材料 | 粗加工 | | | 精加工 | | |
|---|---|---|---|---|---|---|---|
| | | 切削速度/(m/min) | 进给量/(mm/r) | 背吃刀量/mm | 切削速度/(m/min) | 进给量/(mm/r) | 背吃刀量/mm |
| 硬质合金或涂层硬质合金 | 碳钢 | 220 | 0.2 | 3 | 260 | 0.1 | 0.4 |
| | 低合金钢 | 180 | 0.2 | 3 | 220 | 0.1 | 0.4 |
| | 高合金钢 | 120 | 0.2 | 3 | 160 | 0.1 | 0.4 |
| | 铸铁 | 80 | 0.2 | 3 | 140 | 0.1 | 0.4 |
| | 不锈钢 | 80 | 0.2 | 2 | 120 | 0.1 | 0.4 |
| | 钛合金 | 40 | 0.3 | 1.5 | 60 | 0.1 | 0.4 |
| | 灰铸铁 | 120 | 0.3 | 2 | 150 | 0.15 | 0.5 |
| | 球墨铸铁 | 100 | 0.2 | 2 | 120 | 0.15 | 0.5 |
| | 铝合金 | 1600 | 0.2 | 1.5 | 1600 | 0.1 | 0.5 |

表 2-2 常用切削用量推荐表

| 工件材料 | 加工内容 | 背吃刀量 /mm | 切削速度 /(m/min) | 进给量 /(mm/r) | 刀具材料 |
|---|---|---|---|---|---|
| 碳素钢 $\sigma_b$ >600MPa | 粗加工 | 5~7 | 60~80 | 0.2~0.4 | YT 类 |
| | 粗加工 | 2~3 | 80~120 | 0.2~0.4 | |
| | 精加工 | 2~6 | 120~150 | 0.1~0.2 | |
| | 钻中心孔 | | 500~800r/min | | W18Cr4V |
| | 钻孔 | | 25~30 | 0.1~0.2 | |
| | 切断（宽度<5mm） | | 70~110 | 0.1~0.2 | YT 类 |
| 铸铁 HBW<200 | 粗加工 | | 50~70 | 0.2~0.4 | YG 类 |
| | 精加工 | | 70~100 | 0.1~0.2 | |
| | 切断（宽度<5mm） | | 50~70 | 0.1~0.2 | |

### 4. 选择切削用量时应注意的几个问题

（1）主轴转速　应根据零件上被加工部位的直径，并按零件和刀具的材料及加工性质等条件所允许的切削速度来确定。切削速度除了计算和查表选取外，还可根据实践经验确定，需要注意的是交流变频调速数控车床低速输出力矩小，因而切削速度不能太低。根据切削速度可以计算出主轴转速。

（2）车螺纹时的主轴转速　数控车床加工螺纹时，因其传动链的改变，原则上其转速只要能保证主轴每转一周时，刀具沿主进给轴（多为 Z 轴）方向位移一个螺距即可。

在车削螺纹时，车床的主轴转速将受到螺纹的螺距 P（或导程）大小、驱动电动机的升降频特性以及螺纹插补运算速度等多种因素影响，故对于不同的数控系统，推荐不同的主轴转速选择范围。大多数经济型数控车床推荐车螺纹时的主轴转速为

$$n \leqslant \frac{1200}{P} - K$$

式中　$n$——主轴转速，单位为 r/min；

$P$——被加工螺纹螺距，mm；

$K$——保险系数，一般取为 80。

数控车床车螺纹时，会受到以下几方面的影响：

1）螺纹加工指令中的螺距值，相当于以进给量 $f$(mm/r) 表示的进给速度 $u_f$。如果将机床的主轴转速选择过高，换算后的进给速度 $u_f$（mm/min）则必定大大超过正常值。

2）刀具在其位移过程的始终，都将受到伺服驱动系统升降频率和数控装置插补运算速度的约束，由于升降频率特性满足不了加工需要等原因，则可能因主进给运动产生出的"超前"和"滞后"而导致部分螺纹的螺距不符合要求。

3）车削螺纹必须通过主轴的同步运行功能而实现，即车削螺纹需要有主轴脉冲发生器（编码器）。当其主轴转速选择过高，通过编码器发出的定位脉冲（即主轴每转一周时所发出的一个基准脉冲信号）将可能因"过冲"（特别是当编码器的质量不稳定时）而导致工件螺纹产生乱纹（俗称"乱扣"）。车螺纹的主轴转速一般选取 300~400r/min。

### 【任务实施】

下面分析图 2-1 所示的中间轴加工工艺。

**1. 分析零件图样**

该零件由圆柱、顺圆弧、逆圆弧等表面组成。其中两端 $\phi$20mm 的轴颈因为要与其他零件配合,所以技术要求很高,公差等级为 IT6,表面粗糙度为 $Ra$0.8μm;两端 $\phi$26mm 的台阶面有圆跳动要求,其他轴颈的精度要求不高。该零件材料为 20CrMnTi,硬度要求不低于 58HRC。

通过分析,采取以下工艺措施。

1)零件图样上带公差的尺寸,编程时取其平均值。

2)两端 $\phi$20mm 的轴颈、$\phi$26mm 的台阶面按粗车→精车→磨削进行,以保证其精度和表面粗糙度要求。

**2. 加工方案的拟定**

该零件的加工工艺过程见表2-3,毛坯图如图2-19所示。

表2-3 中间轴的加工工艺过程卡

| 加工工艺过程卡片 | | | | 产品型号 | | 零(部件)图号 | | |
|---|---|---|---|---|---|---|---|---|
| | | | | 产品名称 | 中间轴 | 零(部件)名称 | 中间轴 | |
| 材料牌号 | 20CrMnTi | 毛坯种类 | 锻件 | 毛坯外形尺寸 | | 每毛坯可制件数 | 1 | 每台件数 | 1 | 备注 |
| 工序号 | 工序名称 | 工序内容 | | | | 加工设备 | 设备型号 | 工艺设备 | 工时/s |
| | | | | | | | | | 准终 | 单件 |
| 1 | 备料 | 备料 | | | | | | | | |
| 2 | 模锻 | 出模角为5°,单边残留毛边≤1.2mm,如图2-19所示 | | | | | | | | |
| 3 | 热处理 | 正火,硬度为170~220HBW | | | | | | | | |
| 4 | 车 | 车削外圆到 $\phi$49.5mm | | | | 车床 | CA6140 | | | |
| 5 | 车 | 钻中心孔,车端面,定零件总长为86mm | | | | 小六角车床 | C336-1 | | | |
| 6 | 车 | 车削两端外圆至 $\phi$20.4mm,长度为12mm | | | | 车床 | CA6140 | | | |
| 7 | 数控车 | 倒角,保证轴径尺寸 $\phi20_{-0.2}^{\ 0}$mm、$\phi47.5_{-0.2}^{\ 0}$mm、$\phi26_{-0.2}^{\ 0}$mm,保证圆弧 $R$4 | | | | 数控车床 | CKA6136 | | | |
| 8 | 检验 | | | | | | | | | |
| 9 | 热处理 | 淬火,≥58HRC | | | | | | | | |
| 10 | 钳工 | 研磨中心孔,然后清洗干净 | | | | 钻床 | Z5140A | | | |
| 11 | 磨 | 磨削 $\phi$26mm 台阶面及外圆 $\phi$20mm | | | | 磨床 | M131W | | | |
| 12 | 检验 | 合格后入库 | | | | | | | | |
| | | | | | | 设计(日期) | 审核(日期) | 标准化(日期) | 会签(日期) |
| 标记 | 处数 | 更改文件号 | 签字 | 日期 | 标记 | 处数 | 更改文件号 | 签字 | 日期 |

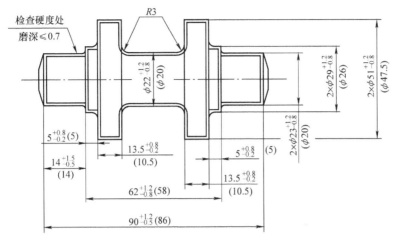

图 2-19 毛坯图

**3. 数控车削加工方案的拟定**

由表 2-3 可以看出，7 号工序要在数控车床上完成，其工序图如图 2-20 所示。

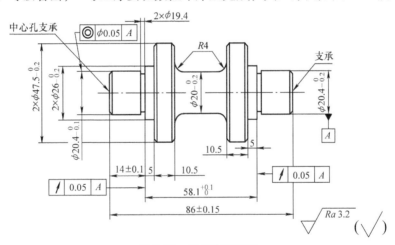

图 2-20 数控车工序图

(1) 确定装夹方案　以零件两端的中心孔为定位基准，采用两顶尖装夹的方式。

(2) 确定加工顺序

1) 粗、精车 $\phi 26_{-0.2}^{0}$ mm、$\phi 47.5$ mm 外圆并倒角。

2) 粗、精车 $\phi 20_{-0.2}^{0}$ mm 外圆并倒角。

(3) 选择刀具　将选定的刀具参数填入表 2-4 所示的中间轴数控车削加工刀具卡中，以便编程和操作管理。

(4) 确定切削用量

1) 切削深度。粗车时，单边外圆的切削深度为 1.5mm 左右，圆弧为 $R0.8 \sim R1$mm；精车时，单边外圆的切削深度为 0.15mm 左右，圆弧为 $R0.4$mm。

2) 切削速度。切削速度为 $30 \sim 60$mm/min。

3) 进给速度。粗车时为 0.2mm/r，精车时为 0.1mm/r。

表 2-4 中间轴数控车削加工刀具卡

| 数控车削加工刀具卡 | | | | | | | |
|---|---|---|---|---|---|---|---|
| 零件名称 | | 中间轴 | | 零件图号 | | 01 | |
| 设备名称 | | 数控车床 | 设备型号 | CKA6136 | 程序号 | | |
| 序号 | 刀具号 | 刀具名称 | 加工表面 | 刀具参数 | | 备注 | |
| | | | | 刀尖半径 | 刀杆规格 | | |
| 1 | T0101 | 93°左偏刀 | $\phi 26_{-0.2}^{0}$ mm、$\phi 47.5$mm | 0.4 | 25mm×25mm | 刀片:YB415 | |
| 2 | T0202 | 93°右偏刀 | 外圆并倒角 | 0.4 | | | |
| 3 | T0303 | 93°左偏刀 | $\phi 20_{-0.2}^{0}$ mm 外圆、$R4$mm | 0.4 | 13mm×13mm | 磨刀 | |
| 4 | T0404 | 93°右偏刀 | 圆弧并倒角 | 0.4 | | | |
| 5 | T0505 | 切槽刀 | 槽 2×$\phi$19.4 | | | 宽2mm | |
| 编制 | | 审核 | 批准 | 年 月 日 | | 共1页 | 第1页 |

【知识与任务拓展】

分析图 2-21 所示的传动轴零件数控加工工艺,并填写工艺文件。

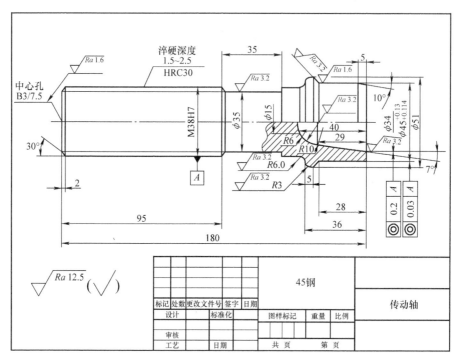

图 2-21 传动轴

【课后训练】

一、填空题

1. 数控车床主要用于加工_____、_____等回转体零件的_____、_____、_____等,并能进行_____、_____、_____及_____等切削加工。

2. 与普通车床相比，数控车削的加工对象具有以下特点：_____、_____、_____、_____、_____。
3. 轴类零件常以_____作定位基准来装夹；盘类工件的夹具主要有_____和_____两种。
4. 数控车床加工中的切削用量包括：_____、_____、_____。
5. 数控车床系统的主要功能包括_____、_____、_____、_____、_____等功能。

二、判断题
1. 不论是批量生产，还是单件生产，其数控加工工艺都一样。（　　）
2. 切断、车削深孔或精车削时，宜选择较低的进给速度。（　　）
3. 自定心卡盘能自动定心，工件装夹后一般不需要找正，装夹效率高，但夹紧力较单动卡盘小。（　　）
4. 高速钢刀具不适用于数控高速切削。（　　）
5. 车刀安装的高低对车刀角度没有影响。（　　）

三、选择题
1. 车削端面时，车刀装得高于工件轴线，前角（　　）。
   A. 增大　　　　　B. 减小　　　　　C. 不变　　　　　D. 变化但没影响
2. 精车时的切削用量，一般是以（　　）为主。
   A. 提高生产率　　B. 降低切削功率　C. 保证加工质量　D. 保证加工速度
3. 刀具硬度最低的是（　　）。
   A. 高速钢刀具　　B. 陶瓷刀具　　　C. 硬质合金刀具　D. 立方氮化硼刀具
4. 编排数控加工工序时，为了提高精度，可采用（　　）。
   A. 一次装夹多工序集中　　　　　B. 工序分散加法
   C. 流水线作业法　　　　　　　　D. 专用夹具
5. 划分加工工序下面哪种说法是错误的（　　）。
   A. 按零件装夹定位方式划分　　　B. 按粗精加工划分
   C. 按所用刀具划分　　　　　　　D. 按加工面的大小划分

四、简答题
1. 数控车削用的车刀一般分为哪几种类型？选用可转位车刀时，刀片的紧固方式有哪几种？
2. 试述数控车削加工的主要对象。

## 任务2.2　阶梯轴零件的编程与加工

【学习目标】

掌握G00、G01、G90、G94、G98、G99等指令的功能及应用，会分析阶梯轴的加工工艺，能编写阶梯轴零件的数控加工程序。

【任务导入】

在数控车床上完成如图 2-22 所示的阶梯轴零件加工，毛坯为 φ32mm 的棒料。

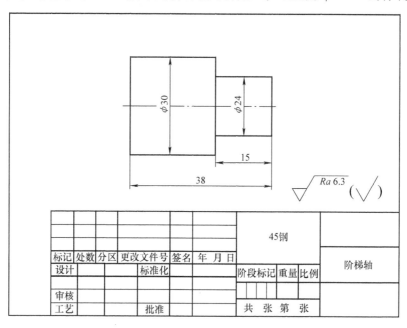

图 2-22　阶梯轴

任务分析：零件结构简单，加工部位由直径 φ24mm 和 φ30mm 的外圆柱面构成，无特殊精度要求，尺寸精度均未注公差。

【新知学习】

## 一、数控车床编程特点

### 1. 数控车床编程坐标系的建立

在编制零件的加工程序时，必须把零件放在一个坐标系中，只有这样才能描述零件的轨迹，编出合格的程序。

数控车床的编程坐标系方向与数控车床坐标系的方向一致，与刀架的位置有关，当采用后置式刀架时，数控车床的编程坐标系如图 2-23 所示。纵向为 $Z$ 轴方向，正方向是远离卡盘而指向尾座的方向；径向为 $X$ 轴方向，与 $Z$ 轴相垂直，正方向也为刀架远离主轴轴线的方向；编程原点 $O_P$ 一般取在工件端面与轴线的交点处。

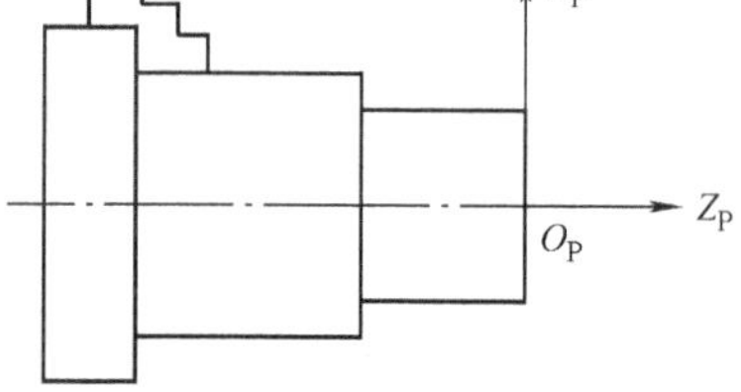

图 2-23　数控车床编程坐标系

### 2. 数控车床的两种编程方法

FANUC 系统数控车床有两种编程方法：绝对坐标编程和相对坐标编程。绝对坐标编程时移动指令终点的坐标值 $X$、$Z$ 都是以编程原点为基准来计算的。相对坐标编程时移动指令终点的坐标值 $X$、$Z$ 都是相对于刀具前一位置来计算的，程序中 X 和 Z 对应的相对坐标分别写为 U 和 W。同一个程序段中可以混合使用这两种编程方法。

数控车床上 X 轴向的坐标值不论是绝对值还是增量值，一般都用直径表示（称为直径编程），这样会给编程带来方便。此时，刀具的实际移动距离是直径值的一半。

如图 2-24 所示，圆柱面的车削从 A 点至 B 点可有三种编程形式，具体如下。

1）绝对坐标程序：X35　Z-40。
2）相对坐标程序：U0　W-40。
3）混合坐标程序：X35　W-40；或 U0　Z-40。

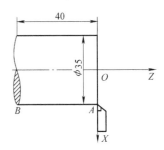

图 2-24　绝对/相对坐标编程

### 3. 数控车床准备代码总览

FANUC 0i 系统数控车床常用的 G 功能指令见表 2-5。

表 2-5　FANUC 0i 系统常用的准备功能一览表

| G 代码 | 组别 | 功能 |
|---|---|---|
| *G00 | 01 | 快速定位 |
| G01 | | 直线插补运动 |
| G02 | | 顺时针方向圆弧插补运动 |
| G03 | | 逆时针方向圆弧插补运动 |
| G04 | 00 | 暂停 |
| G27 | | 返回参考点检测 |
| G28 | | 返回参考点 |
| G32 | 01 | 螺纹切削 |
| *G40 | 07 | 取消刀尖半径补偿 |
| G41 | | 刀尖半径左补偿 |
| G42 | | 刀尖半径右补偿 |
| G50 | 00 | 设定工件坐标系，设定主轴最高转速 |
| G65 | | 宏程序命令 |
| G70 | | 精加工循环 |
| G71 | | 内、外径粗加工循环 |
| G72 | | 端面粗加工循环 |
| G73 | | 固定形状粗加工循环 |
| G74 | | 间断纵向面切削循环 |
| G75 | | 间断端面切削循环 |
| G76 | | 自动螺纹加工循环 |
| G90 | 01 | 内、外径车削循环 |
| G92 | | 螺纹切削循环 |
| G94 | | 端面车削循环 |

(续)

| G 代码 | 组别 | 功能 |
| --- | --- | --- |
| G96 | 02 | 恒线速度控制有效 |
| *G97 |  | 恒线速度控制取消 |
| G98 | 03 | 进给速度按每分钟设定 |
| *G99 |  | 进给速度按每转设定 |

注：1. 表内 00 组为非模态代码，其他组为模态代码。
    2. 标有"＊"的 G 代码为系统通电启动后的默认状态。
    3. 不同组 G 代码可以放在同一程序段中，与顺序无关。在同一个程序段中指令了两个以上同组 G 代码是，后一个 G 代码有效。

## 二、编程指令

**1. 快速定位 G00**

（1）指令格式　G00 X（U）__ Z（W）__；

1）X __ Z __ 表示快速移动的目标点绝对坐标。

2）U __ W __ 表示快速移动的目标点相对刀具当前点的相对坐标位移。

3）X（U）坐标按直径输入。

（2）应用　主要用于刀具快进、快退及空刀快速移动。

【例 2-1】　如图 2-25 所示，刀具由当前点 $A$ 快速进刀至点 $B$。

程序：G00　X50　Z3；
    或 G00　U-70　W-77；
    或 G00　U-70　Z3；
    或 G00　X50　W-77；

注意：

1）符号⊕代表程序原点。

2）点的坐标值均为毫米输入，以下示例同。

3）在某一轴上相对位置不变时，可以省略该轴的移动指令。

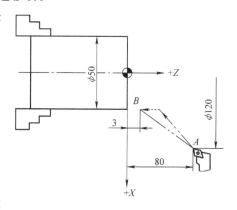

图 2-25　G00 快速进刀

4）G00 指令的快速移动速度，由厂家预先在机床参数中设定，不能用 F 规定，但可由机床面板上的快速修调按钮修正。

5）在执行 G00 时，$X$、$Z$ 轴的合成轨迹不一定是直线，通常情况下多为折线轨迹，如图 2-25 中细双点画线所示。为避免刀具与工件发生碰撞，可根据需要，先移动一个轴，再移动另一个轴。

6）执行 G00 指令，移动过程中不能对工件进行切削加工，目标点不能选在零件上，一般要离开工件表面 2~5mm。

**2. 直线插补 G01**

（1）指令格式：G01 X（U）__ Z（W）__ F __；

1）X（U）__ Z（W）__ 表示同 G00 指令。

2）F＿表示进给速度。

（2）应用　用于完成外圆、端面、内孔、锥面、槽、倒角等表面的切削加工。

【例2-2】　如图2-26所示，车削外圆柱面。

程序：G01 X40　Z-90　F0.3；

　　或 G01 U0 W-90 F0.3；

　　或 G01 U0 Z-90 F0.3；

　　或 G01 X40 W-90 F0.3；

【例2-3】　如图2-27所示，车削外圆锥面。

程序：G01 X60 Z-90 F0.3；

　　或 G01 U20 W-90 F0.3；

　　或 G01 U20 Z-90 F0.3；

　　或 G01 X60 W-90 F0.3；

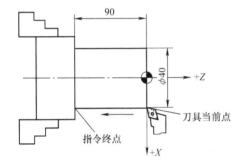

图2-26　G01切外圆柱面

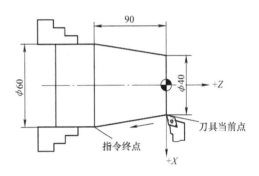

图2-27　G01切外圆锥面

### 3. 内、外圆切削循环指令 G90

（1）指令格式　G90　X（U）＿ Z（W）＿ R＿ F＿；

2-1　G90指令动作

1）如图2-28所示，执行该指令刀具从循环起点开始按 A→B→C→D→A 做循环运动，最后又回到循环起点。图中虚线表示按 R 快速运动，实线表示按 F 指定的工作进给速度运动。其中 A 为循环起点（也是循环的终点），B 为切削起点，C 为切削终点，D 为退刀点。

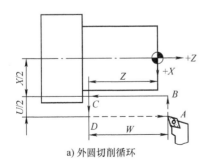

a）外圆切削循环

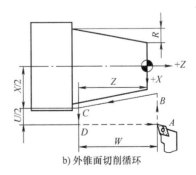

b）外锥面切削循环

图2-28　G90外形加工循环

2）X __ Z __ 为切削终点（C 点）的坐标；U __ W __ 为切削终点（C 点）相对于循环始点（A 点）的位移量。

3）R __ 为锥体面切削始点与切削终点的半径差，即 $R_b - R_c$，如图 2-28b 所示；当 R = 0mm 时，即为加工圆柱面。

4）F __ 为进给速度。该指令与简单的移动指令（G00、G01 等）相比，它将 AB、BC、CD、DA 四条直线指令组合成一条指令进行编程，从而达到了简化编程的目的。

需要特别指出的是：在应用 G90 指令编程中，刀具必须先定位到一个循环起点，然后开始执行 G90 指令，且刀具每次执行完一次走刀循环后又回到循环起点。对于该点，一般宜选择在离开工件或毛坯 1~2mm 处。

（2）应用 外圆柱面和圆锥面或内孔面和内锥面毛坯余量较大的零件粗车，如图 2-29 所示。

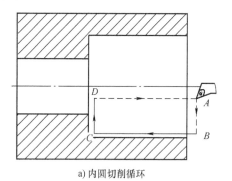

a）内圆切削循环　　　　　　　b）内锥面切削循环

图 2-29　G90 内孔加工循环

【例 2-4】 零件如图 2-30 所示，试用 G90 编写加工程序。

程序如下：

O2020

| | | | | |
|---|---|---|---|---|
| N10 | M03 | S800； | | 主轴正转，转速 800r/min |
| N20 | T0101； | | | 调用 1 号刀具 |
| N30 | G00 | X52 | Z2； | 快速定位至循环起点 |
| N40 | G90 | X45 | Z-40 | F0.3； 车 φ45mm 外圆 |
| N50 | X40； | | | 车 φ40mm 外圆 |
| N60 | X35； | | | 车 φ35mm 外圆 |
| N70 | X30.5； | | | 车 φ30.5mm 外圆 |
| N80 | X30 | F0.1； | | 精车 φ30mm 外圆 |
| N90 | G00 | X100 | Z50； | 快速回退至换刀点 |
| N100 | M05； | | | 主轴停转 |
| N110 | M30； | | | 程序结束 |

【例 2-5】 如图 2-31 所示的圆锥面，大端直径 φ20mm，小端直径 φ14mm，锥长 20mm，试用 G90 编写程序。

程序如下：

O2021

| | | | | |
|---|---|---|---|---|
| N10 | M03 | S800； | | 主轴正转，转速 800r/min |
| N20 | T0101； | | | 调用 1 号刀具 |
| N30 | G00 | X32 | Z2； | 快速定位至循环起点 |
| N40 | G90 | X30 | Z−20 | R−2.7 F0.3； 车至大端 φ30mm 的外圆锥 |
| N50 | X26； | | | 车至大端 φ26mm 的外圆锥 |
| N60 | X22； | | | 车至大端 φ22mm 的外圆锥 |
| N70 | X20； | | | 车至大端 φ20mm 的外圆锥 |
| N80 | G00 | X100 | Z50； | 快速回退至换刀点 |
| N90 | M05； | | | 主轴停转 |
| N100 | M30； | | | 程序结束 |

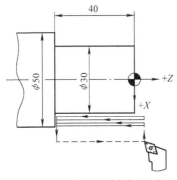

图 2-30 圆柱面切削循环实例

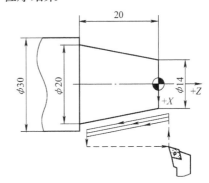

图 2-31 圆锥面切削循环实例

### 4. 端面切削循环指令 G94

（1）指令格式　G94　X（U）__ Z（W）__ R __ F __；

1）如图 2-32 所示，执行该指令刀具从循环起点开始按 A→B→C→D→A 做循环运动，最后又回到循环起点。图中虚线表示按 R 快速运动，实线表示按 F 指定的工作进给速度运动。其中 A 为循环起点（也是循环的终点），B 为切削起点，C 为切削终点，D 为退刀点。

2-2　G94 指令动作

2）X __ Z __ 为切削终点（C 点）的坐标；U __ W __ 为切削终点（C 点）相对于循环始点（A 点）的位移量。

3）R __ 为锥体面切削始点与切削终点在 Z 轴方向的差，即 $Z_b - Z_c$，如图 2-33 所示；当 R=0mm 时，即为切削端平面，可省略。

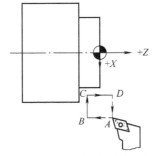

图 2-32　G94 车削端面循环轨迹

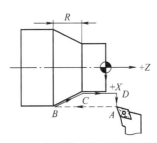

图 2-33　G94 车削带有锥度的端面循环轨迹

4) F__进给速度。执行该指令的工艺过程与 G90 相似，不同在于切削进给速度及背吃刀量应略小，以减小切削过程中的刀具振动。

（2）应用　大切削余量端面的切削。

例如，图 2-34 的程序如下：

……

G94　X50　Z16　F0.3；　　A→B→C→D→A

Z13；　　　　　　　　　　A→E→F→D→A

Z10；　　　　　　　　　　A→G→H→D→A

……

图 2-35 的程序如下：

……

G94　X15　Z33.48　K–3.48　F0.3；　A→B→C→D→A

Z31.48；　　　　　　　　　　　　　A→E→F→D→A

Z28.78；　　　　　　　　　　　　　A→G→H→D→A

……

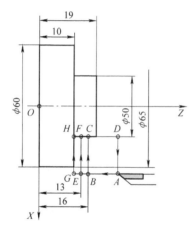

图 2-34　端面切削循环实例

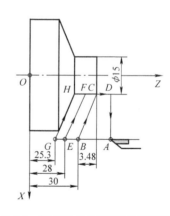

图 2-35　带有锥度的端面切削循环实例

**5. 进给功能单位设定指令 G98/G99**

（1）每转进给量 G99

指令格式：G99 F __；

说明：F 后面的数字表示主轴每转进给量，单位为 mm/r。G99 为数控车床的初始状态。

（2）每分钟进给量 G98

指令格式：G98 F __；

说明：F 后面的数字表示每分钟进给量，单位为 mm/min。

【任务实施】

下面分析图 2-22 所示的阶梯轴加工工艺，编制程序。

**1. 工艺分析**

刀具：90°外圆车刀，T0101。

工艺过程：车 φ24mm 外圆→车 φ30mm 外圆，加工路线如图 2-36 所示。

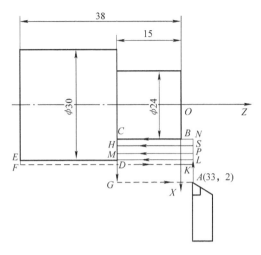

图 2-36　任务加工工艺路线

**2. 程序编制**

工件坐标系的原点选在工件右端面的中心，遵循基准重合的原则，如图 2-36 所示的 O 点。

程序如下：

O2022

| N10 | M03 | S800； | 主轴正转，转速 800r/min |
| N20 | T0101； | | 调用 1 号刀具 |
| N30 | G00 | X33 Z2； | 快速定位至循环起点 |
| N40 | G90 | X30 Z-15 F0.1； | 车 φ30mm 外圆，刀具轨迹为 A→L→D→G→A |
| N50 | X28； | | 车 φ28mm 外圆，刀具轨迹为 A→P→M→G→A |
| N60 | X26； | | 车 φ26mm 外圆，刀具轨迹为 A→S→H→G→A |
| N70 | X24； | | 车 φ24mm 外圆，刀具轨迹为 A→N→C→G→A |
| N80 | G00 | X30； | 快速定位 φ30mm 外圆尺寸 |
| N90 | G01 | Z-38； | 车 φ30mm 外圆，刀具轨迹为 L→E |
| N100 | G00 | X100； | 刀具沿 X 方向安全退出 |
| N110 | Z100； | | 刀具沿 Z 方向安全退出 |
| N120 | M05； | | 主轴停转 |
| N130 | M30； | | 程序结束 |

【知识与任务拓展】

**1. 固定循环指令**

对于加工余量较大的外径、内径、端面，刀具常常要反复地执行相同的动作，需要编写较多相同或相似的程序段，才能找到工件要求的尺寸，为了简化程序，数控系统规定用一个或几个程序段指定刀具做反复切削动作，这就是固定循环功能。

表 2-6 所示为固定循环指令。

表 2-6　固定循环指令

| | | |
|---|---|---|
| 单一固定循环 | G90 | 外径、内径切削循环<br>外径、内径轴段及锥面粗加工固定循环 |
| | G92 | 螺纹切削循环<br>执行固定循环切削螺纹 |
| | G94 | 端面切削循环<br>执行固定循环切削工件端面及锥面 |
| 复合固定循环 | G70 | 精加工固定循环<br>完成 G71、G72、G73 切削循环之后的精加工，达到工件尺寸 |
| | G71 | 外径、内径粗加工固定循环<br>执行粗加工固定循环，将工件切至精加工之前的尺寸 |
| | G72 | 端面粗加工固定循环<br>同 G71，只是 G71 沿 Z 轴方向进行循环切削而 G72 沿 X 轴方向进行循环切削 |
| | G73 | 仿形粗加工固定循环<br>沿工件精加工相同的刀具路径进行粗加工固定循环 |
| | G74 | 端面切削固定循环 |
| | G75 | 外径、内径切槽（断）固定循环 |
| | G76 | 复合螺纹切削循环 |

**2. G01 倒角功能**

倒角和倒圆角是零件上常见的情况，FANUC 数控系统中提供了在两相邻轨迹的 G01 程序段之间自动插补倒角或倒圆角的控制功能。

（1）45°倒角

编程格式为"G01 Z（W）__ I±i;"时，倒角情况如图 2-37a 所示，A 点为起始点。

编程格式为"G01 X（U）__ K±k;"时，倒角情况如图 2-37b 所示，A 点为起始点。

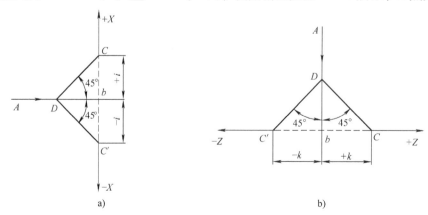

图 2-37　45°倒角示意图

（2）任意角度倒角　在直线进给程序段尾部加上 C__，可自动插入任意角度的倒角。C

的数值是从假设没有倒角的拐角交点距倒角始点或与终点之间的距离，如图2-38所示，O点为起始点。

编程指令为

G01　　X50　　C10；

X100　　Z－100；

（3）倒圆角　编程格式为"G01 Z（W）＿　R±r；"时，圆弧倒角情况如图2-39a所示，A点为起始点。

编程格式为"G01 X（U）＿　R±r；"时，圆弧倒角情况如图2-39b所示，A点为起始点。

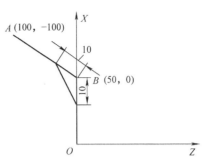

图2-38　任意角度倒角举例

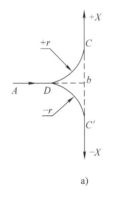

a)

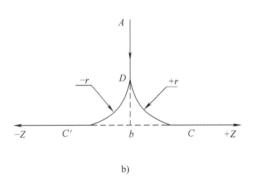

b)

图2-39　倒圆角示意图

（4）任意角度倒圆角　在直线进给程序段尾部加上R＿，可自动插入任意角度的倒圆角。R的数值是圆角的半径值，如图2-40所示，O点为起始点。

编程指令为

G01　　X50　　R10；

X100　　Z－100；

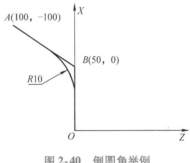

图2-40　倒圆角举例

【课后训练】

一、填空题

1. 数控车床上 $X$ 轴方向的坐标值不论是绝对值还是增量值，一般都用＿＿＿表示（称为＿＿＿编程），这样会给编程带来方便。此时，刀具的实际移动距离是直径值的＿＿＿。

2. 执行 G01　U20　W18；程序段后，$Z$ 方向的实际移动量是＿＿＿ mm。

3. 数控车床在执行 G00 时，$X$、$Z$ 轴的合成轨迹不一定是直线，通常情况下多为＿＿＿轨迹。为避免刀具与工件发生碰撞，可根据需要，先移动＿＿轴，再移动＿＿轴。

二、判断题

1. G00 为快速点定位指令，进给速度 F 对 G00 命令无效。　　　　　　　　　　（　　）

2. 同组模态 G 代码可以放在一个程序段中，而且与顺序无关。（  ）
3. 绝对编程和相对编程不能在同一程序中混合使用。（  ）
4. G00 和 G01 指令的运行轨迹都一样，只是速度不一样。（  ）
5. 数控车床的进给方式分每分钟进给和每转进给两种，用 G98 和 G99 区分。（  ）

三、选择题

1. 混合编程的程序段是（    ）。
   A. G00　X100　Z200　　　　　　　B. G01　X-10　Z-20
   C. G02　U-10　W-5　R30　　　　D. G03　X5　W-10　R3
2. G90 X_ Z_ F_ ；是（    ）指令格式。
   A. 外圆车削循环　　B. 端面车削循环　　C. 螺纹车削循环　　D. 纵向切削循环
3. G94 X_ Z_ F_ ；是（    ）指令格式。
   A. 外圆车削循环　　B. 端面车削循环　　C. 螺纹车削循环　　D. 纵向切削循环
4. G99 F0.15 表示（    ）。
   A. 进给速度为 0.15r/min　　　　　B. 进给速度为 0.15mm/min
   C. 进给速度为 0.15m/min　　　　　D. 进给速度为 0.15mm/r
5. G98 F90 表示（    ）。
   A. 进给速度为 90m/min　　　　　　B. 进给速度为 90mm/r
   C. 进给速度为 90r/min　　　　　　D. 进给速度为 90mm/min

四、编程题

完成图 2-41 所示零件的编程与加工。

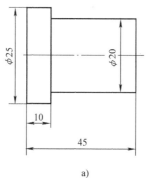

a)

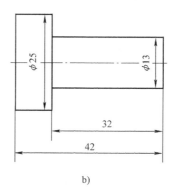

b)

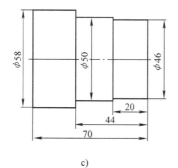

c)

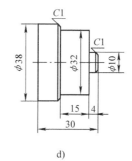

d)

图 2-41　编制零件加工程序

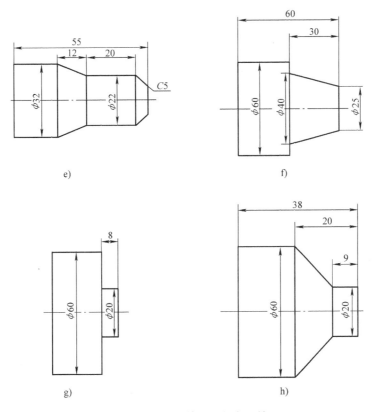

图 2-41 编制零件加工程序（续）

## 任务 2.3　成形曲面零件的编程与加工

【学习目标】

掌握 G02、G03、G41、G42、G50、G96、G97、G71、G72、G73、G70 等指令的功能及应用，会分析成形曲面零件的加工工艺，能编写成形曲面零件的数控加工程序。

【任务导入】

在数控车床上完成如图 2-42 所示的圆弧轴零件加工，毛坯为 $\phi$32mm 的棒料。

任务分析：零件加工部位由直线、圆弧组成的回转面构成。该零件切削余量较大，不能一次加工完成，应先粗车再精车，才能完成加工并达到尺寸要求。

【新知学习】

本任务包含圆弧插补指令、刀具半径补偿指令、恒线速控制与取消指令、复合固定循环指令等知识的学习。

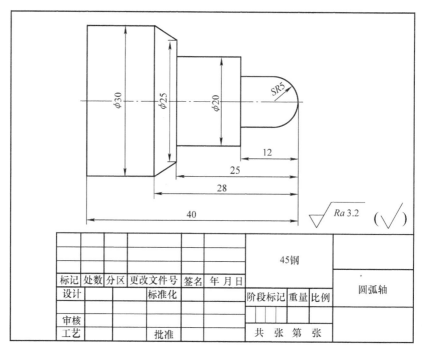

图 2-42 圆弧轴

## 一、编程指令

**1. 圆弧插补指令 G02/G03**

（1）指令格式

$$\begin{Bmatrix} G02 \\ G03 \end{Bmatrix} X(U)\_\_ Z(W)\_\_ \begin{Bmatrix} R\_\_ \\ I\_\_ K\_\_ \end{Bmatrix} F\_\_ ;$$

2-3 圆弧插补
指令 G02/G03

1）与圆弧加工有关的指令说明见表 2-7。

表 2-7 圆弧插补指令说明

| 序号 | 命令 | 指定内容 | | 意义 |
|---|---|---|---|---|
| 1 | G02 | 回转方向 | | 顺时针方向转 CW |
|   | G03 |  | | 逆时针方向转 CCW |
| 2 | X\_ Z\_ | 终点位置 | 绝对方式 | 工件坐标系中圆弧终点位置坐标 |
|   | U\_ W\_ |  | 相对方式 | 圆弧终点相对起点的坐标 |
| 3 | I\_ K\_ | 从起点到圆心的距离 | | 圆心相对起点的位置坐标 |
|   | R\_ | 圆弧半径 | | 圆弧半径 |
| 4 | F\_ | 进给速度 | | 圆弧的切线速度 |

2）圆弧顺时针与逆时针方向的判断方法：沿与圆弧所在平面（如 *XZ* 平面）相垂直的另一坐标轴的负方向（如 $-Y$ 轴）看去，顺时针方向为 G02，逆时针方向为 G03，如图 2-43 所示。

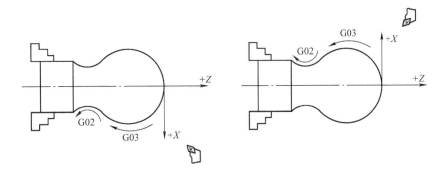

a) 前置刀架　　　　　　　　b) 后置刀架

图 2-43　圆弧的顺、逆方向

3) I、K 可理解为圆弧起点指向圆心的矢量分别在 X、Z 轴上的投影，I、K 根据方向带有符号，I、K 方向与 X、Z 轴方向相同，取正值；否则，取负值；I、K 为零时可以省略，如图 2-44 所示。

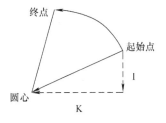

图 2-44　I、K 的确定

I、K 值的计算方法如下：

I = 圆心坐标 X − 圆弧起点的 X 坐标；

K = 圆心坐标 Z − 圆弧起点的 Z 坐标。

4) 在同一程序段中，如 I、K 与 R 同时出现时，R 有效。

(2) 应用　用于完成凸弧和凹弧表面的切削加工。

【例 2-6】　顺时针方向圆弧插补，如图 2-45 所示。

1) 绝对坐标方式。

程序：G02　X64.5　Z − 18.4　I15.7　K − 2.5　F0.2；

或　G02　X64.5　Z − 18.4　R15.9　F0.2；

2) 增量坐标方式。

程序：G02　U32.2　W − 18.4　I15.7　K − 2.5　F0.2；

或　G02　U32.2　W − 18.4　R15.9　F0.2；

【例 2-7】　逆时针方向圆弧插补，如图 2-46 所示。

1) 绝对坐标方式

程序：G03　X64.6　Z − 18.4　I0　K − 18.4　F0.2；

或　G03　X64.6　Z − 18.4　R18.4　F0.2；

2) 增量坐标方式

程序：G03　U36.8　W − 18.4　I0　K − 18.4　F0.2；

或　G03　U36.8　W − 18.4　R18.4　F0.2；

**2. 刀尖圆弧补偿指令 G41/G42**

在编程中，通常将刀尖看作是一个点，即所谓理想（假想）刀尖，但放大来看，实际刀尖是有圆弧的，如图 2-47 所示。

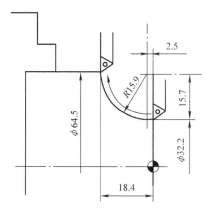
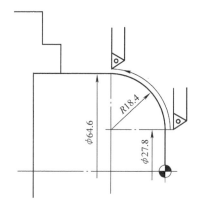

图 2-45　G02 顺时针方向圆弧插补　　　　图 2-46　G03 逆时针方向圆弧插补

由于假想刀尖的存在，使得编程刀位点和车刀实际切削点不重合，因此在实际切削中对加工尺寸和形状会产生影响。如图 2-47 所示，圆头车刀在车削外圆、端面等与轴线平行或垂直的表面加工时，车刀实际切削点加工运动轨迹与假想刀尖的运动轨迹一致，刀尖圆弧不对其尺寸、形状产生影响；在切削圆锥和圆弧时，就会产生欠切削或过切削。因此，在用圆头车刀加工（尤其是精加工）带有圆锥和圆弧表面的零件时，编程中可用刀尖半径补偿功能来消除误差。

2-4　刀尖圆弧补偿指令 G41/G42

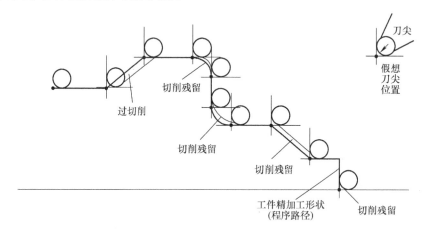

图 2-47　刀尖圆角造成的过切削与欠切削现象

（1）指令功能　刀尖半径补偿指令是 G40、G41 和 G42，均为模态 G 代码。

G40：取消刀尖半径补偿。这时，刀尖运动轨迹与编程轨迹重合。

G41：刀尖半径左补偿。从 +Y 轴向 -Y 轴观察，沿着车刀进给方向看，车刀在工件的左侧，称为左刀补，如图 2-48 所示。

G42：刀尖半径右补偿。从 +Y 轴向 -Y 轴观察，并沿着刀具进给方向看，车刀在工件的右侧，称为右刀补，如图 2-49 所示。

数控车床采用前置刀架和后置刀架时刀尖半径补偿补偿方向不同，如图 2-48、图 2-49 所示。

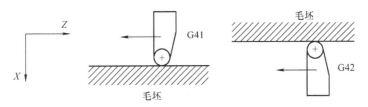

图 2-48 前置刀架刀尖圆弧半径补偿

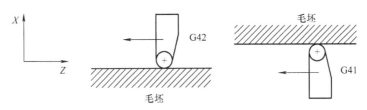

图 2-49 后置刀架刀尖圆弧半径补偿

（2）指令格式 刀尖半径补偿指令格式为

$$\begin{Bmatrix} G40 \\ G41 \\ G42 \end{Bmatrix} \begin{Bmatrix} G00 \\ G01 \end{Bmatrix} X(U) \underline{\quad} Z(W) \underline{\quad} ;$$

说明：

1) G41、G42 指令不能与圆弧切削指令写在同一个程序段内，可与 G00、G01 指令写在同一个程序段内。

2) 在使用 G41、G42 指令模式中，不允许有两个连续的非移动指令，否则刀具在前面程序段终点的垂直位置停止，且产生过切削或欠切削现象。

非移动指令：

$$\begin{cases} M\ 代码 \\ S\ 代码 \\ 暂停指令（G04） \\ 某些\ G\ 代码，如\ G50、G96、\cdots \\ 移动量为零的切削指令，如\ G01\quad U0\quad W0； \end{cases}$$

3) 在 G74~G76、G90~G92 固定循环指令中不用刀尖圆弧半径补偿。

4) 在 MDI 方式中不用刀尖圆弧半径补偿。

5) 编程中如要改变刀具半径左右补偿状态或调用新刀具前，必须取消刀补。

（3）刀尖圆弧半径补偿的过程

1) 建立刀补。刀具补偿的建立使刀具中心从与编程轨迹重合过渡到与编程轨迹偏离一个刀尖圆弧半径。刀补程序段内必须有 G00 或 G01 功能才有效，偏移量补偿必须在一个程序段的执行过程中完成，并且不能省略。

2) 执行刀补。执行含 G41、G42 指令的程序段后，刀具中心始终与编程轨迹相距一个偏移量。G41、G42 指令不能重复使用，即在前面使用了 G41 或 G42 指令之后，不能再紧接着使用 G42 或 G41 指令。

3）取消刀补。在 G41、G42 程序后面，加入 G40 程序段即是刀尖半径补偿的取消。图 2-50 所示为刀尖半径补偿建立、执行与取消的过程。G40 刀尖半径补偿取消程序段执行前，刀尖圆弧中心停留在前一程序段终点的垂直位置上，G40 程序段是刀具由终点退出的动作。

(4) 刀尖的方位　由于车刀形状和位置是多种多样的，因此车刀形状还决定刀尖圆弧在什么位置。加工前必须事先设定刀尖相对于工件的方位。

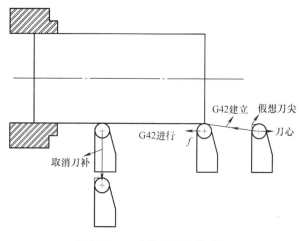

图 2-50　刀尖半径补偿的过程

假想刀尖的方位可分为 8 种类型，刀尖的方向由切削时的刀具方向确定，观察基点为刀尖圆弧的中心。图 2-51 所示为后置刀架坐标系的刀尖的方位，外圆车刀的位置码为 3。

每个刀具补偿号，都有一组对应的刀尖半径补偿量 R 和刀尖方位号 T。在设置刀尖圆弧自动补偿值时，还要设置刀尖圆弧位置编码，刀尖圆弧位置编码定义了刀具刀位点与刀尖圆弧中心的位置关系，其从 0~9 有十个方向，系统 T 表示假想刀尖的方向号，假想刀尖的方向与 T 代码之间的关系如图 2-51、图 2-52 所示，其中"·"代表刀具刀位点，"+"代表刀尖圆弧圆心 $O$。

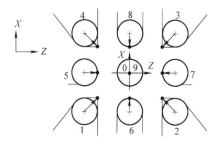

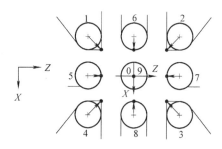

图 2-51　后置刀架的刀尖方位图号　　图 2-52　前置刀架的刀尖方位图号

(5) 补偿值的设定　实现刀补需要对以下几项补偿值进行设置：X、Z、R、T。其中 X、Z 分别为 X 轴、Z 轴方向从刀架中心到刀尖的刀具偏置值；R 为假想刀尖的半径补偿值；T 为假想刀尖号。每一组值对应一个刀补号，在刀补界面下设置，具体设置如图 2-53 所示。

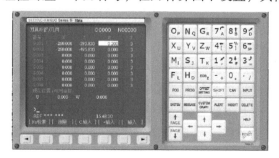

图 2-53　刀尖半径补偿的参数设置

【例2-8】 如图2-54所示零件加工,采用刀尖半径补偿车削,编写精加工程序。

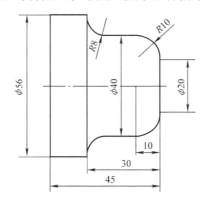

图 2-54 刀尖半径补偿实例

程序如下:
O2030
N10　M03　S1000;
N20　T0101;
N30　G00　X20　Z10;　　　　　　　快速定位至起点
N40　G42　G01　Z0　F0.15;　　　　建立刀尖半径右补偿
N50　G03　X40　Z-10　R10;
N60　G01　W-12;
N70　G02　X56　Z-30　R8;
N80　G40　G00　X100;　　　　　　 取消刀尖半径补偿
N90　G00　Z100;　　　　　　　　　退刀
N100　M05;
N110　M30;

**3. 最高转速限制指令 G50**

指令格式:G50　S__;

S 后面的数字表示控制主轴的最高转速,单位为 r/min,其数值可以查阅数控机床参数说明书中主轴设定的最高转速。例如,G50　S3000 表示主轴最高转速为 3000r/min。

指令功能:当使用恒线速度功能车削轴类或盘类零件时,随着直径数值的变化,可能会出现主轴转速过高,工件有从卡盘飞出的危险,使用 G50 就可以限制最高转速。

应用:主要用于数控车削编程中设置恒线速度切削之前。

**4. 恒线速控制与取消指令 G96/G97**

(1) 恒线速控制指令 G96

指令格式:G96　S__;

说明:恒线速控制,使刀具在加工各表面时保持同一线速度,S 表示切削点的线速度,单位为 m/min。例如,G96　S150 表示切削点速度控制在 150m/min。

(2) 取消恒线速指令 G97

指令格式:G97　S__;

说明：恒线速取消，S 表示主轴转速，单位为 r/min。例如，G97 S800 表示恒线速度控制取消，并设定主轴转速为 800r/min。

【例 2-9】 如图 2-55 所示零件加工，采用恒线速车削，编写精加工程序。

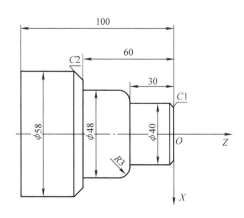

图 2-55 恒线速编程实例

程序如下：

O2031

N10　G50　S3500；　　　　　　　　　　限制最高转速 3500r/min

N20　M03　G96　S110；　　　　　　　　主轴正转，恒切削速度 110m/min

N30　T0101；

N40　G00　X38　Z10；　　　　　　　　　快速定位至起点

N50　G42　G01　Z0　F0.15；　　　　　　建立刀尖半径右补偿

N60　X40　Z－1；

N70　Z－30；

N80　X42；

N90　G03　X48　Z－33　R3；

N100　G01　Z－60；

N110　X54；

N120　X58　Z－62；

N130　Z－100；

N140　G97　G40　G00　X100；　　　　　取消刀尖半径补偿，取消恒线速控制

N150　Z100；　　　　　　　　　　　　　退刀

N160　M05；

N170　M30；

**5. 复合固定循环**

复合固定循环指令应用于非一次加工即能加工到规定尺寸的车削场合。利用复合固定循环指令可将多次重复动作用一个程序段来表示，只要编写出最终刀具轨迹，给出每次的背吃

刀量等加工参数，系统便会自动重复切削，直到加工完成。

（1）内外径粗车循环指令 G71　G71 指令主要应用于圆柱毛坯料粗车外径和圆筒毛坯料粗镗内径。图 2-56 所示为用 G71 粗车外径的加工循环走刀路线，其特点是多次切削的方向平行于 Z 轴，粗加工去除大部分的余量（保留精加工余量）。图中 A 点通常是毛坯外径与端面轮廓的交点。

2-5　G71 指令动作

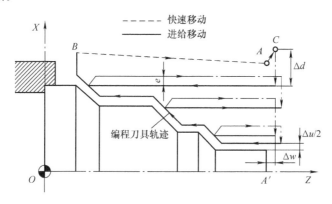

图 2-56　内外径粗车循环 G71 走刀路线

指令格式：
G00　X$\underline{\alpha}$　Z$\underline{\beta}$;
G71　U$\underline{\Delta d}$　R$\underline{e}$ ;
G71　P$\underline{ns}$　Q$\underline{nf}$　U$\underline{\Delta u}$　W$\underline{\Delta w}$　F$f$ ;

$\alpha$, $\beta$：粗车循环起刀点位置，即图 2-56 所示 A 点。在圆柱毛坯料粗车外径时，$\alpha$ 值应比毛坯直径稍大 1~2mm，$\beta$ 值应离毛坯右端面 2~3mm。在圆筒毛坯料粗镗内孔时，$\alpha$ 值应比筒料内径稍小 1~2mm，$\beta$ 值应离毛坯右端面 2~3mm。

$\Delta d$：循环切削过程中径向的背吃刀量，半径值，单位为 mm。

$e$：循环切削过程中径向的退刀量，半径值，单位为 mm。

$ns$：精加工路线程序段中开始程序段的段号。

$nf$：精加工路线程序段中结束程序段的段号；如：开始段为 N50…；结束段为 N100…，则写出 G71 P50 Q100…。

$\Delta u$：X 轴方向的精加工余量，直径值，单位为 mm。在圆筒毛坯料粗镗内孔时，应指定为负值。

$\Delta w$：Z 轴方向的精加工余量，单位为 mm。

$f$：粗加工循环中的进给速度。

编程时注意以下几点：

1）在使用 G71 进行粗加工循环时，只有含在 G71 程序段中的 F、S、T 功能才有效，而包含在 $ns \rightarrow nf$ 精加工形状程序段中的 F、S、T 功能，对粗车循环无效。

2）在 A 至 A′ 间顺序号 $ns$ 的程序段中只能含有 G00 或 G01 指令，而且必须指定，也不能含有 Z 轴指令。

3）A′→B 之间必须符合 X、Z 轴方向的单调增大或减小的模式，即一直增大或一直减小。

4）在加工循环中可以进行刀具补偿。

（2）精车循环指令 G70  G70 指令用于切除 G71、G72、G73 指令粗加工后留下的加工余量。执行 G70 循环时，刀具沿工件的实际轨迹进行切削，如图 2-56 中轨迹 $A'B$ 所示，循环结束后刀具返回循环起点。

指令格式：

G70　P$ns$　Q$nf$；

$ns$：精加工路线程序段中开始程序段的段号。

$nf$：精加工路线程序段中结束程序段的段号。

精车之前如需换精加工刀具，应注意换刀点的选择，防止刀具与工件、夹具、顶尖发生干涉。

【例 2-10】 零件如图 2-57 所示，用 G71、G70 指令编写加工程序。

2-6　G71 加工过程演示

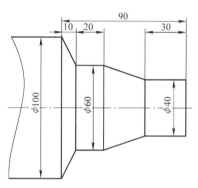

图 2-57　G71、G70 指令应用实例

程序如下：

O2032

N10　M03　S800；

N20　T0101；

N30　G00　X102　Z2；　　　　　　　　　快速定位至循环起点

N40　G71　U1　R1；　　　　　　　　　　每次切深 1mm（半径），退刀 1mm

N50　G71　P60　Q100　U0.5　W0.2　F0.3；粗加工，X 轴余量 0.5mm，Z 轴余量 0.2mm

N60　G00　X40　S1000；

N70　G01　Z-30　F0.15；

N80　X60　W-30；　　　　　　　　　　　精加工路线程序段

N90　W-20；

N100　X100　W-10；

N110　G70　P60　Q100；　　　　　　　　精加工

N120　G00　X100　Z100；

N130　M05；

N140　M30；

【例2-11】 用G71指令编写图2-58所示零件内孔加工程序，其中虚线部分为工件毛坯上的底孔。

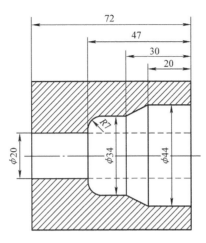

图2-58　G71、G70指令应用实例

程序如下：
O2033
N10　M03　S800；
N20　T0101；
N30　G00　X16　Z2；　　　　　　　　　快速定位至循环起点
N40　G71　U1　R1；　　　　　　　　　每次切深1mm（半径），退刀1mm
N50　G71　P60　Q100　U0.5　W0.2　F0.3；　粗加工，X轴余量0.5mm，Z轴余量0.2mm
N60　G00　X44　S1000；
N70　G01　Z－20；
N80　X34　Z－30；　　　　　　　　　　精加工路线程序段
N90　Z－40；
N100　G03　X20　Z－47　R7；
N110　G70　P60　Q100　F0.1；　　　　　精加工
N120　G00　X100　Z100；
N130　M05；
N140　M30；

（3）端面粗车循环G72　G72指令应用于圆柱棒料毛坯端面方向粗车，是沿着平行于X轴方向进行端面切削循环的，如图2-59所示。

指令格式：
G00　X$\alpha$　Z$\beta$；
G72　W$\Delta d$　R$e$；
G72　P$ns$　Q$nf$　U$\Delta u$　W$\Delta w$　F$f$；

$\Delta d$：Z方向背吃刀量，其他参数的含义和要求与G71相同，这里不再重复。
编程时注意以下几点：

1) 在使用 G72 进行粗加工循环时，只有含在 G72 程序段中的 F、S、T 功能才有效，而包含在 ns→nf 精加工形状程序段中的 F、S、T 功能，对粗车循环无效。

2) 在 A 至 A′ 间顺序号 ns 的程序段中只能含有 G00 或 G01 指令，而且必须指定，且不能含有 X 轴指令。

3) A′→B 之间必须符合 X、Z 轴方向的单调增大或减少的模式，即一直增大或一直减小。

4) 在加工循环中可以进行刀具补偿。

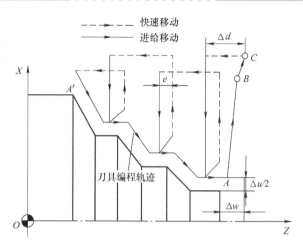

图 2-59　端面粗车循环 G72 走刀路线

【例 2-12】 用 G72 指令编写图 2-60 所示零件加工程序。

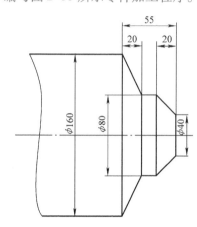

图 2-60　G72 指令应用实例

程序如下：
O2034
N10　M03　S800;
N20　T0101;
N30　G00　X162　Z2;　　　　　　　快速定位至循环起点
N40　G72　W2　R1;　　　　　　　每次切深 4mm，退刀 1mm
N50　G72　P60　Q100　U0.5　W0.2　F0.3;　粗加工，X 轴余量 0.5mm，Z 轴余量 0.2mm
N60　G00　Z-55　S1000;
N70　G01　X160　F0.15;
N80　X80　W20;　　　　　　　　　精加工路线程序段
N90　W15;
N100　X40　W20;
N110　G70　P60　Q100　F0.1;　　　精加工

N120　G00　X100　Z100;
N130　M05;
N140　M30;

(4) 仿形粗车循环 G73　G73 仿形切削循环就是按照一定的切削形状逐渐地接近最终形状,对零件轮廓的单调性没有要求。这种方式对于铸造、锻造毛坯或已成形的工件(半成品)的车削编程是一种效率很高的方法。对于不具备类似成形条件的工件,如采用 G73 进行编程加工,反而会增加车削过程中的空行程。G73 循环方式如图 2-61 所示。

2-7　G73 指令动作

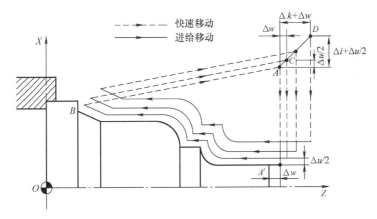

图 2-61　仿形粗车循环 G73 走刀路线

指令格式:
G00　X$\underline{\alpha}$　Z$\underline{\beta}$;
G73　U$\underline{\Delta i}$　W$\underline{\Delta k}$　R$\underline{d}$;
G73　P$\underline{ns}$　Q$\underline{nf}$　U$\underline{\Delta u}$　W$\underline{\Delta w}$　F$\underline{f}$;

$\Delta i$: $X$ 轴方向退刀总距离及方向,半径值。
$\Delta k$: $Z$ 轴方向退刀总距离及方向。
$d$: 分割次数,等于粗车次数。
其他参数含义与 G71 相同。

【例 2-13】用 G73 指令编写图 2-62 所示零件加工程序。

2-8　G73 加工过程演示

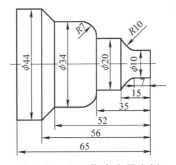

图 2-62　G73 指令应用实例

程序如下：
O2035
N10　M03　S800;
N20　T0101;
N30　G00　X46　Z2;　　　　　　　快速定位至循环起点
N40　G73　U17　R10;　　　　　　X方向余量约17mm，Z方向余量0mm，10次走刀
N50　G73　P60　Q130　U0.5　W0.2　F0.3;粗加工，X轴余量0.5mm，Z轴余量0.2mm
N60　G00　X10　Z2;
N70　G01　Z-7;
N80　G02　X20　Z-15　R10;
N90　G01　Z-35;　　　　　　　　精加工路线程序段
N100　G03　X34　Z-42　R7;
N110　G01　Z-52;
N120　X44　Z-56;
N130　Z-65;
N140　G70　P60　Q130　S1000　F0.1;　精加工
N150　G00　X100　Z100;
N160　M05
N170　M30;

【任务实施】

下面编制图2-42所示零件的加工程序，工件坐标系的原点选在工件右端面的中心，根据零件特点选择G71指令完成粗车循环。

程序如下：
O2036
N10　M03　S800;　　　　　　　　主轴正转，转速800r/min
N20　T0101;　　　　　　　　　　调用1号刀具
N30　G00　X32　Z2;　　　　　　 快速定位至循环起点
N40　G71　U1　R1;　　　　　　　每次切深1mm（半径），退刀1mm
N50　G71　P60　Q140　U0.5　W0.2　F0.3;粗加工，X轴余量0.5mm，Z轴余量0.2mm
N60　G00　X0　S1000;
N70　G01　Z0;
N80　G03　X10　Z-5　R5;
N90　G01　Z-12;
N100　X20;　　　　　　　　　　　精加工路线程序段
N110　Z-25;
N120　X25;
N130　X30　Z-28;
N140　Z-40;

```
N150    G70    P60    Q140    F0.1;              精加工
N160    G00    X100   Z100;
N170    M05;
N180    M30;
```

【知识与任务拓展】

工件坐标系的设定和选取

G50 指令除具有设定主轴最高转速的功能外，还可实现工件坐标系的设定、平移。

指令格式：G50    X_ Z_ ；

坐标值 X、Z 为刀具起刀点至工件原点的距离。如图 2-63 所示，假设刀尖的起始点距工件原点的 Z 方向尺寸和 X 方向尺寸分别为 L 和 $\phi D$，则执行程序段 G50 X$D$ Z$L$ 后，系统内部即对 ($D$, $L$) 进行记忆，系统内就建立了一个以工件原点为坐标原点的工件坐标系 $X_p O_p Z_p$。起刀点的设置应保证换刀时刀具与工件、夹具之间没有干涉。该指令是一个非运动指令，一般作为第一条指令放在整个程序的前面。

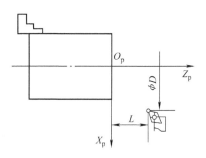

图 2-63 工件坐标系的设定

由图 2-63 可见，若起刀点相同，当 $D$、$L$ 取值不同时，所设定出的工件坐标系的工件原点位置也不同。因此在执行程序段 "G50    X_ Z_；" 前，必须先进行对刀，以确定起刀点相对工件原点的位置。

实际设定中最常用且最有效的对刀方法为试切对刀。

【课后训练】

一、填空题

1. 数控车床恒线速控制指令为_____，使用恒线速指令加工 S 的单位为_____。
2. 刀尖圆弧半径补偿的过程为_____刀补、_____刀补和_____刀补。
3. 执行 G71 P60 Q140 U0.5 W0.2 F0.3；程序段后，零件 X 轴余量为_____ mm（半径值）。

二、判断题

1. 恒线速控制的原理是当工件的直径越大时，进给速度越慢。                （    ）
2. 不考虑车刀刀尖圆弧半径，车出的圆柱面是有误差的。                    （    ）
3. G71 指令只能对单调递增或单调递减的零件进行粗加工。                 （    ）
4. 理论上，G73 可以对任意圆柱零件进行粗加工。                         （    ）
5. G71 P60 Q100 U0.5 W0.2 F0.3；程序段中的 F 只对粗加工有效。          （    ）

三、选择题

1. 圆弧插补指令 G03 X_ Z_ I_ K_ 中，I、K 后的值表示圆弧的（    ）。
   A. 起点坐标    B. 终点坐标    C. 圆心绝对坐标    D. 圆心相对坐标
2. 在（    ）时，当刀具的刀尖圆弧半径不等于零，不使用刀具半径补偿功能会造成过切削或欠切削。

A. 车圆弧　　　　B. 车外圆　　　　C. 车端面　　　　D. 切槽

3. 下列（　　）指令可取消刀具半径补偿。

A. G41　　　　B. G42　　　　C. G43　　　　D. G40

4. 逆时针方向圆弧插补的功能字是（　　）。

A. G01　　　　B. G02　　　　C. G03　　　　D. G04

5. 刀尖半径左补偿方向的规定是（　　）。

A. 沿刀具运动方向看，工件位于刀具左侧

B. 沿工件运动方向看，工件位于刀具左侧

C. 沿工件运动方向看，刀具位于工件左侧

D. 沿刀具运动方向看，刀具位于工件左侧

四、编程题

完成图 2-64 所示零件的加工程序。

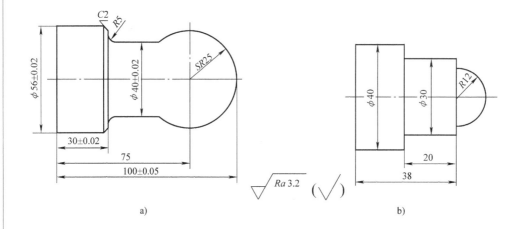

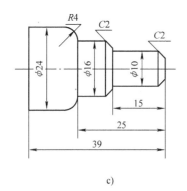

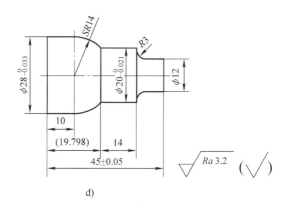

图 2-64　编制零件加工程序

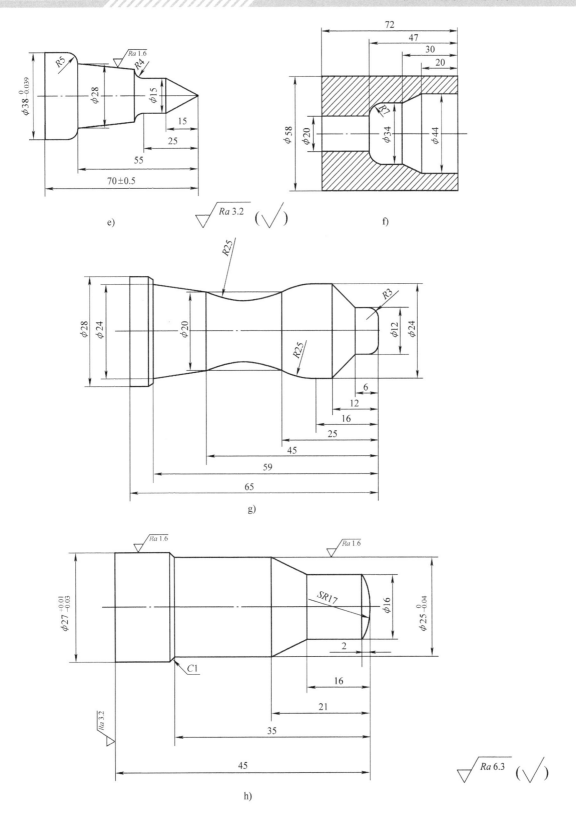

图 2-64 编制零件加工程序（续）

## 任务 2.4  切槽、切断的编程与加工

【学习目标】

掌握 G04 指令和子程序的使用，掌握复合循环 G74、G75 指令的功能与使用，掌握切槽、切断程序的编制。

【任务导入】

加工如图 2-65 所示的零件，工件直径为 $\phi$30mm，不用切断。

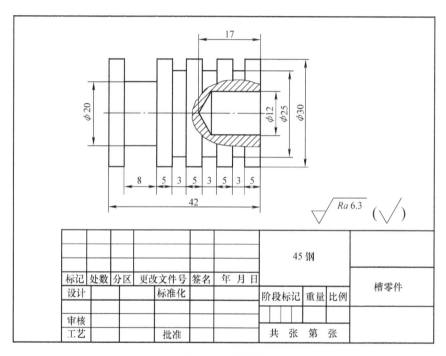

图 2-65  槽零件

任务分析：零件加工部位有直径为 $\phi$20mm 的宽槽、$\phi$25mm 的窄槽及 $\phi$12mm 的孔，加工部位无特殊的精度要求。

【新知学习】

本任务包含暂停指令、子程序指令、孔钻削循环指令、外径切槽循环指令等知识的学习。

**1. 暂停指令 G04**

指令格式：G04　X_；或 G04　P_；

1）X 表示指定时间，单位为 s（秒），允许使用小数点，如 G04　X2.0 表示暂停 2s。

2）P 表示指定时间，单位为 ms（毫秒），不允许使用小数点，如 G04　P2000 也表示

暂停2s。

应用：G04常用于车槽、镗孔、钻孔指令后，以提高表面质量及有利于切屑充分排出。

【例2-14】 如图2-66所示，设外圆已加工完毕，只编制切槽及切断的加工程序，切槽刀T0202，宽为3mm。

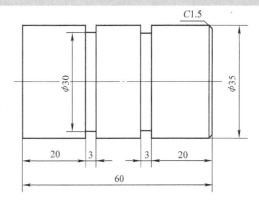

图2-66 G04应用举例

程序如下：
O2040
N10    M03    S400;
N20    T0202;
N30    G00    X40    Z-23;    快速定位至第一个槽起刀点
N40    G01    X30    F0.1;    车削槽
N50    G04    X2.0;            暂停2s
N60    G01    X40;             退刀
N70    G00    Z-40;            快速定位至第二个槽起刀点
N80    G01    X30;             车削槽
N90    G04    X2.0;            暂停2s
N100   G01    X40;             退刀
N110   G00    Z-63;            快速定位，准备切断
N120   G01    X1;              切断
N130   X40;                    退刀
N140   G00    X100    Z100;
N150   M05;
N160   M30;

**2. 端面深孔钻循环指令 G74**

指令格式：G74 R$e$;
　　　　　G74 X$\alpha$ Z$\beta$ P$\Delta i$ Q$\Delta k$ R$\Delta d$ F$f$;

$e$：轴向退刀量。

$\alpha$, $\beta$：槽的终点位置坐标。

$\Delta i$：刀具完成一次轴向切削后，在 $X$ 方向的移动量，半径值，不带符号。

$\Delta k$：$Z$ 方向每次切削深度，不带符号。

$\Delta d$：每次切削完成后的 $X$ 方向退刀量。

$f$：进给速度。

应用：G74指令可以实现深槽的断屑加工，如果忽略了X（U）和P，只有Z轴的移动，则可作为Z方向啄式钻孔循环，走刀路线如图2-67所示。

【例2-15】 如图2-68所示，加工宽度为25mm，深度为10mm的端面槽，切槽刀宽为4mm，编写数控程序。

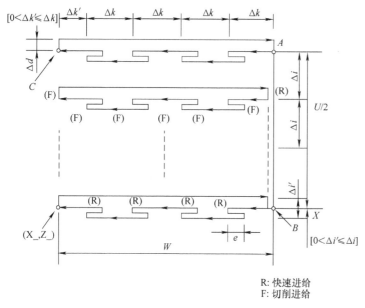

图 2-67　G74 端面深孔钻削循环指令的运动轨迹

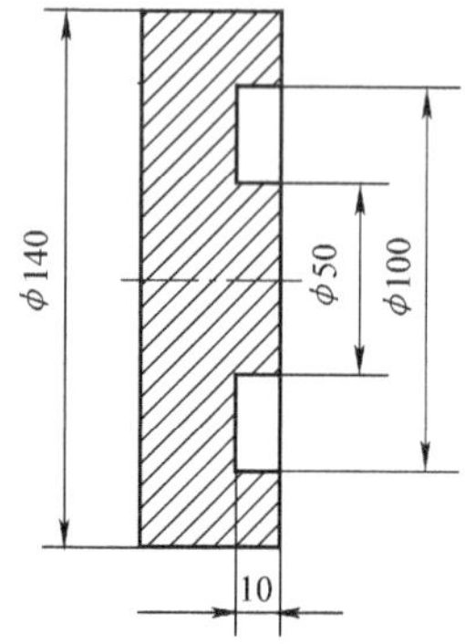

图 2-68　G74 端面槽加工实例

程序如下：

O2041

N10　T0101；

N20　M03　S500；

N30　G00　X50　Z3；　　　　　　　　快速定位至切槽起始点

N40　G74　R1；　　　　　　　　　　　轴向退刀量 1mm

N50　G74　X92　Z－10　P2000　Q3500　F0.2；

N60　G00　Z100；

N70　X100；

N80　M05；

N90　M30；

【例 2-16】　如图 2-69 所示，零件的端面和中心孔已加工，用 G74 指令编写 $\phi12mm$，有效深度为 70mm 的端面孔程序。

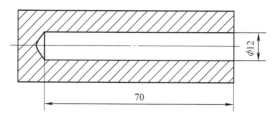

图 2-69　G74 钻孔循环加工实例

此时，指令格式为：G74　R$\underline{e}$；

　　　　　　　　　　　　G74　Z$\underline{\beta}$　Q$\underline{\Delta k}$　F$\underline{f}$；

$e$：每次啄式退刀量。
$\Delta k$：$Z$ 方向每次的切入量（啄式钻孔的深度）。
程序如下：
O2042
N10　T0202；
N20　M03　S400；
N30　G00　X0　Z3；　　　　　　快速定位至切槽起始点
N40　G74　R1；　　　　　　　　每次啄式退刀量1mm
N50　G74　Z-70　Q5000　F0.1；
N60　G00　Z100；
N70　X100；
N80　M05；
N90　M30；

**3. 外径切槽循环指令 G75**

指令格式：G75　R$\underline{e}$；
　　　　　　G75　X$\underline{\alpha}$　Z$\underline{\beta}$　P$\underline{\Delta i}$　Q$\underline{\Delta k}$　R$\underline{\Delta w}$　F$\underline{f}$；

$e$：切槽过程中径向退刀量，半径值，单位为 mm。
$\alpha$：槽底直径。
$\beta$：切槽时 $Z$ 方向终点位置坐标。
$\Delta i$：切槽过程中径向的每次切入量，半径值，单位为 mm。
$\Delta k$：每完成一次径向切削后，在 $Z$ 方向的移动量，单位为 μm。
$\Delta w$：刀具切到槽底后，在槽底沿 $-Z$ 方向的退刀量，单位为 μm。
$f$：进给速度。

2-9　外径切槽循环指令 G75

注意：

1）切削起始点坐标设置时，$X$ 方向应比槽口最大直径大 2~3mm，以免在刀具快速移动时发生撞刀，$Z$ 方向与切槽起始位置有关。

2）Q 值应小于刀宽。

3）当 R = 0mm 时，可以省略不写。

应用：G75 指令主要用于加工径向环形槽。加工时径向断续切削起到断屑、及时排屑的作用，特别适合加工宽槽，走刀路线如图 2-70 所示。

【例 2-17】　如图 2-71 所示，加工图中的外圆宽槽，切槽刀宽为 3mm，试编写程序。

程序如下：
O2043
N10　M03　S600；
N20　T0101；

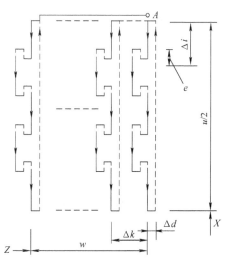

图 2-70　G75 外径切槽循环指令的运动轨迹

N30　G00　X31　Z－18;　　　　　　快速定位至切槽起始点
N40　G75　R0.3;　　　　　　　　　退刀量 0.3mm
N50　G75　X20　Z－30　P1500　Q1500　F0.08;
N60　G00　X100;
N70　Z100;
N80　M05;
N90　M30;

【例 2-18】 如图 2-72 所示，加工图中外圆柱上的 5 个等距槽，切槽刀宽为 4mm，试编写程序。

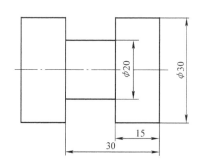

图 2-71　G75 宽槽加工实例

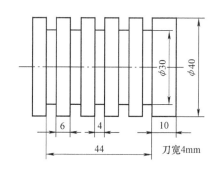

图 2-72　G75 等距槽加工实例

程序如下:
O2044
N10　M03　S500;
N20　T0202;
N30　G00　X42　Z－14;　　　　　　快速定位至第一个切槽起始点
N40　G75　R0.3;　　　　　　　　　退刀量 0.3mm
N50　G75　X30　Z－54　P1500　Q10000　F0.08;
N60　G00　X100;
N70　Z100;
N80　M05;
N90　M30;

**4. 子程序指令 M98/M99**

当程序中出现某些固定顺序或重复出现的程序段时，将这部分程序段抽出来，按一定格式编成一个程序以供调用，这个程序就称为子程序。调用子程序的程序称为主程序。

在主程序中调用子程序的指令: M98 表示调用子程序，M99 表示子程序结束。

调用子程序的指令格式: M98 P×××××××;

子程序指令格式: O××××（子程序号）

　　　　　　　　　　⋮

　　　　　　　　M99;

说明如下:

1）P 后的前 3 位数为子程序被重复调用的次数，当不指定重复次数时，子程序只调用一次，后 4 位数为子程序号。

2）M99 为子程序结束，并返回主程序。

3）M98 程序段中不得有其他指令出现。

4）主程序调用同一子程序执行加工，最多可执行 999 次。在子程序中也可以调用另一子程序执行加工，这个过程称为子程序的嵌套。子程序的嵌套深度可以为三层，也就是四级程序界面，如图 2-73 所示。

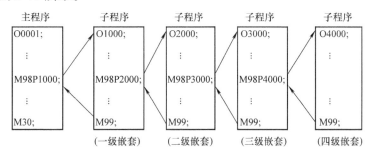

图 2-73 子程序的嵌套

【例 2-19】 如图 2-74 所示，加工图中外圆柱上的 4 个槽，切槽刀宽为 2mm，试编写程序。

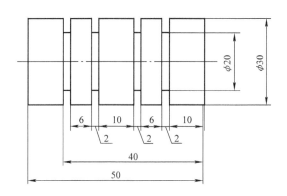

图 2-74 子程序应用举例

编程如下：

O2045　　　　　　　　　　　　　　　主程序

N10　M03　S500；

N20　T0202；

N30　G00　X35　Z0；　　　　　　　快速定位至起始点

N40　M98　P0022046；　　　　　　 调用子程序 O2046，调用 2 次

N50　G00　X100　Z100；

N60　M05；

N70　M30；

O2046                           子程序
N10   G00   W-12;              快速定位至切槽位置
N20   G01   U-15   F0.15;      切槽
N30   G04   X2.0;               暂停2s
N40   G01   U15;                径向退刀
N50   W-8;                      快速定位至切槽位置
N60   G01   U-15;               切槽
N70   G04   X2.0;               暂停2s
N80   G01   U15;                径向退刀
N90   M99;                      子程序结束，返回主程序

【任务实施】

下面编制图2-65所示零件的加工程序，选择两把刀具：$\phi 12mm$ 钻头 T0101、宽为3mm的切槽刀 T0202。

程序如下：

O2047                           主程序
N10   M03   S350;
N20   T0101;                    调用$\phi 12mm$ 钻头
N30   G00   X0   Z5;            快速定位至$\phi 12mm$ 孔的起始点
N40   G74   R0.3;               切削$\phi 12mm$ 孔
N50   G74   Z-17   Q12000   F0.1;
N60   G00   Z100;               快速定位至换刀点
N70   T0202;                    调用切槽刀
N80   G00   X31   Z0;           快速定位至$\phi 25mm$ 窄槽起刀点
N90   M98   P003   2048;        调用子程序O2048，调用3次
N100  G00   Z-32;               快速定位至$\phi 20mm$ 宽槽的起刀点
N110  G75   R0.3;               切削宽槽
N120  G75   X20   Z-37   P1500   Q1500   F0.08;
N130  G00   X100;
N140  Z100;
N150  M05;
N160  M30;
O2048                           子程序
N10   G00   W-8;                快速定位至切槽位置
N20   G01   U-6   F0.1;         切槽
N30   G04   X2;                 暂停2s
N40   G01   U6;                 径向退刀
N50   M99;                      子程序结束，返回主程序

## 【知识与任务拓展】

### 宽槽的加工方法

宽度大于切槽刀头宽度的沟槽称为宽槽。如对宽槽加工精度要求高,则需要分粗、精加工完成。如图 2-75a 所示,粗加工宽槽要分几次进刀,每次车削轨迹在宽度上应略有重叠,并要留精加工余量。最后需要精车槽侧和槽底,如图 2-75b 所示。

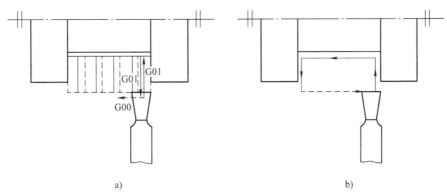

图 2-75 宽槽的加工方法

## 【课后训练】

一、判断题

1. G04 P1000 表示暂停 1000s。　　　　　　　　　　　　　　　　（　　）
2. G04 P2000 与 G04 X2.0 暂停时间是相同的。　　　　　　　　　　（　　）
3. G04 是非模态指令。　　　　　　　　　　　　　　　　　　　　（　　）
4. 子程序一般用相对坐标编程,用绝对坐标会使程序在同一位置重复加工。（　　）
5. 执行 M99 后,子程序结束,不返回主程序。　　　　　　　　　　（　　）

二、选择题

1. 子程序（　　）嵌套。

A. 只能有一层　　B. 可以有限层　　C. 可以无限层　　D. 不能

2. 程序"M98 P005 1001"的含义是（　　）。

A. 调用 P1001 子程序

B. 调用 O1001 子程序

C. 调用 P1001 子程序,且调用 5 次

D. 调用 O1001 子程序,且调用 5 次

3. 从子程序返回到主程序用（　　）。

A. M98　　　　B. M99　　　　C. G98　　　　D. G99

三、编程题

完成图 2-76 所示零件的编程与加工。

# 数控加工编程

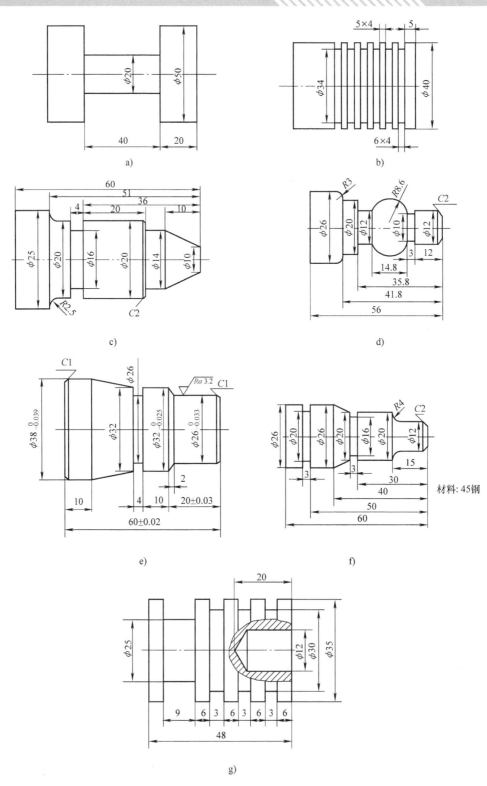

图 2-76 编制零件加工程序

## 任务2.5  螺纹的编程与加工

【学习目标】

掌握 G32、G92、G76 指令的功能与使用，会编写螺纹的加工程序。

【任务导入】

完成图 2-77 所示螺纹轴的加工，编写加工程序。

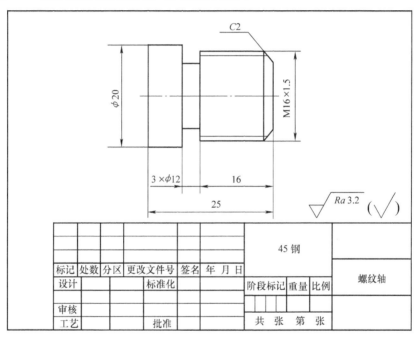

图 2-77  螺纹轴

任务分析：零件加工部位由 φ20mm 的外圆柱、φ12mm，宽 3mm 的退刀槽及 M16×1.5 的外螺纹组成。

【新知学习】

**1. 单行程螺纹切削指令 G32**

（1）指令功能  使用 G32 螺纹切削指令可以车削如图 2-78 所示的圆柱螺纹、锥螺纹和端面螺纹。

（2）指令格式  G32  X(U)_  Z(W)  F_ ；

X（U）、Z（W）为螺纹终点坐标，F 取值为螺纹导程。

若默认 X 值，则为加工圆柱螺纹；若默认 Z 值，则为加工端面螺纹；若都不是默认值，则为加工锥螺纹。

车削锥螺纹的运动轨迹如图 2-79 所示。

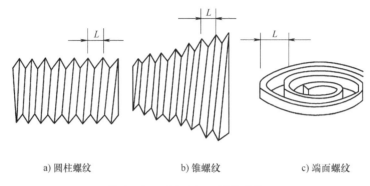

a) 圆柱螺纹　　　　b) 锥螺纹　　　　c) 端面螺纹

图 2-78　G32 可加工螺纹种类

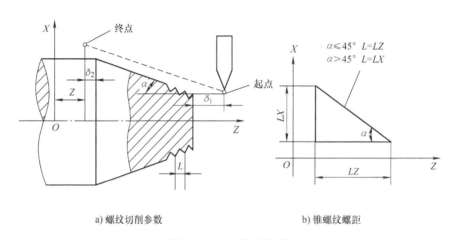

a) 螺纹切削参数　　　　b) 锥螺纹螺距

图 2-79　G32 螺纹切削

几点说明：

1）其中 $L$ 为螺纹导程，$\alpha$ 为锥螺纹锥角，如果 $\alpha$ 为零，则为直螺纹；$LX$、$LZ$ 分别为锥螺纹在 $X$ 方向和 $Z$ 方向的导程，应指定两者中较大者；直螺纹时，$LX=0$。

2）为保证切削正确的螺距，不能使用表面恒线速控制 G96 指令。

3）车螺纹期间的进给速度倍率、主轴速度倍率无效（固定 100%）。

2-10　螺纹加工方法和切削用量的选择

4）$\delta_1$ 为引入长度、$\delta_2$ 为超越长度，为避免因车刀自动加减速而影响螺距的稳定性，车螺纹时，螺纹切削应注意在两端设置足够的升速进刀段（引入长度）$\delta_1$ 和降速进刀段（超越长度）$\delta_2$。$\delta_1$ 一般可取 2～5mm，$\delta_2$ 一般取螺距的 1/4 左右。因为有超越长度，应预先设计退刀槽（加工时，先加工退刀槽），如图 2-80 所示。若螺纹收尾处没有退刀槽，则一般按 45°退刀收尾。

2-11　螺纹加工指令 G32

5）螺纹车削时主轴转速不能过高，此时主轴转速与进给速度是关联的，计算公式为 $n \leqslant 1200/P - k$，其中 $P$ 为螺纹导程，$k$ 为安全系数，一般为 80。

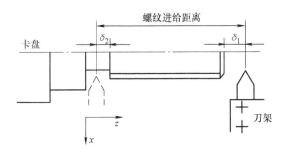

图 2-80 圆柱螺纹切削

6）为保证与内螺纹的配合，车削螺纹之前，车削顶径外圆的尺寸要小于螺纹的公称尺寸 0.1~0.2mm，以保证内外螺纹结合的互换性。

7）螺纹加工通常不能一次成形，需要多次走刀才能完成。

螺纹常用切削次数及背吃刀量可参考表 2-8。

表 2-8 普通螺纹切削次数及背吃刀量 （单位：mm）

| | 米制螺纹（牙深 = 0.649P，P 为螺距） | | | | | | |
|---|---|---|---|---|---|---|---|
| 螺距/mm | 1 | 1.5 | 2 | 2.5 | 3 | 3.5 | 4 |
| 牙深 | 0.649 | 0.974 | 1.299 | 1.624 | 1.949 | 2.273 | 2.598 |
| 切削次数及背吃刀量 第一刀 | 0.7 | 0.8 | 0.9 | 1.0 | 1.2 | 1.5 | 1.5 |
| 第二刀 | 0.4 | 0.6 | 0.6 | 0.7 | 0.7 | 0.7 | 0.8 |
| 第三刀 | 0.2 | 0.4 | 0.6 | 0.6 | 0.6 | 0.6 | 0.6 |
| 第四刀 | | 0.16 | 0.4 | 0.4 | 0.4 | 0.4 | 0.6 |
| 第五刀 | | | 0.1 | 0.4 | 0.4 | 0.4 | 0.4 |
| 第六刀 | | | | 0.15 | 0.4 | 0.4 | 0.4 |
| 第七刀 | | | | | 0.2 | 0.2 | 0.4 |
| 第八刀 | | | | | | 0.15 | 0.3 |
| 第九刀 | | | | | | | 0.2 |

【例 2-20】 如图 2-81 所示，用 G32 进行圆柱螺纹切削。

从图 2-81 和表 2-7 可知，毛坯直径为 $\phi$35mm，螺距 $L = 1.5$mm，螺纹高度为 0.974mm，$\delta_1 = 2$mm，$\delta_2 = 2$mm。分 4 次进给，对应的背吃刀量（直径值）依次为 0.8mm、0.6mm、0.4mm、0.16mm。因此螺纹牙底直径为 28.04mm。主轴转速 $n \leqslant 1200/P - k =$ （1200/1.5 - 80）r/min = 720r/min，选取 $n =$ 400r/min。

切削螺纹部分的程序如下：

O2050

N10　M03　S400；

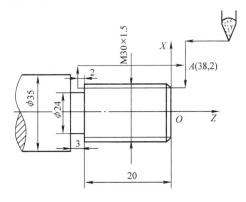

图 2-81 圆柱螺纹切削编程举例

```
N20  T0303;
N30  G00  X40  Z2;
N40  G00  X29.2;
N50  G32  Z-22  F1.5;        第一次车螺纹,背吃刀量为0.8mm
N60  G00  X38;
N70  Z2;
N80  G00  X28.6;
N90  G32  Z-22  F1.5;        第二次车螺纹,背吃刀量为0.6mm
N100 G00  X38;
N110 Z2;
N120 G00  X28.2;
N130 G32  Z-22  F1.5;        第三次车螺纹,背吃刀量为0.4mm
N140 G00  X38;
N150 Z2;
N160 G00  X28.04;
N170 G32  Z-22  F1.5;        第四次车螺纹,背吃刀量为0.16mm
N180 G00  X50;
N190 Z50;
N200 M05;
N210 M30;
```

**2. 单一循环螺纹切削指令 G92**

2-12 单一循环螺纹切削指令 G92

（1）指令功能　对螺纹进行循环加工,循环中包括了进刀和退刀路线。螺纹切削循环指令把"切入-螺纹切削-退刀-返回"四个动作作为一个循环,除螺纹切削一段为进给移动外,其余均为快速移动,如图 2-82、图 2-83 所示。

（2）指令格式

直螺纹：G92  X(U)_  Z(W)_  F_;

锥螺纹：G92  X(U)_  Z(W)_  R_  F_;

1）X(U)、Z(W) 为螺纹终点坐标。

2）F 取螺纹导程。

3）R 为锥螺纹起点半径减去终点半径的差值,锥面起点坐标大于终点坐标时为正,反之为负。

【例 2-21】　如图 2-81 所示,用 G92 进行圆柱螺纹切削。

设循环起点在（38,2）,切削螺纹部分程序如下：

O2051

⋮

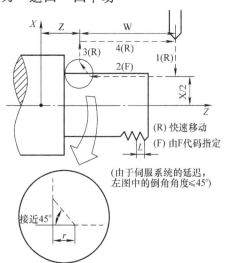

图 2-82　G92 直螺纹切削循环

```
G00   X38   Z2;                        刀具定位到循环起点
G92   X29.2   Z-22   F1.5;             第一次车螺纹
X28.6;                                 第二次车螺纹
X28.2;                                 第三次车螺纹
X28.04;                                第四次车螺纹
G00   X50;
Z50;
```
⋮

【例 2-22】 如图 2-84 所示，用 G92 进行锥螺纹切削。毛坯直径为 φ50mm，锥螺纹高度为 2mm，要求分 4 次车削螺纹，每次车削深度为 0.5mm，螺距 $L$ = 3.5mm。

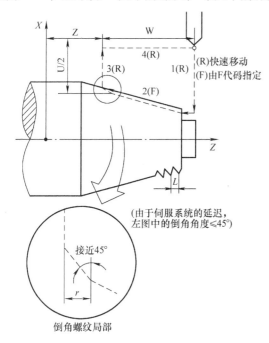

图 2-83  G92 锥螺纹切削循环

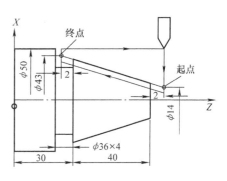

图 2-84  G92 指令锥螺纹切削编程举例

切削螺纹部分程序如下：
⋮
```
G00   X50   Z72;                       刀具定位到循环起点
G92   X42   Z28   R-14.5   F3.5;       第一次螺纹车削
X41;                                   第二次螺纹车削
X40;                                   第三次螺纹车削
X39;                                   第四次螺纹车削
G00   X100;
Z150;
```
⋮

### 3. 复合循环螺纹车削指令 G76

（1）指令功能　系统自动计算螺纹切削次数和每次进刀量，可以完成一个螺纹段的全部加工任务，其运动轨迹如图 2-85 所示。

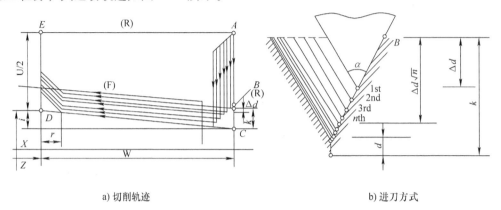

a）切削轨迹　　　　　　　b）进刀方式

图 2-85　复合循环螺纹车削 G76 指令

（2）指令格式　G76　P$\underline{m}$　$\underline{r}$　$\underline{\alpha}$　Q$\Delta \underline{d}_{min}$　R$\underline{d}$；
　　　　　　　　G76　X（U）＿　Z（W）＿　R$\underline{i}$　P$\underline{k}$　Q$\Delta \underline{d}$　F$\underline{f}$；

$m$：精加工重复次数（1~99），该参数为模态量。

$r$：螺纹尾端倒角值，其值可设置在 0~9.9L，系数应为 0.1 的整数倍，用 00~99 之间的两位整数来表示，L 为螺距，该参数为模态量。

$\alpha$：刀具角度，从 80°、60°、55°、30°、29°、0°六个角度中选择，用两位整数表示，该参数为模态量。$m$、$r$、$a$ 用地址 P 同时指定，例如 $m=2$，$r=1.2L$，$\alpha=60°$，表示为 P021260。

$\Delta d_{min}$：最小车削深度，用半径值指定。

$d$：精车余量，用半径值编程，该参数为模态量，单位为 $\mu m$。

X（U）、Z（W）：螺纹终点坐标。

$i$：螺纹终点半径减去起点半径的差值，若 R＝0mm，则为直螺纹（可省略不写）。

$k$：螺纹高度，用半径值编程，单位为 $\mu m$。

$\Delta d$：螺纹第 1 次车削深度，用半径值编程，从外径开始计算切入量，单位为 $\mu m$。

$f$：螺距。

【例 2-23】　如图 2-81 所示为零件轴上的一段直螺纹（外螺纹），螺距为 1.5mm，螺纹高度为 0.974mm。螺纹尾端改倒角为 1.1L，刀尖角为 60°，第一次车削深度 0.4mm，最小车削深度 0.08mm，精车余量 0.2mm，精车削次数 1 次。

切削螺纹部分程序如下：

⋮

G00　X38　Z2；　　　　　　　　　刀具定位到循环起点
G76　P011160　Q80　R200；
G76　X28.04　Z-22　P974　Q400　F1.5；
G00　X50；

Z50；
⋮

【任务实施】

下面编制图 2-77 所示零件的加工程序，零件加工顺序为：
1）粗、精车外圆 φ16mm 和 φ20mm。
2）切退刀槽 3mm×φ12mm。
3）车削螺纹 M16mm×1.5。
选择三把刀具：外圆车刀 T0101；宽 3mm 的切槽刀 T0202；外螺纹车刀 T0303。
程序如下：
O2052；
N10　M03　S600；
N20　T0101；
N30　G00　X24　Z2；
N40　G90　X20.2　Z-28　F0.1；　　　粗车外轮廓
N50　X18.2　Z-19；
N60　X16.2；
N70　S800；
N80　G00　X8；
N90　G01　X16　Z-2　F0.05；　　　精车
N100　Z-19；
N110　X20；
N120　Z-25；
N130　G00　X22；
N140　X100　Z100；
N150　S500　T0202；　　　　　　换 2 号刀
N160　G00　X22　Z-19；
N170　G01　X12；　　　　　　　切削退刀槽
N180　G04　X2.0；
N190　G00　X25；
N200　X100　Z100；
N210　T0303　S400；　　　　　　换 3 号刀
N220　G00　X18　Z2；　　　　　刀具定位到循环起点
N230　G92　X15.2　Z-18　F1.5；　　第一次螺纹车削
N240　X14.6；　　　　　　　　　第二次螺纹车削
N250　X14.2；　　　　　　　　　第三次螺纹车削
N260　X14.04；　　　　　　　　 第四次螺纹车削
N270　G00　X100　Z100；
N280　M05；
N290　M30；

【知识与任务拓展】

螺纹检测要求：通规进，止规不进。如果通规不进，调节螺纹参数有三种方法：

1）减小螺纹外径。例如，M16 设置外径为 15.9～15.8mm。

2）适当增加螺纹深度。如螺纹深度 0.974mm，可调为 1mm 等逐步试验，直至加工合格。

3）修改机床中磨耗修补值，然后重新运行程序，以保证轮廓尺寸符合图样要求。

【课后训练】

一、判断题

1. 数控车床上加工螺纹，使用倍率开关设置速度对实际切削速度没有影响。（　　）
2. G32 功能为螺纹切削加工，只能加工直螺纹。（　　）
3. 螺纹指令 G32 X41.0 W－43.0 F1.5 是以每分钟 1.5mm 的速度加工螺纹。（　　）
4. G92 指令适用于对直螺纹和锥螺纹进行循环切削，每指定一次，螺纹切削自动进行一次循环。（　　）

二、选择题

1. G92 螺纹车削中的 F 为（　　）。

A. 螺距　　　　　B. 导程　　　　　C. 螺纹高度　　　　　D. 每分钟进给速度

2. 下列（　　）不是螺纹加工指令。

A. G76　　　　　B. G92　　　　　C. G32　　　　　D. G90

3. 需要多次自动循环的螺纹加工，应选择（　　）指令。

A. G76　　　　　B. G92　　　　　C. G32　　　　　D. G90

三、编程题

完成图 2-86 所示零件的编程与加工。

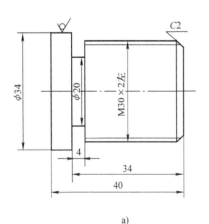

a)

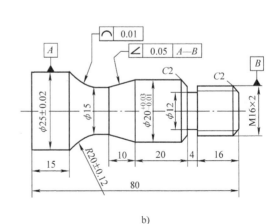

b)

图 2-86　编制零件加工程序

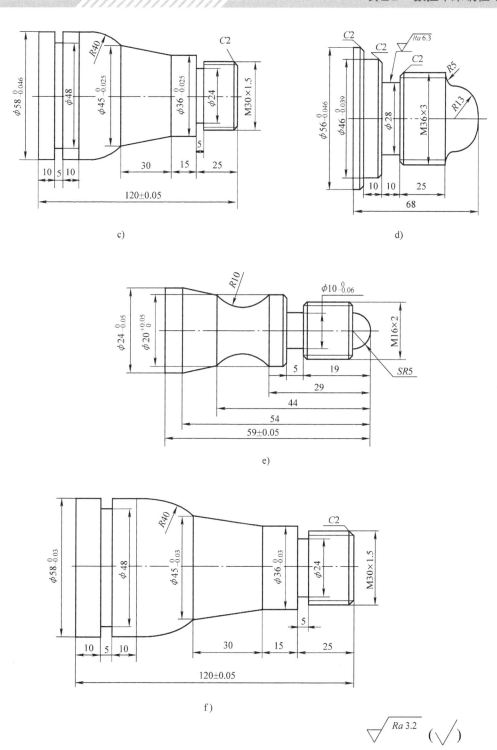

图 2-86 编制零件加工程序（续）

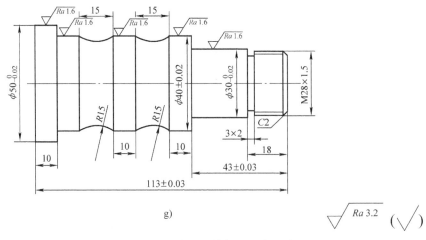

g)

图 2-86　编制零件加工程序（续）

## 任务 2.6　异形面的编程与加工

【学习目标】

掌握用户宏程序功能的规则和方法，能运用变量编程编制含有公式曲线的复杂轴类零件的数控加工程序。

【任务导入】

完成图 2-87 所示右端为椭圆轮廓的短轴零件的车削加工，零件已完成粗加工，编写精加工程序。

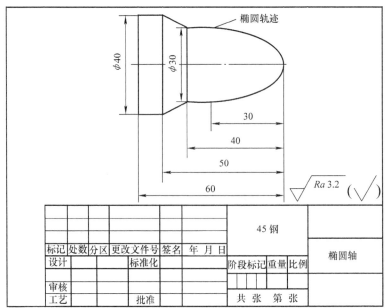

图 2-87　椭圆轴

任务分析：零件走刀轨迹由 1/4 椭圆和 3 段直线构成，零件外轮廓已事先完成粗加工。由于轮廓中含有椭圆且一般数控系统不提供直接的椭圆插补编程，因此必须结合宏指令完成零件的精加工编程。

【新知学习】

**1. 宏程序编程的概念**

如图 2-87 所示，由于一般数控系统不提供直接的非圆轮廓曲线（如椭圆）的插补编程，因此采用手工编程完成非圆轮廓的插补必须借助于高等数学中的积分概念，将非圆轮廓处理为大量的微小直线段来逼近其理论轮廓。由于宏指令允许使用变量、算术和逻辑运算及条件转移，因此使得上述的逼近算法在数控编程中得以实现。现代的自动编程软件也是利用了逼近算法直接生成大量 G01 指令的数控加工程序，具有操作过程简单、可靠性高的优点，但相比利用宏指令编写的数控加工程序，其程序容量较大、可读性差。

**2. 变量**

在普通的零件加工程序中，指定地址码并直接用数字值表示移动的距离，如：G01 X100 F60。而在宏程序中，可以使用变量来代替地址后面的数值，在程序中或 MDI 方式下对其进行赋值。变量的使用可以使宏程序具有通用性，并且在宏程序中可以使用多个变量，彼此之间用变量号码进行识别。

（1）变量的形式　变量是用变量符号"#"和后面的变量号组成。如$\#i$（$i=1$，2，3，…）= 100，也可由表达式来表示变量，如#［#1 + #2 - 60］。

（2）变量的使用

1）在程序中使用变量值时，应指定后跟变量号的地址。当用表达式指定变量时，必须把表达式放在括号中。如：

Z#30 若#30 = 20，则表示 Z20。

F#11 若#11 = 100，则表示 F100。

2）改变引用变量的值的符号，要把负号（-）放在#的前面。如：

G00 X - #11。

G01 X - ［#11 + #22］ F#3

3）当引用未定义的变量时，变量及地址都被忽略。如：当变量#11 的值是 0，并且变量#22 的值是空时，G00 X#11 Y#22 的执行结果为 G00 X0。

注意：从上例可以看出，所谓"变量的值是 0"与"变量的值是空"是两个完全不同的概念，可以这样理解："变量的值是 0"相当于"变量的数值等于 0"，而"变量的值是空"则意味着"该变量所对应的地址根本就不存在，不生效"。

4）不能用变量代表的地址符有：程序号 O、顺序号 N、任选程序段跳转号 /。如以下情况不能使用变量：

O#1；　 /O#2 G00 X100；　 N#3 Y200

另外，使用 ISO 代码编程时，可用"#"代码表示变量，若用 EIA 代码，则应用"&"代码代替"#"代码，因为 EIA 代码中没有"#"代码。

（3）变量的赋值

1）直接赋值。赋值是指将一个数据赋予一个变量。例如：#1 = 10，则表示#1 的值是

10，其中#1 代表变量，"#"是变量符号（注意：根据数控系统的不同，它的表示方法可能有差别），10 就是给变量#1 赋的值。这里的" = "是赋值符号，起语句定义作用。

赋值的规律有：

① 赋值号" = "两边内容不能随意互换，左边只能是变量，右边可以是代表式、数值或变量。

② 一个赋值语句只能给一个变量赋值，整数值的小数点可以省略。

③ 可以多次给一个变量赋值，新变量值将取代原变量值（即最后赋的值生效）。

赋值语句具有运算功能，它的一般形式为：变量 = 表达式。

如：#1 = #1 + 1，#6 = #24 + #4 * COS［#5］

④ 赋值表达式的运算顺序与数学运算顺序相同。

⑤ 辅助功能（M 代码）的变量有最大值限制，例如，将 M30 赋值为 300 显然是不合理的。

2）引数赋值。宏程序体以子程序方式出现，所用的变量可在宏调用时在主程序中赋值。如：

G65　P2001　X100　Y20　F20;

其中 X、Y、F 对应于宏程序中的变量号，变量的具体数值由引数后的数值决定。引数与宏程序体中变量的对应关系有 2 种，2 种方法可以混用，其中 G、L、N、O、P 不能作为引数为变量赋值。

变量赋值方法Ⅰ、Ⅱ见表 2-9、表 2-10。

表 2-9　变量赋值方法Ⅰ

| 地址 | 变量号 | 地址 | 变量号 | 地址 | 变量号 |
| --- | --- | --- | --- | --- | --- |
| A | #1 | I | #4 | T | #20 |
| B | #2 | J | #5 | U | #21 |
| C | #3 | K | #6 | V | #22 |
| D | #7 | M | #13 | W | #23 |
| E | #8 | Q | #17 | X | #24 |
| F | #9 | R | #18 | Y | #25 |
| H | #11 | S | #19 | Z | #26 |

表 2-10　变量赋值方法Ⅱ

| 地址 | 变量号 | 地址 | 变量号 | 地址 | 变量号 |
| --- | --- | --- | --- | --- | --- |
| A | #1 | K3 | #12 | J7 | #23 |
| B | #2 | I4 | #13 | K7 | #24 |
| C | #3 | J4 | #14 | I8 | #25 |
| I1 | #4 | K4 | #15 | J8 | #26 |
| J1 | #5 | I5 | #16 | K8 | #27 |
| K1 | #6 | J5 | #17 | I9 | #28 |
| I2 | #7 | K5 | #18 | J9 | #29 |
| J2 | #8 | I6 | #19 | K9 | #30 |
| K2 | #9 | J6 | #20 | I10 | #31 |
| I3 | #10 | K6 | #21 | J10 | #32 |
| J3 | #11 | I7 | #22 | K10 | #33 |

变量赋值方法Ⅰ举例：

G65　P2001　A100　X20　F20；
　　　　　　　　↓　　　↓　　　↓
　　　　　　　 #1　　#24　　#9

变量赋值方法Ⅱ举例：

G65　P2002　A10　I5　J0　K20　I0　J30　K9；

　　　　　　 #1　#4　#5　#6　　#7　#8　#9

（4）变量的种类　变量从功能上主要可归纳为两种：

1）系统变量（系统占用部分），用于系统内部运算时各种数据的存储。

2）用户变量，包括局部变量和公共变量，用户变量可以单独使用，变量类型见表2-11。

表2-11　变量类型

| 变量名 | | 类型 | 功能 |
|---|---|---|---|
| #0 | | 空变量 | 该变量总是空，没有值能赋予该变量 |
| 用户变量 | #1～#33 | 局部变量 | 局部变量只能在宏程序中存储数据，例如运算结果。断电时，局部变量清除（初始化为空）<br>可以在程序中对其赋值 |
| | #100～#199<br>#500～#999 | 公共变量 | 公共变量在不同的宏程序中的意义相同（即公共变量对于主程序和从这些主程序调用的每个宏程序来说是公用的）<br>断电时，#100～#199清除（初始化为空），通电时复位到"0"；<br>而#500～#999数据，即使在断电时也不清除 |
| | #1000以上 | 系统变量 | 系统变量用于读和写CNC运行时各种数据变化，例如，刀具当前位置和补偿值等 |

（5）算术与逻辑运算

1）宏程序具有赋值、算术运算、逻辑运算、函数运算等功能，见表2-12。

2）混合运算，上述运算和函数可以混合运算，即涉及运算的优先级，其运算顺序与一般数学上的定义基本一致，优先级顺序从高到低依次为：

函数运算
↓
乘法和除法运算（*、/、AND）
↓
加法和减法运算（+、-、OR、XOR）

如：

#1=#2+#3*SIN[#4]

3）括号嵌套。用"[ ]"可以改变运算顺序，最里层的[ ]优先运算。括号[ ]最多可以嵌套5级（包括函数内部使用的括号）。

如：

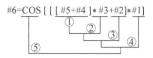

表2-12 变量的各种运算

| 功能 | | 格式 | 具体实例 |
|---|---|---|---|
| 定义、置换 | | #i = #j | #20 = 500　　#102 = #10 |
| 算术运算 | 加法 | #i = #j + #k | #3 = #10 + #105 |
| | 减法 | #i = #j − #k | #9 = #3 − 100 |
| | 乘法 | #i = #j * #k | #120 = #1 * #24　　#20 = #6 * 360 |
| | 除法 | #i = #j/#k | #105 = #8/#7　　#80 = #21/4 |
| | 正弦（度） | #i = SIN[#j] | #10 = SIN[#3] |
| | 反正弦 | #i = ASIN[#j] | #146 = ASIN[#2] |
| | 余弦（度） | #i = COS[#j] | #132 = COS[#30] |
| | 反余弦 | #i = ACOS[#j] | #18 = ACOS[#24] |
| | 正切（度） | #i = TAN[#j] | #30 = TAN[#21] |
| | 反正切 | #i = ATAN[#j]/[#k] | #146 = ATAN[#1]/[2] |
| | 平方根 | #i = SQRT[#j] | #136 = SQRT[#12] |
| | 绝对值 | #i = ABS[#j] | #5 = ABS[#102] |
| | 四舍五入整数化 | #i = ROUND[#j] | #112 = ROUND[#23] |
| | 指数函数 | #i = EXP[#j] | #7 = EXP[#31] |
| | （自然）对数 | #i = LN[#j] | #4 = LN[#200] |
| | 上取整（舍去） | #i = FIX[#j] | #105 = FIX[#109] |
| | 下取整（进位） | #i = FUP[#j] | #104 = FUP[#33] |
| 逻辑运算 | 与 | #i AND #j | #126 = #10AND#11 |
| | 或 | #i OR #j | #22 = #5OR#18 |
| | 异或 | #i XOR #j | #12 = #15XOR25 |
| 从BCD转为BIN | | #i = BIN[#j] | 用于与PMC的信号交换 |
| 从BIN转为BCD | | #i = BCD[#j] | |

### 3. 转移与循环

在程序中，使用GOTO语句和IF语句可以改变程序的流向。有三种转移和循环操作可供使用。

转移和循环 $\begin{cases} \text{GOTO 语句} & \rightarrow \text{无条件转移} \\ \text{IF 语句} & \rightarrow \text{条件转移，格式为 IF } \cdots \text{ THEN } \cdots \\ \text{WHILE 语句} & \rightarrow \text{当} \cdots \text{时循环} \end{cases}$

（1）无条件转移（GOTO语句）　转移（跳转）到标有顺序号 $n$（即俗称的行号）的程序段。当指定1~99999以外的顺序号时，系统出现报警。其格式为

GOTO n；n 为顺序号（1~99999）

例如：GOTO 100，即转移至第 100 行。

（2）条件转移（IF 语句）

1）IF［＜条件表达式＞］　GOTO n。如果指定的条件表达式满足，则转移（跳转）到标有顺序号 n 的程序段。如果不满足指定的条件表达式，则顺序执行下个程序段，如图 2-88 所示。

图 2-88　IF … GOTO … 执行流程

2）IF［＜条件表达式＞］THEN。如果指定的条件表达式满足，则执行预先指定的宏程序语句，而且只执行一个宏程序语句。

IF［#1 EQ #2］THEN #3 = 10；如果#1 和#2 的值相同，10 赋值给#3。

说明：

① 条件表达式：条件表达式必须包括运算符。运算符插在两个变量中间或变量和常量中间，并且用"[ ]"封闭。

② 运算符：运算符由 2 个字母组成，用于两个值的比较，以决定它们是相等还是一个值小于或大于另一个值，见表 2-13。

表 2-13　运算符

| 运算符 | 含义 | 英文注释 |
| --- | --- | --- |
| EQ | 等于（=） | Equal |
| NE | 不等于（≠） | Not Equal |
| GT | 大于（＞） | Great Than |
| GE | 大于或等于（≥） | Great than or Equal |
| LT | 小于（＜） | Less Than |
| LE | 小于或等于（≤） | Less than or Equal |

【例 2-24】　下面的程序为用 IF 语句计算数值 1~10 的累加总和。

O2060
#1 = 0；　　　　　　　　　　　　存储和赋变量的初值
#2 = 1；　　　　　　　　　　　　被加数变量的初值
N10 IF［#2 GT 10］GOTO 20；　　当被加数大于 10 时转移到 N20
#1 = #1 + 2；　　　　　　　　　　计算和数
#2 = #2 + 1；　　　　　　　　　　下一个被加数
GOTO 10　　　　　　　　　　　　转到 N10
N20 M30；　　　　　　　　　　　程序结束

3）循环（WHILE 语句）。在 WHILE 后指定一个条件表达式，当指定条件满足时，则执行从 DO 到 END 之间的程序。否则，转到 END 后的程序段。执行流程如图 2-89 所示。

图 2-89　WHILE 语句执行流程

DO 后的号和 END 后的号是指定程序执行范围的标号，标号值为 1、2、3，必须成对使用，若用其他数值，则系统出现报警。

在 DO ~ END 循环中的标号 1~3 可根据需要多次使用。但当程序有交叉重复，循环 DO 范围的重叠时，系统出现报警。主要有 5 种情况，如图 2-90 ~ 图 2-93 所示。

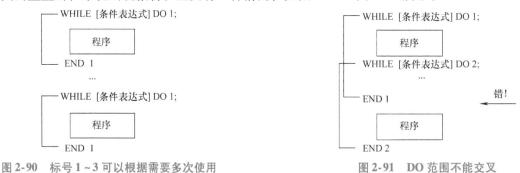

图 2-90　标号 1~3 可以根据需要多次使用　　图 2-91　DO 范围不能交叉

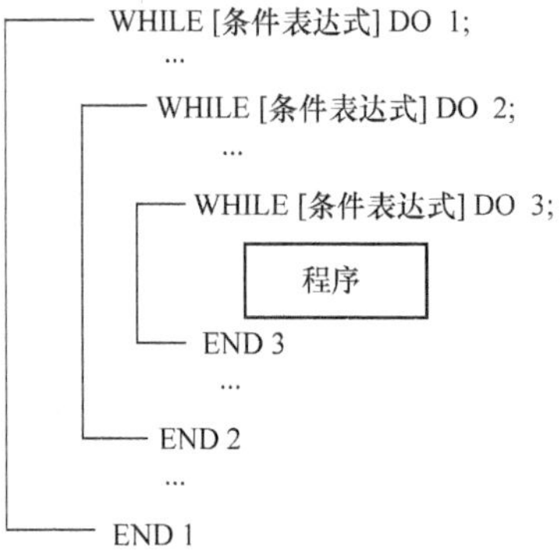

图 2-92　DO 循环可以 3 重嵌套 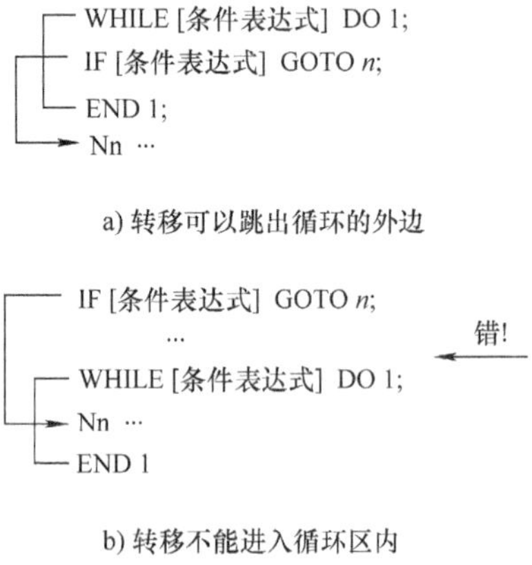　　图 2-93　转移不能进入循环区内

【例 2-25】　下面的程序为用 WHILE 语句计算数值 1~10 的累加总和。

O2061
#1 = 0;　　　　　　　　　　　　　存储和赋变量的初值
#2 = 1;　　　　　　　　　　　　　被加数变量的初值
WHILE［#2 GT 10］DO 1;　　　　　 当被加数大于 10 时退出循环
#1 = #1 + 2;　　　　　　　　　　  计算和数
#2 = #2 + 1;　　　　　　　　　　  下一个被加数

END1；                                      转到标号1
M30；                                       程序结束

【任务实施】

下面编制图 2-87 所示零件的加工程序，零件加工工艺路线为：刀具由换刀点快速运动至接近位置 $O$ 点，由 $O$ 点以切削进给速度运行至 $A$ 点，然后按 $A-B-C-D-E$ 的走刀顺序车削加工，最后由 $E$ 点垂直切出工件后，再返回至换刀点，如图 2-94 所示。

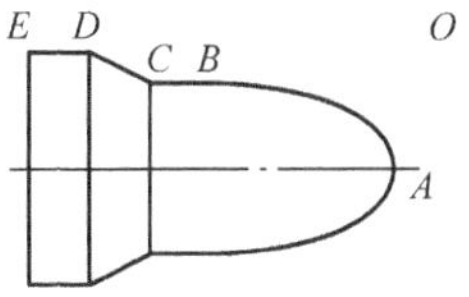

刀具：外圆车刀 T0101。

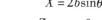

图 2-94　加工工艺路线

椭圆轮廓的坐标值计算：轮廓 $AB$ 为 1/4 椭圆，必须采用宏指令通过插补大量的微小直线段来实现加工。在构建椭圆插补算法上采用参数方程的方法，其椭圆的坐标系如图 2-95 所示，由椭圆参数方程可得动点 $M$ 的坐标为：

$$X = b\sin\theta$$
$$Z = a\cos\theta$$

其中，$a$ 为椭圆长半轴长度，$b$ 为椭圆短半轴长度，$\theta$ 为离心角。由于数控车床一般采用直径编程，所以 $X$ 坐标算式应在原有的基础上乘以2。由于编程原点设置在零件的右端面中心，即图 2-95 中的坐标系进行平移，在平移后的坐标系中动点 $A$ 的坐标为：

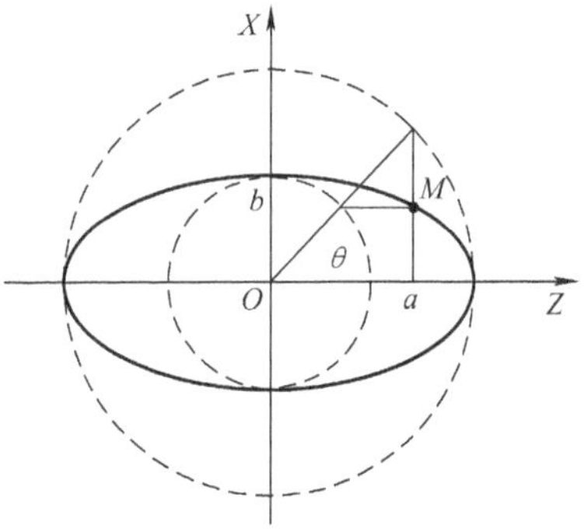

$$X = 2b\sin\theta$$
$$Z = a\cos\theta - a$$

图 2-95　椭圆参数方程坐标系

程序如下：

O2062

N10　G50　S2500；                          设置主轴最高限制转速
N20　G96　S60　M03　T0101；                设置恒线速度，起动主轴
N30　G00　X44　Z2；                        快速运动至 $O$ 点，接近工件
N40　G01　X0　Z0　F0.05；                  切削至椭圆起点 $A$
N50　#1 = 15；                             定义宏变量，即椭圆短轴
N60　#2 = 30；                             定义宏变量，即椭圆长轴
N70　#3 = 1；                              定义宏变量，即初始增量角度
N80　#4 = 2 * #1 * SIN [#3]；              计算 $X$ 轴坐标数据
N90　#5 = #2 * COS [#3] - #2；             计算 $Z$ 轴坐标数据
N100　G01　X#4　Z#5；                      通过插补直线拟合椭圆轮廓
N110　#3 = #3 + 1；                        增量角度递增
N120　IF [#3 LE 90] GOTO 80；              判定是否走完椭圆
N130　G01　Z-40；                          插补直线轮廓 $BC$
N140　X40　Z-50；                          插补直线轮廓 $CD$
N150　Z-60；                               插补直线轮廓 $DE$

N160　X42;　　　　　　　　　　　　由 E 点垂直切出零件
N170　G00　X100　Z100;　　　　　快速返回至换刀点
N180　M05;
N190　M30;

在此程序中，采用微小直线段插补椭圆轮廓时宏变量#3（即 θ 角）每次递增1°，整个椭圆将由90个微小直线段构成。从高等数学的极限角度出发，θ 角每次递增越小，椭圆将越逼近其真实形状。但从数控加工的角度出发，如果 θ 角递增量过小，微小直线段的数量则会过大，这将影响轮廓加工的效率，如果 θ 角递增过大则会影响轮廓加工的质量。经过加工试验知，θ 角递增值为1°时既能满足数控加工对效率的要求也能满足其对质量的要求。

【知识与任务拓展】

### 椭圆轮廓的粗加工编程

数控车削加工中，粗加工阶段由于切削量较多，轮廓需多次车削才能完成，因此一般使用轮廓多次车削循环指令进行编程，如 FANUC 数控系统中的 G71 指令。但是本任务中的零件由于包含椭圆轮廓，而 G71 指令所调用的精车程序是不允许出现宏程序的，因此零件的粗加工编程需要对待加工的椭圆轮廓做一定的几何处理。

为了简化计算，可以用一条长度为15mm 的水平直线和半径为15mm 的1/4圆弧近似地替代该椭圆轮廓，如图2-96所示。由于替代的轮廓可以通过基本的 G 指令编程构建 G71 外圆轮廓多次车削循环，这使得零件的粗加工编程得以简化。当然，和原始图形比较可以看出，零件的椭圆轮廓部分粗切后个别位置会余量分布不均。在有条件的情况下也可以借助 CAD 软件，通过若干条直线或圆弧轮廓更加逼近椭圆，然后再利用可知的直线或圆弧轮廓进行 G71 编程，这样可使粗加工后的轮廓余量分布更为均匀。

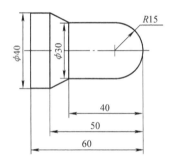

图2-96　近似替代椭圆后的零件图

【课后训练】

#### 编程题

完成图2-97所示零件的椭圆形面编程与加工。

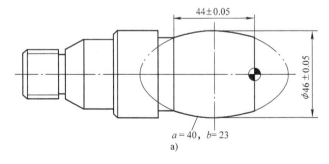

图2-97　编制零件加工程序

项目2 数控车床编程与加工

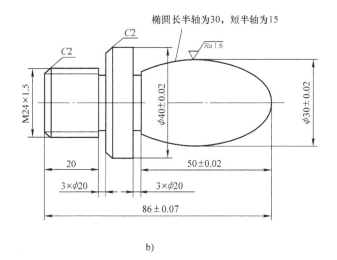

b)

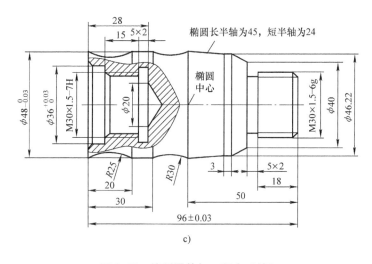

c)

图 2-97 编制零件加工程序（续）

## 任务 2.7 复杂轴类零件的编程与加工

【学习目标】

复习巩固数控车削编程指令，掌握复杂轴类零件的加工工艺分析与编程方法。

【任务导入】

完成如图 2-98 所示复杂轴类零件的加工，毛坯为 $\phi46\text{mm} \times 90\text{mm}$。

任务分析：零件加工部位由 $\phi36_{-0.04}^{\ 0}$ mm、$\phi44_{-0.04}^{\ 0}$ mm、$\phi30_{-0.05}^{\ 0}$ mm、$\phi16$mm 的外圆柱、$\phi24_{\ 0}^{+0.04}$ mm 内圆柱，锥度为 1∶2 的外圆锥、$R1$ 圆弧及 $M20 \times 1.5$ 的外螺纹等表面组成。

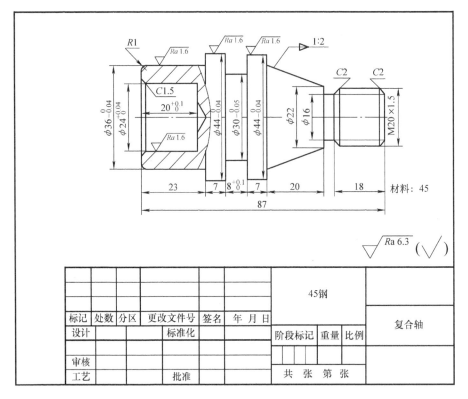

图 2-98 复合轴

## 【工艺分析与编程】

**1. 零件图工艺分析**

该零件由内外圆柱面、外圆锥面、圆弧及外螺纹等组成,其中多个直径尺寸与轴向尺寸有较高的尺寸精度和表面粗糙度要求。

通过以上分析,采取以下工艺措施:

1)零件图样上带公差的尺寸,为保证加工零件的合格性,编程时取其平均值。

2)左右端面均为多个尺寸的设计基准,相应工序加工前,应该先将左右端面车出来,将 $\phi24$mm 内孔预钻出 $\phi20$mm 的孔。

3)加工内孔及 $\phi44_{-0.04}^{~~~0}$ mm、$\phi30_{-0.05}^{~~~0}$ mm 外圆柱面时需调头装夹。

计算锥面大端直径 $D$,由 $(D-22):20 = 1:2$,得 $D = 32$mm。

**2. 确定装夹方案**

加工左端面时以 $\phi46$mm 外圆定位,用自定心卡盘夹紧外圆。调头加工右端面时以 $\phi36$mm 外圆定位,用自定心卡盘夹紧外圆。

**3. 量具选择**

由于表面尺寸和表面质量无特殊要求,轮廓尺寸用游标卡尺或千分尺测量,深度尺寸用深度游标卡尺测量,螺纹用环规测量。

**4. 刀具选择**

根据加工要求,确认该零件加工需要 5 把刀具,见表 2-14。

项目2 数控车床编程与加工

表 2-14 数控加工刀具卡片

| 产品名称 | | | 零件名称 | | | 零件图号 | |
|---|---|---|---|---|---|---|---|
| 序号 | 刀具号 | 刀具规格名称 | 数量 | 加工面 | | 刀尖半径/mm | 备注 |
| 1 | T01 | 93°硬质合金外圆车刀 | 1 | 端面、φ36mm、φ44 mm 外圆柱面、锥面、圆弧 | | 0.2 | |
| 2 | T02 | φ20mm 钻头 | 1 | φ24 mm 孔的预加工孔 | | | |
| 3 | T03 | 93°硬质合金内孔镗刀 | 1 | $\phi 24^{+0.04}_{0}$ mm 内圆柱面、C1.5 的倒角 | | 0.2 | |
| 4 | T04 | 4mm 硬质合金外切槽刀 | 1 | $\phi 30^{\ 0}_{-0.05}$ mm、φ16mm 槽 | | | |
| 5 | T05 | 60°硬质合金三角螺纹车刀 | 1 | M20×1.5 外螺纹 | | | |
| 编制 | | 审核 | | 批准 | | 年 月 日 | 共 页 第 页 |

## 5. 确定加工顺序及走刀路线

加工顺序按由粗到精、由内到外的原则确定,一次装夹尽可能加工出所有加工表面,零件工步顺序见表 2-15。

## 6. 切削用量选择

根据被加工表面质量要求、刀具材料和工件材料特性,通过查表计算,切削用量见表 2-15,粗车外轮廓时单边余量 0.2mm。

表 2-15 数控加工工序卡

| 工步号 | 作业内容 | 刀具号 | 刀具规格/mm | 主轴转速/(r/min) | 进给速度/(mm/r) | 背吃刀量/mm | 备注 |
|---|---|---|---|---|---|---|---|
| 1 | 自定心卡盘装夹 φ46mm 右端 | | | | | | 手动 |
| 2 | 钻 φ24mm×20mm 内孔 | T02 | φ20 | 300 | | 10 | 手动 |
| 3 | 车左端面 | T01 | 25×25 | 500 | 0.05 | 0.5 | 自动 |
| 4 | 粗车左外轮廓 | T01 | 25×25 | 500 | 0.1 | 1.5 | 自动 |
| 5 | 精车左外轮廓 | T01 | 25×25 | 1000 | 0.05 | 0.2 | 自动 |
| 6 | 切 φ30mm 外槽 | T04 | 4×25 | 400 | 0.05 | 4 | 自动 |
| 7 | 粗镗内孔 | T03 | 16×16 | 400 | 0.1 | 1 | 自动 |
| 8 | 精镗内孔 | T03 | 16×16 | 800 | 0.05 | 0.2 | 自动 |
| 9 | 三爪卡盘装夹 φ36 外轮廓 | | | | | | 手动 |
| 10 | 车右端面 | T01 | 25×25 | 500 | 0.05 | | 自动 |
| 11 | 粗车右外轮廓 | T01 | 25×25 | 500 | 0.1 | 1.5 | 自动 |
| 12 | 精车右外轮廓 | T01 | 25×25 | 1000 | 0.05 | 0.2 | 自动 |
| 13 | 切退刀槽 | T04 | 4×25 | 400 | 0.05 | 4 | 自动 |
| 14 | 车削外轮廓 | T05 | 25×25 | 500 | | 0.4、0.3、0.2、0.08 | 自动 |
| 编制 | | 审核 | | 批准 | | 年 月 日 | 共 页 第 页 |

## 7. 确定工件坐标系

以工件端面与轴线的交点为工件原点,建立工件坐标系。

## 8. 编程

零件左侧加工程序如下:

```
O2070
N10    S500   T0101   M03;
N20    G00    X50;
N30    Z0;
N40    G01    X-1    F0.05;                  车左端面
N50    Z2;
N60    G00    X50;
N70    G90    X44.4   Z-46   F0.1;            粗车左外轮廓面
N80    X41.4   Z-23;
N90    X38.4;
N100   X36.4;
N110   S1000;                                 精车左外轮廓面
N120   G00    X0;
N130   G01    Z0    F0.05;
N140   X33.98;
N150   G03    X35.98   Z-1    R1;
N160   G01    Z-23;
N170   X43.98;
N180   Z-46;
N190   G00    X100;
N200   Z100;
N210   T0404   S400;                          切φ30mm外槽
N220   G00    X50;
N230   Z-38.05;
N240   G01    X29.975   F0.05;
N250   G04    X2;
N260   G00    X50;
N270   Z-34.05;
N280   G01    X29.975;
N290   G04    X2;
N300   G01    Z-38.05;
N310   G00    X50;
N320   Z100;
N330   T0303   S400;                          粗镗内孔
N340   G00    X18;
N350   Z1;
N360   G90    X22    Z-20.05   F0.1;
N370   X23.98;
N380   S800;                                  精镗内孔
```

N390　G00　X29;
N400　Z1;
N410　G01　X24.02　Z-1.5　F0.05;
N420　Z-20.05;
N430　X0;
N440　W100;
N450　U100;
N460　M05;
N470　M30;
零件右侧加工程序如下:
O2071
N10　S500　T0101　M03;
N20　G00　X50;
N30　Z0;
N40　G01　X-1　F0.05;　　　　　　车右端面
N50　Z2;
N60　G00　X50;
N70　G71　U1　R1;
N80　G71　P90　Q160　U0.4　W0.2　F0.1　S500;
N90　G00　X0;
N100　G01　Z0　F0.05;
N110　X16;
N120　X20　Z-2;
N130　Z-22;
N140　X22;
N150　X32　Z-42;
N160　X46;
N170　S800;
N180　G70　P90　Q160;　　　　　　精车外轮廓面
N190　G00　U100;
N200　W100;
N210　T0404　S500;　　　　　　　切退刀槽
N220　G00　X22;
N230　Z-22;
N240　G01　X16　F0.05;
N250　G04　X2;
N260　G01　X20　Z-20;
N270　G00　U100;
N280　W100;

N290　T0505　S400　F0.05;　　　　　　车削外螺纹
N300　G00　X20;
N310　Z2;
N320　G92　X19.2　Z-20　F1.5;
N330　X18.6;
N340　X18.2;
N350　X18.04;
N360　G00　U100;
N370　W100;
N380　M05;
N390　M30;

【课后训练】

编程题

完成图2-99所示零件的编程与加工。

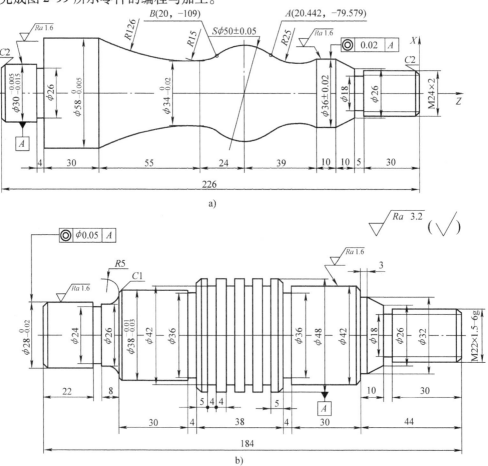

图2-99　编制零件加工程序

## 任务2.8　套类零件的编程与加工

【学习目标】

掌握套类零件的加工工艺分析与编程方法，了解加工套类零件的常用刀具。

【任务导入】

完成图2-100所示套类零件的加工，毛坯尺寸为 $\phi 40\text{mm} \times 100\text{mm}$，预制孔 $\phi 20\text{mm}$。

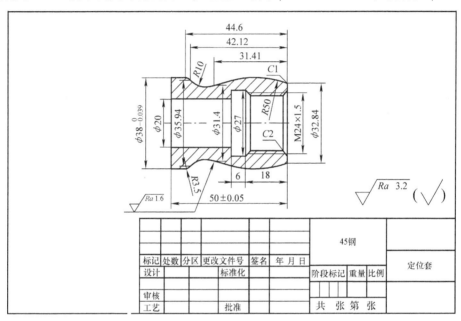

图2-100　定位套

任务分析：零件加工部位由非单调递增外轮廓、$\phi 35.94\text{mm}$ 外圆柱面、$\phi 20\text{mm}$ 内圆柱面、$M24 \times 1.5$ 的内螺纹等表面组成。

【工艺分析与编程】

**1. 零件图工艺分析**

该零件由内外圆柱面、内圆柱面、圆弧及内螺纹等组成，加工前将内孔预钻到 $\phi 20\text{mm}$。

**2. 确定装夹方案**

用自定心卡盘夹紧毛坯。

**3. 量具选择**

由于表面尺寸和表面质量无特殊要求，轮廓尺寸用游标卡尺或千分尺测量，深度尺寸用深度游标卡尺测量，螺纹用塞规测量。

**4. 刀具选择**

根据加工要求，确认该零件加工需要6把刀具，见表2-16。

表 2-16 数控加工刀具卡片

| 产品名称 | | | 零件名称 | | 零件图号 | |
|---|---|---|---|---|---|---|
| 序号 | 刀具号 | 刀具规格名称 | 数量 | 加工面 | 刀尖半径 /mm | 备注 |
| 1 | T01 | 93°硬质合金外圆车刀 | 1 | $\phi 38_{-0.039}^{0}$ mm 外圆柱面、$R3$ mm 等圆弧、$C1$ 的倒角 | 0.2 | |
| 2 | T02 | $\phi20$mm 钻头 | 1 | 预加工孔 | | |
| 3 | T03 | 93°硬质合金内孔镗刀 | 1 | $\phi20$mm 内圆柱面 | 0.2 | |
| 4 | T04 | 3mm 硬质合金内切槽刀 | 1 | $\phi20$mm 内槽 | | |
| 5 | T05 | 60°硬质合金三角螺纹车刀 | 1 | M24×1.5 内螺纹 | | |
| 6 | T06 | 3mm 硬质合金外切槽刀 | 1 | 切断 | | |
| 编制 | | 审核 | | 批准 | 年 月 日 | 共 页 第 页 |

**5. 确定加工顺序及走刀路线**

加工顺序按由粗到精、由内到外的原则确定，一次装夹尽可能加工出所有加工表面，零件工步顺序见表 2-17。

**6. 切削用量选择**

根据被加工表面质量要求、刀具材料和工件材料特性，通过查表计算，切削用量见表 2-17，粗车外轮廓时单边余量 0.2mm。

表 2-17 数控加工工序卡

| 工步号 | 作业内容 | 刀具号 | 刀具规格/mm | 主轴转速/(r/min) | 进给速度/(mm/r) | 背吃刀量/mm | 备注 |
|---|---|---|---|---|---|---|---|
| 1 | 自定心卡盘装夹 $\phi40$mm 毛坯 | | | | | | 手动 |
| 2 | 钻 $\phi20$mm×50mm 内孔 | T02 | $\phi20$ | 300 | | 10 | 手动 |
| 3 | 粗车外轮廓 | T01 | 25×25 | 600 | 0.15 | 8 | 自动 |
| 4 | 精车外轮廓 | T01 | 25×25 | 1000 | 0.05 | 0.2 | 自动 |
| 5 | 粗镗内孔 | T03 | 16×16 | 400 | 0.15 | 4 | 自动 |
| 6 | 精镗内孔 | T03 | 16×16 | 800 | 0.05 | 0.15 | 自动 |
| 7 | 切内槽 $\phi27$mm×6mm | T04 | 3×16 | 400 | 0.05 | 3 | 自动 |
| 8 | 车削内螺纹 | T05 | 16×16 | 300 | | | 自动 |
| 9 | 切断 | T06 | 3×25 | 400 | 0.05 | 10 | 自动 |
| 编制 | | 审核 | | 批准 | 年 月 日 | 共 页 | 第 页 |

**7. 确定工件坐标系**

以工件端面与轴线的交点为工件原点，建立工件坐标系。

**8. 编程**

零件加工程序如下：

O2080

N30 M08；

| | | | | | | |
|---|---|---|---|---|---|---|
| N40 | G00 | X42 | Z2; | | | |
| N50 | G73 | U4 | R2; | | | 粗车外轮廓 |
| N60 | G73 | P70 | Q120 | U0.4 | W0.2 | F0.15; |
| N70 | G00 | X32.84; | | | | |
| N80 | G01 | G42 | Z0; | | | |
| N90 | X34.84 | Z−1; | | | | |
| N100 | G03 | X31.4 | Z−31.41 | R50; | | |
| N110 | G02 | X35.94 | Z−42.12 | R10; | | |
| N120 | G03 | X38 | Z−44.6 | R3.5; | | |
| N125 | G01 | Z−55; | | | | |
| N130 | S1000 | M03; | | | | |
| N140 | G70 | P70 | Q120 | F0.05; | | 精车外轮廓 |
| N150 | G00 | X100 | Z50 | M09; | | |
| N160 | S400 | M03 | T0303; | | | |
| N170 | M08; | | | | | |
| N180 | G00 | X14 | Z2; | | | |
| N190 | G71 | U1 | R0.5; | | | 粗镗内孔 |
| N200 | G71 | P210 | Q250 | U−0.3 | W0.1 | F0.15; |
| N210 | G00 | X26.5; | | | | |
| N220 | G01 | G41 | Z0; | | | |
| N230 | X22.5 | Z−2; | | | | |
| N240 | Z−24; | | | | | |
| N250 | X18.0; | | | | | |
| N260 | G70 | P210 | Q250 | F0.05 | S800; | 精镗内孔 |
| N270 | G00 | X100 | Z50 | M09; | | |
| N280 | S400 | M03 | T0404; | | | |
| N290 | M08; | | | | | |
| N300 | G00 | X20 | Z2; | | | 切内槽 |
| N310 | Z−21; | | | | | |
| N320 | G01 | X26.5 | F0.05; | | | |
| N330 | X20; | | | | | |
| N340 | Z−24; | | | | | |
| N350 | G01 | X27; | | | | |
| N360 | Z−21; | | | | | |
| N370 | Z−19; | | | | | 切削螺纹段左侧倒角 |
| N380 | G01 | X22.5; | | | | |
| N390 | X26.5 | Z−21; | | | | |
| N400 | G00 | X20; | | | | |
| N410 | G00 | Z2; | | | | |

N420　G00　X100　Z50　M09;
N430　S300　M03　T0505;
N440　M08;
N450　G00　X20　Z2;
N460　G92　X23　Z-20　F1.5;　　　　　　车内螺纹
N470　X23.5;
N480　X23.8;
N490　X24;
N500　G00　X100　Z50　M09;
N510　S400　M03　T0606;
N520　M08;
N530　G00　X40　Z-53;
N540　G01　X16　F0.05;　　　　　　切断
N550　G00　X100　Z50　M09;
N560　M05;
N570　M30;

【课后训练】

编程题

完成图2-101所示零件的编程与加工。

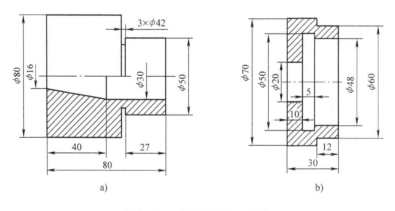

图2-101　编制零件加工程序

## 任务2.9　FANUC 0i 系统数控车床操作

【学习目标】

熟悉 FANUC 0i 数控车床的操作面板功能,掌握数控车床基本对刀方法。

## 项目2 数控车床编程与加工

【任务导入】

观察数控实训车间数控车床,记录操作面板的生产厂家、结构及功能。

【新知学习】

### 一、数控车床操作面板介绍

数控车床操作面板由 CRT/MDI 操作面板和机床控制面板两部分组成。

2-13 数控车床操作面板的认识和基本操作

**1. CRT/MDI 操作面板**

CRT/MDI 操作面板如图 2-102 所示,用操作键盘结合显示屏可以进行数控系统操作。系统操作面板上各功能键的作用见表 2-18。

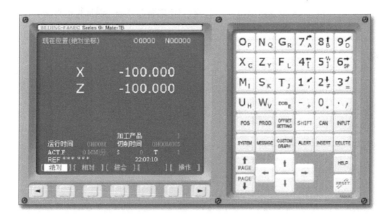

图 2-102 FANUC 0i 系统车床操作面板

表 2-18 系统操作面板功能键的主要作用

| 按键 | 名称 | 按键功能 |
| --- | --- | --- |
| ALTER | 替换键 | 用输入的数据替换光标所在的数据 |
| DELETE | 删除键 | 删除光标所在的数据;删除一个程序;删除全部程序 |
| INSERT | 插入键 | 把输入区之中的数据插入到当前光标之后的位置 |
| CAN | 取消键 | 删除输入区内的数据 |
| EOB_E | 回车换行键 | 结束一行程序的输入并且换行 |
| SHIFT | 上档键 | 按此键可以输入按键右下角的字符 |

107

(续)

| 按键 | 名称 | 按键功能 |
| --- | --- | --- |
| PROG | 程序键 | 打开程序显示与编辑页面 |
| POS | 位置显示页面 | 打开位置显示页面,位置显示有三种方式,用 PAGE 按钮选择 |
| OFSET SET | 参数输入页面 | 打开参数输入页面,按第 1 次进入坐标系设置页面,按第 2 次进入刀具补偿参数页面。进入不同的页面以后,用 PAGE 按钮切换 |
| HELP | 系统帮助页面 | 打开系统帮助页面 |
| CUSTM GRAPH | 图形显示键 | 打开图形参数设置或图形模拟页面 |
| MESGE | 信息键 | 打开信息页面,如"报警" |
| SYSTM | 系统键 | 打开系统参数页面 |
| RESET | 复位键 | 取消报警或者停止自动加工中的程序 |
| PAGE↑ PAGE↓ | 翻页键 | 向上或向下翻页 |
| ↑ ↓ ← → | 光标移动键 | 向上/向下/向左/向右移动光标 |
| INPUT | 输入键 | 把输入区内的数据输入参数页面 |
| $O_P$ $N_Q$ $G_R$ 7 8 9<br>$X_U$ $Y_V$ $Z_W$ 4 5 6<br>$M_I$ $S_J$ $T_K$ 1 2 3<br>$F_L$ $H_D$ $^{EOB}E$ $-$ . / | 数字/子母键 | 用于字母或数字的输入 |

2. 机床操作面板

机床生产厂家不同,机床操作面板也各异,但主要都是用于控制机床运行状态,由模式选择按钮、运行控制开关等多个部分组成。以 FANUC 数控车床控制面板为例进行详细说明，如图 2-103、表 2-19 所示。

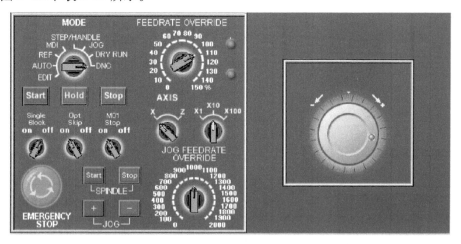

图 2-103　FANUC 数控车床控制面板

表 2-19　机床控制面板功能键的主要作用

| 按　　钮 | 名　　称 | 功　能　说　明 |
|---|---|---|
| MODE（模式选择旋钮） | EDIT | 编辑模式 | 用于直接通过操作面板输入数控程序和编辑程序 |
|  | AUTO | 自动模式 | 进入自动加工模式 |
|  | REF | 回零模式 | 机床回零；机床必须首先执行回零操作，然后才可以运行 |
|  | MDI | MDI 模式 | 单程序段执行模式 |
|  | STEP/HANDLE | 单步/手轮方式 | 手动方式，STEP 是点动；HANDLE 是手轮移动 |
|  | JOG | 手动方式 | 手动方式，连续移动 |
|  | DRY RUN | 空运行模式 | 按照机床默认的参数执行程序 |
|  | DNC | DNC 模式 | 从计算机读取一个数控程序 |
| 运行控制按钮 | Start | 循环启动 | 程序运行开始；模式选择旋钮在"AUTO"或"MDI"位置时按下有效，其余模式下使用无效 |
|  | Hold | 进给保持 | 程序运行暂停，在程序运行过程中，按下此按钮运行暂停。按"Start"恢复运行 |
|  | Stop | 停止运行 | 程序运行停止，在数控程序运行中，按下此按钮停止程序运行 |
|  | Single Block | 单步开关 | 置于"ON"位置，运行程序时每次执行一条数控指令 |

(续)

| 按　钮 | 名　称 | 功　能　说　明 |
|---|---|---|
| Opt Skip | 选择跳过开关 | 置于"ON"位置,数控程序中的跳过符号"/"有效 |
| M01 Stop | M01 开关 | 置于"ON"位置,"M01"代码有效 |
| EMERGENCY STOP | 急停按钮 | 按下急停按钮,使机床移动立即停止,并且所有的输出(如主轴的转动等)都会关闭 |
| SPINDLE — Start | 主轴转动 | 按下此按钮主轴开始转动 |
| SPINDLE — Stop | 主轴停止 | 按下此按钮主轴停止转动 |
| FEEDRATE OVERRIDE | 进给速度调节旋钮 | 调节数控程序自动运行时的进给速度倍率,调节范围为 0~150%。置光标于旋钮上,单击鼠标左键,旋钮逆时针方向转动,单击鼠标右键,旋钮顺时针方向转动 |
| AXIS | 移动轴选择旋钮 | 置光标于旋钮上,单击鼠标左键,旋钮逆时针方向转动,单击鼠标右键,旋钮顺时针方向转动 |
| JOG FEEDRATE OVERRIDE | 连续移动速率调节旋钮 | 调节手动(点动)移动台面的速度,速度调节范围为 0~2000mm/min |
| ×1 ×10 ×100 | 进给量选择旋钮 | 在手动方式或手轮方式下的移动量;×1、×10、×100 分别代表移动量为 0.001mm、0.01mm、0.1mm |
| + − JOG | 移动按钮 | 此组按钮在模式选择旋钮处在"STEP/HANDLE"或"JOG"位置有效。+ 正方向移动按钮;− 负方向移动按钮 |

## 二、数控车床对刀

对刀是数控机床加工中极其重要和复杂的工作。对刀精度的高低将直接影响到零件的加工精度。在数控车床车削加工过程中,首先应确定零件的加工原点,以建立准确的工件坐标系;其次要考虑刀具的不同尺寸对加工的影响,这些都需要通过对刀来解决。

加工一个零件往往需要几把不同的刀具,而每把刀具在机床刀架上都是随机装夹的,所以在刀架转位调刀时,刀尖所处的位置是不相同的,但系统要求在加工一个零件时,无论是调哪一把刀,其进给走刀路线都应严格按照编程所设定的刀号轨迹运行。

**1. 对刀概念**

在工件坐标系下,不同长度和位置的刀具经过测量和计算后,得到刀偏值,并将其放入刀库表或补偿表中,使得对工件进行切削时保证刀具刀位点坐标一致,这个过程称为对刀。

对每一把刀具进行外圆试切和端面试切等方法找出刀具的刀偏值,按刀号分别将其值输入到刀偏表中。

**2. 对刀的步骤**

(1) 装工件  数控车床一般均采用自动定心卡盘,工件的装夹、找正与卧式车床基本相同。对于圆棒料,在装夹时应水平放置在卡盘的卡爪中,并经校正后旋紧卡盘的扳手,工件夹紧找正随即完成。

(2) 装刀具  数控车床一般采用四工位自动刀架,装刀需调整刀尖与主轴轴线等高,调整采用顶尖法或试切法。刀杆伸出长度应为刀杆厚度的 1.5~2 倍。

2-14 数控车床对刀

装刀一般原则是:功能相近的刀具就近安装,工序切换与更换刀具应在较短的时间内完成。例如,对于车外轮廓,一号刀位装外圆粗车刀,二号刀位装外圆精车刀,三号刀位装车槽(车断)刀,四号刀位装螺纹刀。

(3) 回参考点  机床上电后,一般要求必须回参考点,然后再进入其他运行方式,以确保机床坐标系的建立,消除反向间隙及机床误差等。

(4) 刀偏量输入

$Z$ 轴的设定:

1) 设定工件坐标系的坐标原点位于工件右端面的回转轴心处,如图 2-104 所示。在手动方式中用一把刀具切削工件端面 $A$。

2) 将刀具沿 $X$ 方向退离工件后,使主轴停转,注意不要移动 $Z$ 轴。

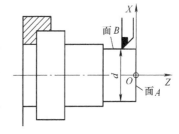

图 2-104 工件坐标系示意图

3) 按功能键 OFSET/SET 和软键【补正】显示刀具补正画面,如图 2-105 所示。如果几何补正值和磨损补正值需分别设定,就显示与其相应的画面。

4) 将光标移动至欲设定的偏置刀号处。

5) 按地址键 Z 进行设定。

6) 键入测量值 0。

7) 按软键【测量】。

$X$ 轴的设定:

1) 如图 2-104 所示,在手动方式中切削工件外圆面 $B$。

2) 将刀具沿 $Z$ 方向退离工件后,使主轴停转,注意不要移动 $X$ 轴。

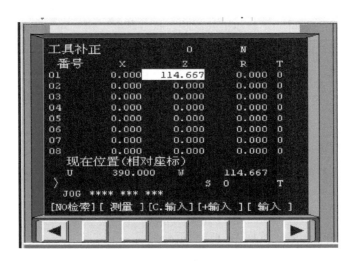

图 2-105 对刀参数形状补正画面

3）按功能键 OFSET/SET 和软键【补正】显示刀具补正画面，如图 2-105 所示。如果几何补正值和磨损补正值需分别设定，就显示与其相应的画面。

4）将光标移动至欲设定的偏置刀号处。

5）按地址键 X 进行设定。

6）测量工件外圆面 $B$ 的直径 $d$。

7）键入测量值 $d$。

8）按软键【测量】。

对所有使用的刀具重复以上步骤，则其刀偏值可自动计算并设定。

如果在刀具几何尺寸补正画面设定测量值，则所有的补正值变为几何尺寸补正值，并且所有的磨损补正值被设定为 0。如果在刀具磨损补正画面设定测量值，则所测量的补正值和当前磨损补正值之间的差值成为新的补正值。

**3. 刀偏量的修改**

不论用哪种对刀法，都存在一定的对刀误差。当试车后，发现工件尺寸不符合要求时，可根据工件的实测尺寸进行刀偏量的修改。如测得工件外圆尺寸偏大 0.4mm，可在刀具补正画面的形状补正中，将对应刀具号的 $X$ 方向刀偏量改小 0.2mm。利用【输入】软键重新输入数据，或利用【＋输入】软键修改原参数。

【任务实施】

到数控实训中心查看数控车床操作面板生产厂家，下载仿真模拟软件熟悉按键操作功能和对刀方法，根据实训中心安排和要求在真机上进行操作训练。

【知识与任务拓展】

通过视频、微课等资源自主了解数控各类车刀对刀方法。

【课后训练】

选择题

1. 在 CRT/MDI 面板的功能键中，显示机床现在位置的键是（　　）。
A. POS　　　　　　B. PRGRM　　　　　C. OFSET　　　　　D. SYSTEM

2. 在 CRT/MDI 面板的功能键中，用于编制程序的键是（　　）。
A. POS　　　　　　B. OFSET　　　　　C. PRGRM　　　　　D. SYSTEM

3. 在编辑状态下编辑程序时，结束一行程序的输入并且换行，FANUC 系统用（　　）键可实现。
A. INSERT　　　　B. ALTER　　　　　C. EOB　　　　　　D. CANCLE

4. 按下 RESET 键，表示复位 CNC 系统，这包括（　　）。
A. 取消报警　　　　　　　　　　　B. 主轴故障复位
C. 中途退出操作　　　　　　　　　D. 恢复原来的操作循环状态

5. 在急停按钮功能中，错误的说法是（　　）。
A. 出现紧急情况时按下按钮　　　　B. 按下按钮，伺服进给同时停止工作
C. 按下按钮，主轴运转停止　　　　D. 需要停车时，可随时按下此按钮

# 项目3　数控铣床编程与加工

【工匠引路】

**田镇基——心中有梦想，脚下有力量**

田镇基，广东普宁人，第45届世界技能大赛数控铣项目金牌获得者。站在被誉为"世界技能奥林匹克"大赛的领奖台上，田镇基深知这一路走来的不易。

从小喜欢动手、喜欢琢磨的田镇基对数控加工充满了兴趣，这让他对学习技能有了最初的梦想，2013年，田镇基考入广东省机械技师学院，踏上了技能逐梦之路。2015年，经过学校层层选拔，田镇基和另外两名同学被推荐参加第45届世界技能大赛数控铣项目广东省选拔赛。2018年，田镇基在广东省选拔赛中以总分排名第二的成绩，进入到第45届世界技能大赛全国选拔赛。同年6月，第45届世界技能大赛全国选拔赛数控铣项目正式开赛。这是田镇基第一次在面向社会大众开放的大场合下比赛，因为紧张，第一个比赛模块成绩排名靠后，但是田镇基没有放弃，迅速自我调整好状态。经过后面两个模块的追赶，田镇基以总分排名第四名的成绩，进入了第45届世界技能大赛国家集训队。

经过一个月无休的集训后，田镇基在全国选拔赛数控铣项目10进5淘汰赛上获得了第二名，进入到了下一轮的考核。为了克服工件类型的多样和变形所带来的尺寸不稳定，田镇基开始加强练习画图基本功，练习多样化零件。通过长期的训练和实战，田镇基意识到细节决定成败，为了改进不足，田镇基不断重复练习各个模块，增加熟练度，提高速度，在最后一轮晋级赛中，田镇基以第一名的成绩成功入选第45届世界技能大赛中国代表团。从南到北，田镇基集训的足迹遍布广东、广西、河南、北京……田镇基也幸运地遇上了一群影响自己一生的老师，他们用自己的实际行动告诉田镇基什么是职业精神，什么是工匠精神。

梅花香自苦寒来，从第 45 届世界技能大赛的领奖台上走下来的田镇基说："一分耕耘，一分收获，只有不断努力克服困难，才能成就更好的自己。我更加坚信自己的选择，坚信劳动光荣、技能宝贵、创造伟大。"

## 任务 3.1　数控铣削加工工艺

【学习目标】

掌握数控铣床的装夹、加工方法，以及切削用量的确定方法，掌握铣削加工工艺的制订原则与方法，掌握数控铣床的刀具的种类，掌握铣削刀具系统的组成。

【任务导入】

分析图 3-1 所示的零件数控加工工艺，并填写工艺文件。

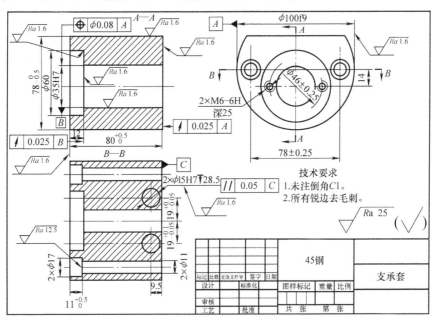

图 3-1　支承套

【新知学习】

一、数控铣削的加工对象

数控铣削是机械加工中最常用和最主要的数控加工方法之一，它除了能铣削普通铣床所能铣削的各种零件表面外，还能铣削普通铣床不能铣削的需要 2~5 坐标联动的各种平面轮廓和立体轮廓。根据数控铣床的特点，从铣削加工角度考虑，适合数控铣削加工的对象有以下几类。

**1. 平面类零件**

加工面平行或垂直于水平面，或加工面与水平面的夹角为定值的零件为平面类零件，如图3-2所示。目前，在数控铣床上加工的大多数零件属于平面类零件，其特点是各个加工面是平面，或可以展开成平面。如图3-2中曲线轮廓面 $M$ 和圆台面 $N$，展开后均为平面。

平面类零件是数控铣削加工对象中最简单的一类零件，一般只需用三坐标数控铣床的两坐标联动（即两轴半坐标联动）就可以把它们加工出来。

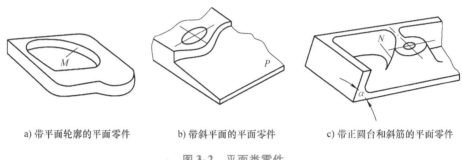

a) 带平面轮廓的平面零件　　b) 带斜平面的平面零件　　c) 带正圆台和斜筋的平面零件

图3-2 平面类零件

**2. 变斜角类零件**

加工面与水平面的夹角呈连续变化的零件为变斜角零件，这类零件多为飞机零件，如飞机上的整体梁、框、缘条与肋等。图3-3所示是飞机上的一种变斜角梁缘条，该零件的上表面在第2肋至第5肋，斜角 $\alpha$ 从3°10′均匀变化到2°32′，从第5肋至第9肋 $\alpha$ 角再均匀变化到1°20′，从第9肋至第12肋 $\alpha$ 角又均匀变化到0°。

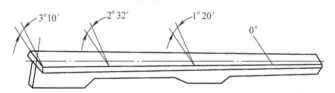

图3-3 飞机上变斜角梁缘条

变斜角类零件的变斜角加工面不能展开为平面，但在加工中，加工面与铣刀圆周的瞬时接触为一条线。最好采用四坐标、五坐标数控铣床摆角加工，若没有上述机床，也可采用三坐标数控铣床进行两轴半近似加工。

**3. 曲面类零件**

加工面为空间曲面的零件称为曲面类零件，如模具、叶片、螺旋桨等。曲面类零件的加工面不能展开为平面。加工时，铣刀与加工面始终为点接触，一般采用球头刀在三坐标数控铣床上加工。当曲面较复杂、通道较狭窄、会伤及相邻表面及需要刀具摆动时，需采用四坐标甚至五坐标数控铣床加工。

## 二、数控铣削零件加工工艺方案的制订

零件数控铣削加工方案的确定包括各加工表面加工方法的选择、工序先后顺序的安排和刀具的走刀路线确定等。

**1. 工艺路线的确定**

（1）加工顺序的安排　加工顺序通常按照从简单到复杂的原则，先加工平面、沟槽、孔，再加工外形、内腔，最后加工曲面；先加工精度要求低的表面，再加工精度高的部位等。具体方法如下：

1）基面先行。用作精基准的表面应优先加工出来，因为定位基准的表面越精确，装夹误差就越小。如箱体类零件总是先加工定位用的平面和两个定位孔，再以平面和定位孔为精基准加工孔系和其他平面。

2）先粗后精。各个表面的加工顺序按照粗加工、半精加工、精加工和光整加工的顺序依次进行，逐步提高表面的加工精度和减小表面粗糙度值。

3）先主后次。零件的主要工作表面、装配基面应先加工，从而能及早发现毛坯上主要表面可能出现的缺陷。次要表面可穿插进行，放在主要加工表面加工到一定程度后、最终精加工之前进行。

4）先面后孔。对箱体、支架类零件，平面轮廓尺寸较大，一般先加工平面，再加工孔和其他尺寸，这样安排加工顺序，一方面用加工过的平面定位稳定可靠；另一方面在加工过的平面上加工孔比较容易，并能提高孔的加工精度，特别是钻孔，孔的轴线不易偏斜。

5）刀具集中。当工件的待加工面较多时，以同一把刀具完成的那一部分工艺过程为一道工序。

（2）表面轮廓的加工　工件表面轮廓可分为平面和曲面两大类，其中平面类中的斜面轮廓又分为有固定斜角的外轮廓面和有变斜角的外轮廓面。工件表面的轮廓不同，选择的加工方法也不同。图 3-4 所示为常见平面的加工方案。

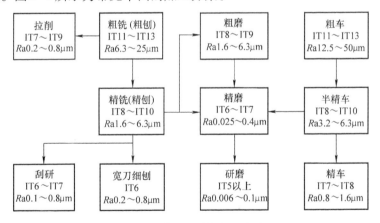

图 3-4　常见平面的加工方案

（3）孔和内螺纹的加工　孔的加工方法较多，有钻削、扩削、铰削、铣削和镗削等。

对于直径大于 30mm 的已铸出或锻造出毛坯孔的孔加工，一般采用粗镗→半精镗→孔口倒角→精镗的加工方案，孔径较大的孔可采用粗铣→精铣的加工方案。

对于直径小于 30mm 且无底孔的孔加工，通常采用锪平端面→打中心孔→钻→扩→孔口倒角→铰的加工方案，对有同轴度要求的小孔，需采用锪平端面→打中心孔→钻→半精镗→孔口倒角→精镗（或铰）的加工方案。为提高孔的位置精度，在钻孔前需安排打中心孔。孔口倒角一般安排在半精加工之后、精加工之前，以防止孔内产生毛刺。图 3-5 所示为孔加工方案。

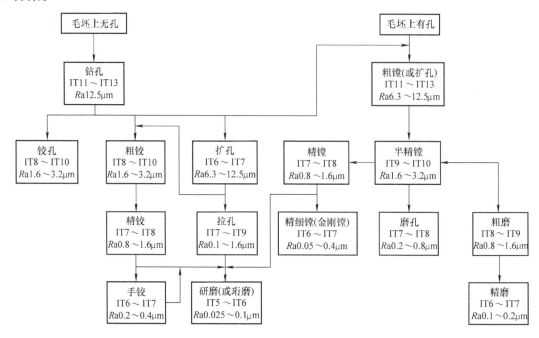

图 3-5 孔加工方案

内螺纹的加工根据孔径的大小采用不同方法。通常情况下，M6～M20 的螺纹，采用攻螺纹的方法；因为加工中心上攻小直径螺纹时丝锥容易折断，所以 M6 以下的螺纹，可在加工中心上完成底孔加工后再通过其他手段攻螺纹；M20 以上的螺纹，可采用铣削或镗削加工。

**2. 加工路线的确定**

在数控加工中，刀具刀位点相对于工件运动的轨迹称为进给路径即加工路线。加工路线不仅包括了加工内容，也反映出加工顺序，是编程的依据之一。

（1）确定加工路线的原则

1）加工路线应保证被加工工件的精度和表面粗糙度。

2）在满足工件精度、表面粗糙度、生产率等要求的情况下，尽量简化数学处理时的数值计算工作量，以简化编程工作。

3）当某段加工路线重复使用时，为简化编程，缩短程序长度，应使用子程序。

此外，确定加工路线时还要考虑工件的形状与刚度、加工余量的大小、机床与刀具的刚度等情况，确定是一次进给还是多次进给来完成加工，以及设计刀具的切入与切出方向和在铣削加工中是采用顺铣还是逆铣等。

（2）平面及轮廓铣削加工走刀路线的确定 数控铣削加工中进给路线的确定对零件的加工精度和表面质量有直接的影响，因此，确定好进给路线是保证铣削加工精度和表面质量的工艺措施之一。进给路线的确定与工件表面状况、要求的零件表面质量、机床进给机构的间隙、刀具寿命以及零件轮廓形状等有关。

下面针对铣削方式和常见的几种轮廓形状来讨论走刀路线的确定问题。

1）顺铣和逆铣的选择。在铣削加工中，采用顺铣还是逆铣方式是影响加工表面粗糙度的重要因素之一。逆铣时切削力 $F$ 的水平分力 $F_h$ 的方向与进给运动 $v_f$ 方向相反，顺铣时切削力 $F$ 的水平分力 $F_h$ 的方向与进给运动 $v_f$ 方向相同。铣削方式的选择应视零件图样的加工要求、工件材料的性质、特点以及机床、刀具等条件综合考虑。通常，由于数控机床传动采用滚珠丝杠结构，其进给传动间隙很小，顺铣的工艺性优于逆铣。

图 3-6a 所示为采用顺铣切削方式精铣外轮廓，图 3-6b 所示为采用逆铣切削方式铣型腔轮廓。

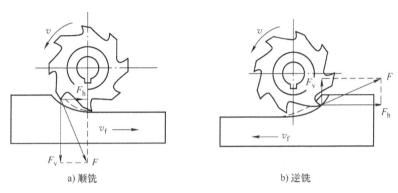

图 3-6 顺铣和逆铣切削方式

一般来说，对于铝镁合金、铁合金或耐热合金的铣削加工，为了降低表面粗糙度和提高刀具寿命，应尽量采用顺铣；而对于黑色金属锻件或铸件，表皮硬而且加工余量较大时，采用逆铣加工，使刀齿从已加工表面切入，避免崩刃。

2) 平面零件外轮廓的进给路线。用立铣刀的侧刃铣削平面工件的外轮廓时，为减少接刀痕迹，保证零件表面质量，切入、切出部分应考虑外延，对刀具的切入点和切出程序要精心设计。铣刀在切入工件时，应沿工件轮廓曲线的延长线的切线方向切入，而不应沿法线直接切入工件，以免在工件表面产生切痕，保证零件轮廓光滑。同时，在切离工件时，也应避免在切削终点处直接抬刀，要沿着切线终点外延线的切线方向逐渐切离工件。外轮廓的进给路线如图 3-7 所示。

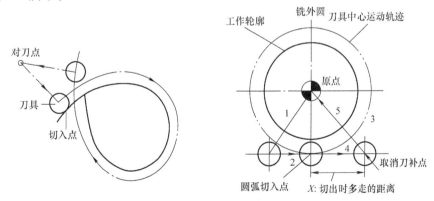

图 3-7 刀具切入切出外轮廓的进给路线

3) 铣削内轮廓的进给路线。铣削封闭的内轮廓表面时，同铣削外轮廓一样，刀具同样不能沿轮廓曲线的法向切入和切出。此时刀具可沿一过渡圆弧切入和切出工件轮廓。图 3-8 所示为铣削内圆的进给路线。

4）铣削封闭内腔的进给路线。用立铣刀铣削内表面轮廓时，切入和切出无法外延，这时铣刀只有沿工件轮廓的法线方向切入和切出，并将其切入点和切出点选在工件轮廓两几何元素的交接点。但进给路线不一致，加工结果也将不同。图3-9所示为加工槽的三种进给路线。图3-9a和图3-9b所示分别为行切法和环切法加工内槽。两种进给路线的共同点是都能铣净内腔中的全部面积，不留死角，不伤轮廓，同时尽量减少重复进给的搭接量。不同点是行切法的进给路线比环切法短，但行切法将在每次进给的起点与终点间留下残留面积，而达不到所要求的表面粗糙度；用环切法获得的表面粗糙度要好于行切法，但环切法需

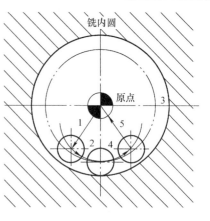

图3-8 内轮廓的进给路线

要逐次向外扩展轮廓线，刀位点计算稍复杂一些。综合行切法、环切法的优点，采用如图3-9c所示的进给路线，即先用行切法切去中间部分余量，最后用环切法切一刀，这样既能使总的进给路线短，又能获得较好的表面粗糙度。

a）行切法　　　　　b）环切法　　　　　c）先行切后环切

图3-9 凹槽铣削加工进给路线

5）铣削曲面的走刀路线。铣削曲面时，常用球头刀进行加工。图3-10表示加工边界敞开的直纹曲面常用的两种进给路线。当采用图3-10a所示的方案加工时，每次直线进给，刀位点计算简单，程序较短，而且加工过程符合直纹面的形成规律，可以准确保证素线的直线度。而采用图3-9b所示的方案加工时，符合这类工件表面数据给出情况，便于加工后检验，叶形的准确度高，因此在实际生产中最好将以上两种方案结合起来。另外由于曲面工件的边界是敞开的，没有其他表面限制，所以曲面边界可以外延，为保证加工的表面质量，球头刀应从曲面边界外部进刀和退刀。当边界不敞开时，确定走刀路线要另行处理。

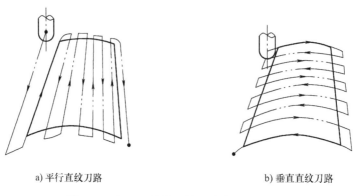

a）平行直纹刀路　　　　　　　　b）垂直直纹刀路

图3-10 加工直纹曲面的两种常用进给路线

总之，确定进给路线的原则是在保证零件加工精度和表面粗糙度的条件下，尽量缩短进给路线，以提高生产率。

（3）孔加工走刀路线的确定　孔加工时，一般是首先将刀具在 XY 平面内快速定位运动到孔中心线的位置上，然后沿 Z 方向运动进行加工。所以，孔加工进给路线的确定包括 XY 平面和 Z 方向进给路线。

1）确定 XY 平面内的进给路线。孔加工时，刀具在 XY 平面内的运动属于点位运动，确定进给路线时，主要考虑以下问题。

① 定位要迅速。即在刀具不与工件、夹具和机床碰撞的前提下空行程时间尽可能短。例如，钻如图 3-11a 所示零件的孔。按一般规律是先加工均布在同一圆周上的八个孔后，再加工另一圆周上的孔，如图 3-11b 所示，但对点位控制的数控机床，这并不是最短的加工路线，应按图 3-11c 所示的加工路线进行加工，使各孔间距离的总和最小，以节省加工时间。

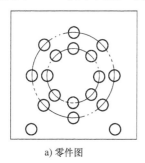
a）零件图

b）同圆周式

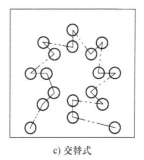
c）交替式

图 3-11　最短加工路线的选择

② 定位要准确。孔加工中，除了空行程应尽量最短之外，在镗孔中，孔系之间往往还要有较高的位置精度。因此安排镗孔路线时，要安排各孔的定位方向一致，即采用单向趋近定位点的方法，以免传动系统的误差或测量系统误差对定位精度的影响。如图 3-12a 所示，要加工 6 个孔，若按图 3-12b 所示的加工路线，则在加工孔 5 时，Y 方向的反向间隙将开始影响其与前一个孔之间的孔距精度，而图 3-12c 所示的加工路线，可使各孔的定位方向一致，从而提高孔距精度。

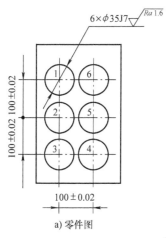
a）零件图

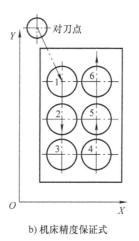
b）机床精度保证式

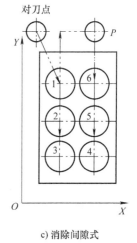
c）消除间隙式

图 3-12　准确定位进给路线

定位迅速和定位准确两者有时难以同时满足，在上述两例中，图 3-12b 是按最短路线进给，但不是从同一方向趋近目标位置，影响了刀具定位精度，图 3-12c 是从同一方向趋近目标位置，但不是最短路线，增加了刀具的空行程。这时应抓主要矛盾，若按最短路线进给能保证定位精度，则取最短路线，反之，应取能保证定位精度的路线。

2）确定 Z 方向（轴向）的进给路线。刀具在 Z 方向的进给路线分为快速移动进给路线和工作进给路线。刀具先从初始平面快速运动到距工件加工表面一定距离的 R 平面，然后按工作进给速度进行加工。图 3-13a 所示为加工单个孔时刀具的进给路线。对多个孔加工而言，为减少刀具的空行程进给时间，加工中间孔时，刀具不必退回到初始平面，只要退回到 R 平面上即可，其进给路线如图 3-13b 所示。

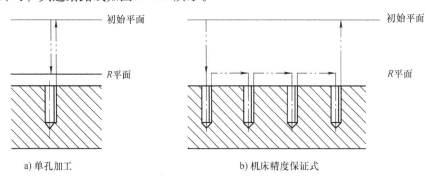

图 3-13　刀具 Z 方向进给路线

### 三、零件在数控铣床上的装夹方法

**1. 定位基准的选择**

选择定位基准时，应注意减少装夹次数，尽量做到在一次安装中能把零件上所有要加工的表面都加工出来。一般选择零件上不需要数控铣削的平面或孔作定位基准。对薄板零件，选择的定位基准应有利于提高工件的刚性，以减少切削变形。定位基准应尽量与设计基准重合，以减少定位误差对尺寸精度的影响。

**2. 夹具的设计原则**

数控铣床可以加工形状复杂的零件，数控铣床上的工件装夹方法与普通铣床的工件装夹方法一样，所使用的夹具往往并不复杂，只要求有简单的定位、夹紧机构就可以了。但要将加工部位敞开，不能因装夹工件而影响进给和切削加工。设计数控铣削夹具应注意以下几点。

1）工件的被加工表面必须充分暴露在外，夹紧元件与被加工表面间的距离要保持一定的安全距离。各夹紧元件应尽可能低，以防铣夹头或主轴套筒与之在加工过程中相碰撞。

2）夹具安装应保证工件的方位与工件坐标系一致，并且还要能协调零件定位面与数控铣床之间保持一定的坐标联系。

3）夹具的刚性和稳定性要好，尽量不采用更换压板（夹紧点）的设计。若必须更换时，要保证不破坏工件的定位。

**3. 常用夹具的种类**

1）万能组合夹具。适用于小批量生产或研制时的中、小型工件在数控铣床上进行铣削加工。

2）专用铣削夹具。专用铣削夹具是为零件的某一道工序加工而设计制造的，在产品相对稳定、批量较大的生产中使用。在生产过程中它能有效地降低操作人员的劳动强度，提高劳动生产率，并获得较高的加工精度。

3）多工位夹具。可以同时装夹多个工件，可减少换刀次数，也便于一边加工，一边装卸工件，有利于缩短辅助时间，提高生产率，适用于中批量生产。

4）气动或液压夹具。适用于生产批量较大，采用其他夹具又特别费工、费力的工件，能减轻操作人员劳动强度和提高生产率，但此类夹具结构较复杂，造价往往较高，而且制造周期较长。

5）其他通用夹具。如机用虎钳、分度头及自定心卡盘等。

**4. 夹具选用原则**

在选用夹具时，通常需要考虑产品的生产批量、生产效率、质量保证及经济性，选用时可参照下列原则：

1）在生产量小或研制时，应广泛采用万能组合夹具，只有在组合夹具无法解决工件装夹时，才考虑采用其他夹具。

2）小批量或成批生产时可考虑采用专用夹具，但应尽量简单。

3）在生产批量较大时可考虑采用多工位夹具和气动、液压夹具。

## 四、数控铣床刀具系统

**1. 刀具的基本特点**

为了适应数控机床加工精度高、加工效率高、加工工序集中及零件装夹次数等要求，数控机床对所用的刀具有许多性能上的要求。与普通机床的刀具相比，数控铣床用刀具及刀具系统具有以下特点。

1）刀片和刀柄高度通用化、规则化、系列化。

2）刀片和刀具几何参数及切削参数的规范化、典型化。

3）刀片或刀具材料及切削参数需与被加工工件材料相匹配。

4）刀片或刀具的使用寿命长、加工刚性好。

5）刀片及刀柄的定位基准精度高，刀柄对机床主轴的相对位置要求也较高。

6）刀柄须有较高的强度、刚度和耐磨性，刀柄及刀具系统的重量不能超标。

7）刀柄的转位、拆装和重复定位精度要求高。

**2. 刀具的材料**

（1）常用刀具材料　常用的数控刀具材料有高速工具钢、硬质合金、涂层硬质合金、陶瓷、立方氮化硼、金刚石等。其中，高速工具钢、硬质合金和涂层硬质合金在数控铣削刀具中应用最广。

（2）刀具材料性能比较　以上各刀具材料的硬度和韧性对比如图3-14所示。

**3. 刀具的种类**

数控铣床的刀具种类很多，根据刀具的加工用途，可分为轮廓类加工刀具和孔类加工刀具等几种类型。

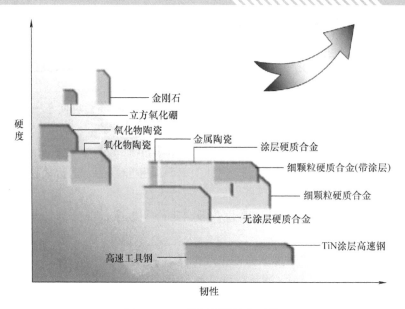

图 3-14 刀具材料的性能对比

(1) 轮廓类加工刀具

1) 面铣刀。面铣刀（图 3-15）的圆周表面和端面上都有切削刃，端部切削刃为主切削刃。面铣刀多制成套式镶齿结构，刀齿材料为高速工具钢或硬质合金，刀体材料为 40Cr。

刀片和刀齿与刀体的安装方式有整体焊接式、机夹焊接式和可转位式三种，其中可转位式是当前最常用的一种夹紧方式。采用可转位式夹紧方式时，当刀片的一个切削刃用钝后，可直接在机床上将刀片转位或更换新刀片，从而提高了加工效率和产品质量。

根据面铣刀刀具型号的不同，面铣刀直径可取 $d = 40 \sim 400\text{mm}$，螺旋角 $\beta = 10°$，刀齿数取 $z = 4 \sim 20$。

2) 立铣刀。立铣刀（图 3-16）是数控机床上用得最多的一种铣刀。立铣刀的圆柱表面和端面上都有切削刃，圆柱表面的切削刃为主切削刃，端面上的切削刃为副切削刃，它们可同时进行切削，也可单独进行切削。主切削刃一般为螺旋齿，这样可以增加切削平稳性，提高加工精度。由于普通立铣刀端面中心处无切削刃，所以立铣刀不能做轴向进给，端面刃主要用来加工与侧面相垂直的底平面。

图 3-15 面铣刀

a) 直柄立铣刀　　b) 锥柄立铣刀

图 3-16 立铣刀

标准立铣刀的螺旋角 $\beta$ 为 $40° \sim 50°$（粗齿）或 $30° \sim 35°$（细齿），套式结构立铣刀的 $\beta$

为 15°~25°。

粗齿立铣刀齿数 $z=3~4$,细齿立铣刀齿数 $z=5~8$,套式结构 $z=10~20$;容屑槽圆弧半径 $r=2~5$mm。当立铣刀直径较大时,还可制成不等齿距结构,以增强减振作用,使切削过程平稳。

立铣刀的刀柄有直柄和锥柄之分。直径较小的立铣刀,一般做成直柄形式。直径较大的立铣刀,一般做成 7:24 的锥柄形式。还有些大直径(25~80mm)的立铣刀(图 3-16b),除采用锥柄形式外,还可采用内螺孔来拉紧刀具。

3)键槽铣刀。键槽铣刀(图 3-17)一般只有两个刀齿,圆柱面和端面都有切削刃,端面刃延伸至中心,既像立铣刀,又像钻头。加工时先轴向进给达到槽深,然后沿键槽方向铣出键槽全长。

按国家标准规定,直柄键槽铣刀直径 $d=2~22$mm,锥柄键槽铣刀直径 $d=14~50$mm。键槽铣刀直径的精度要求较高,其公差有 e8 和 d8 两种。键槽铣刀重磨时,只需刃磨端面切削刃,因此重磨后铣刀直径不变。

4)模具铣刀。模具铣刀由立铣刀发展而成,可分为圆锥形立铣刀(圆锥半角 $\alpha/2=3°$、5°、7°、10°)、圆柱形球头立铣刀和圆锥形球头立铣刀三种,其柄部有直柄、削平型直柄和莫氏锥柄。模具铣刀中,圆柱形球头立铣刀(图 3-18)在数控机床上应用较为广泛。

图 3-17 键槽铣刀      图 3-18 球头立铣刀

5)鼓形铣刀和成形铣刀。鼓形铣刀的切削刃分布在半径为 $R$ 的圆弧面上,端面无切削刃。该刀具主要用于斜角平面和变斜角平面的加工。这种刀具的缺点是刃磨困难,切削条件差,而且不适于加工有底的轮廓表面。

成形铣刀是为特定的工件或加工内容专门设计制造的,如角度面、凹槽、特形孔或台阶等。

(2)孔类加工刀具 孔类加工刀具主要有钻头、铰刀、镗刀等。

1)钻头。加工中心上的常用钻头(图 3-19)有中心钻、麻花钻、扩孔钻、深孔钻和锪孔钻等。麻花钻由工作部分和柄部组成。工作部分包括切削部分和导向部分,而柄部有莫氏锥柄和圆柱柄两种。刀具材料常使用高速工具钢和硬质合金。

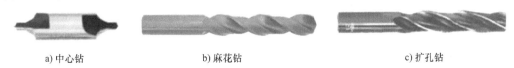

a)中心钻      b)麻花钻      c)扩孔钻

图 3-19 常用钻头

中心钻(图 3-19a)主要用于孔的定位,由于切削部分的直径较小,所以中心钻钻孔时,应选取较高的转速。

标准麻花钻(图 3-19b)的切削部分由两个主切削刃、两个副切削刃、一个横刃和两个螺旋槽组成。在钻孔时,因无夹具钻模导向,受两切削刃上切削力不对称的影响,容易引起钻孔偏斜,故要求钻头的两切削刃必须有较高的刃磨精度(两刃长度一致,顶角对称于钻头中心线或先用中心钻定中心，再用钻头钻孔）。

扩孔钻（图3-19c）一般有3~4条主切削刃、切削部分的材料为高速工具钢或硬质合金，结构形式有直柄式、锥柄式和套式等。在小批量生产时，常用麻花钻改制。

深孔是指孔深与孔直径之比为5~10的孔。加工深孔时，加工中散热差，排屑困难，钻杆刚性差，易使刀具损坏和引起孔的轴线偏斜，从而影响生产率和加工精度，故应选用深孔刀具加工。

锪钻主要用于加工锥形沉孔或平底沉孔。锪孔加工的主要问题是所得锪面或锥面产生振痕。因此，在锪孔过程中要特别注意刀具参数和切削用量的正确选用。

2）铰刀。数控铣床大多采用通用标准铰刀进行铰孔。此外，还使用机夹硬质合金刀片单刃铰刀和浮动铰刀等。铰孔的加工公差等级可达IT6~IT9、表面粗糙度$Ra$可达0.8~1.6μm。

标准铰刀（图3-20）有4~12齿，由工作部分、颈部和柄部三部分组成。铰刀工作部分包括切削部分与校准部分。切削部分为锥形，担负主要切削工作。切削部分的主偏角为5°~15°，前角一般为0°，后角一般为5°~8°。校准部分的作用是校正孔径、修光孔壁和导向。校准部分包括圆柱部分和倒锥部分。圆柱部分保证铰刀直径和便于测量，倒锥部分可减少铰刀与孔壁的摩擦和减小孔径扩大量。整体式铰刀的柄部分有直柄和锥柄之分，直径较小的铰刀，一般做成直柄形式，而大直径铰刀则常做成锥柄形式。

3）镗孔刀具。镗孔所用刀具为镗刀。镗刀种类很多，按加工精度可分为粗镗刀和精镗刀。此外，镗刀按切削刃数量可分为单刃镗刀和双刃镗刀。

① 粗镗刀。粗镗刀（图3-21）结构简单，用螺钉将镗刀刀头装夹在镗杆上。刀杆顶部和侧部有两只锁紧螺钉，分别起调整尺寸和锁紧作用。镗孔时，所镗孔径的大小要靠调整刀具的悬伸长度来保证，调整麻烦，效率低，大多用于单件小批生产。

图3-20　标准铰刀

图3-21　粗镗刀

② 精镗刀。精镗刀目前较多地选用可调精镗刀（图3-22）。这种镗刀的径向尺寸可以在一定范围内进行调节，调节方便且精度高。调整尺寸时，先松开锁紧螺钉，然后转动带刻度盘的调整螺母，等调至所需尺寸，再拧紧锁紧螺钉。

③ 镗刀刀头。镗刀刀头可分为粗镗刀刀头（图3-23）和精镗刀刀头（图3-24）。粗镗刀刀头与普通焊接车刀相类似；精镗刀刀头上带刻度盘，每格刻线表示刀头的调整距离为0.01mm（半径值）。

4）纹孔加工刀具。数控铣床或加工中心大多采用攻螺纹的丝锥来加工内螺纹。此外，还采用螺纹铣削刀具来铣加工螺纹孔。

丝锥（图3-25）由工作部分和柄部组成。工作部分包括切削部分和校准部分。切削部分的前角为8°~10°，后角铲磨成6°~8°。前端磨出切削锥角，使切削负荷分布在几个刀齿上，使切削省力。校准部分的大径、中径、小径均有（0.05~0.12）/100的倒锥，以减少与螺孔的摩擦，减小所攻螺纹的扩张量。

图3-22 可调精镗刀

图3-23 粗镗刀刀头

图3-24 精镗刀刀头

图3-25 机用丝锥

**4. 数控铣削刀柄系统**

数控铣床、加工中心刀柄系统由三个部分组成，即刀柄、拉钉和夹头（或中间模块）。

（1）刀柄　切削刀具通过刀柄与数控铣床主轴连接，其强度、刚性、耐磨性、制造精度以及夹紧力等对加工有直接的影响。数控铣床刀柄一般采用7∶24锥面与主轴锥孔配合定位，刀柄及其尾部供主轴内拉紧机构用的拉钉已实现标准化，其使用的标准有国际标准（ISO）和中国、美国、德国、日本等国的标准。因此，数控铣床刀柄系统应根据所选用的数控铣床要求进行配备。

数控铣削刀柄可分为整体式与模块式两类。根据刀柄柄部形式及所采用国家标准的不同，我国使用的刀柄常分成BT（日本MAS403标准）、JT（GB/T 10944与ISO7388标准，带机械手夹持槽）、ST（ISO或GB，不带机械手夹持槽）和CAT（美国ANSI标准）等几种系列，这几种系列的刀柄除局部槽的形状不同外，其余结构基本相同。根据锥柄大端直径的不同，与其相对应的刀柄又分为40、45、50（个别的还有30和35）等几种不同的锥度号。40、45、50是指刀柄的型号，并不是指刀柄实际的大端直径，如BT/JT/ST50和BT/JT/ST40分别代表锥柄大端直径为69.85mm和44.53m的7∶24锥柄。数控铣削常用刀柄的类型及其使用场合见表3-1。

表 3-1　数控铣削常用刀柄类型及其使用场合

| 刀柄类型 | 刀柄实物图 | 夹头或中间模块 | 夹持刀具 | 备注及型号举例 |
|---|---|---|---|---|
| 削平型工具刀柄 | | 无 | 直柄立铣刀、球头铣刀、削平型浅孔钻等 | JT - 40 - xp20 - 70 |
| 弹簧夹头刀柄 | | ER 弹簧夹头 | 直柄立铣刀、球头铣刀、中心钻等 | BT30 - ER20 - 60 |
| 强力夹头刀柄 | | KM 弹簧夹头 | 直柄立铣刀、球头铣刀、中心钻等 | BT40 - C22 - 95 |
| 面铣刀刀柄 | | 无 | 各种面铣刀 | BT40 - XM32 - 75 |
| 三面刃铣刀刀柄 | | 无 | 三面刃铣刀 | BT40 - XS32 - 90 |
| 侧固式刀柄 | | 粗、精镗及丝锥夹头等 | 丝锥及粗、精镗刀 | 21A.T40.32 - 58 |
| 莫氏锥度刀柄 | | 莫氏变径套 | 锥柄钻头、铰刀 | 有扁尾 ST40 - M1 - 45 |
| | | | 锥柄立铣刀和锥柄带内螺纹立铣刀等 | 无扁尾 ST40 - MW2 - 50 |
| 钻夹头刀柄 | | 钻夹头 | 直柄钻头、铰刀 | ST50 - Z16 - 45 |

项目3 数控铣床编程与加工

（续）

| 刀柄类型 | 刀柄实物图 | 夹头或中间模块 | 夹持刀具 | 备注及型号举例 |
|---|---|---|---|---|
| 丝锥夹头刀柄 | | 无 | 机用丝锥 | ST50 - TPG875 |
| 整体式刀柄 | | 粗、精镗刀头 | 整体式粗、精镗刀 | BT40 - BCA30 - 160 |

（2）拉钉　拉钉的尺寸也已标准化，ISO 或 GB 规定了 A 型和 B 型两种形式的拉钉，其中 A 型拉钉用于不带钢球的拉紧装置，而 B 型拉钉用于带钢球的拉紧装置，如图 3-26 所示。刀柄及拉钉的具体尺寸可查阅有关标准的规定。

（3）弹簧夹头及中间模块　弹簧夹头有两种，即 ER 弹簧夹头和 KM 弹簧夹头，如图 3-27 所示。其中 ER 弹簧夹头的夹紧力较小，适用于切削力较小的场合；KM 弹簧夹头的夹紧力较大，适用于强力铣削。

a) ER弹簧夹头　　　　　b) KM弹簧夹头

图 3-26　拉钉　　　　图 3-27　弹簧夹头

中间模块是刀柄和刀具之间的中间连接装置，通过中间模块的使用，提高了刀柄的通用性能，如图 3-28 所示。例如，镗刀、丝锥与刀柄的连接就经常使用中间模块。

a) 精镗刀中间模块　　　b) 攻螺纹夹套　　　c) 钻夹头接柄

图 3-28　中间模块

### 五、切削用量的选择

切削用量包括切削速度、进给速度、背吃刀量和侧吃刀量。切削用量的大小、切削功率、刀具磨损对加工质量和加工成本均有显著影响。数控加工中选择切削用量时，要根据零件的加工方法、加工精度和表面质量要求、工件材料、选用的刀具和使用的数控设备，在保证加工质量和刀具耐用度的前提下，充分发挥机床性能和刀具切削性能，查切削用量手册并结合实践经验，正确合理地选择切削用量。

**1. 背吃刀量和侧吃刀量的确定**

背吃刀量 $a_p$ 是指平行于铣刀轴线的切削层尺寸，端铣时为切削层的深度，周铣时为切削层的宽度，如图3-29所示。

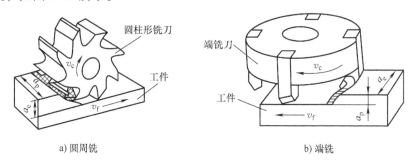

a) 圆周铣　　　　　　　　　b) 端铣

图3-29　铣刀铣削用量

侧吃刀量 $a_e$ 是指垂直于铣刀轴线的切削层尺寸，端铣时为被加工表面的宽度，周铣时为切削层的深度，如图3-29所示。

吃刀量对刀具的寿命影响最小，在确定背吃刀量和侧吃刀量时，要根据机床、夹具、刀具、工件的刚度和被加工零件的精度要求来决定。如果零件精度要求不高，在工艺系统刚度允许和机床动力范围内，尽量加大吃刀量，提高加工效率。如果零件精度要求高，应减小吃刀量，增加走刀次数。

当零件表面粗糙度 $Ra$ 值为 $12.5 \sim 25 \mu m$ 时，在周铣的加工余量小于5mm，端铣的加工余量小于6mm时，粗铣一次进给就可以达到要求。但在加工余量较大，工艺系统刚度和机床动力不足时，应分两次切削完成。

当零件表面粗糙度 $Ra$ 值为 $3.2 \sim 12.5 \mu m$ 时，应分粗铣和半精铣进行切削，粗铣时吃刀量按上述要求确定，粗铣后留 $0.5 \sim 1.0mm$ 的加工余量，在半精铣时切除。

当零件表面粗糙度 $Ra$ 值为 $0.8 \sim 3.2 \mu m$ 时，应分粗铣、半精铣和精铣三步进行。半精铣的吃刀量取 $1.5 \sim 2.0mm$，精铣时周铣侧吃刀量取 $0.1 \sim 0.3mm$；端铣背吃刀量取 $0.5 \sim 1.0mm$。

为提高切削效率，端铣刀应尽量选择较大的直径，切削宽度取刀具直径的 $1/3 \sim 1/2$，切削深度应大于冷硬层的厚度。

**2. 进给速度的确定**

进给速度 $F$ 是刀具切削时单位时间内工件与刀具沿进给方向的相对位移，单位为mm/min。对于多齿刀具，其进给速度 $F$、刀具转速 $n$、刀具齿数 $z$ 和每齿进给量 $f_z$（多齿刀具每转或每行程中每齿相对于工件在进给运动方向上的位移量）的关系为

$$F = nzf_z$$

进给速度是影响刀具寿命的主要因素，在确定进给速度时，要综合考虑零件的加工精度、表面粗糙度、刀具及工件的材料等因素，参考切削用量手册选取。

粗加工时，主要考虑机床进给机构和刀具的强度、刚度等限制因素，根据被加工零件的

材料、刀具尺寸和已确定的背吃刀量,选择进给速度。

半精加工和精加工时,主要考虑被加工零件的精度、表面粗糙度、工件和刀具的材料性能等因素的影响。工件表面粗糙度值越小,进给速度也越小;工件材料的硬度越高,进给速度越小;工件、刀具的刚度和强度较低时,进给速度应选较小值。工件表面的加工余量大,切削进给速度应低些。反之,工件的加工余量小,切削进给速度应高一些。

**3. 切削速度的确定**

切削速度 $v$ 是刀具切削刃的圆周线速度。可用经验公式计算,也可根据已经选好的背吃刀量、进给速度及刀具的寿命,在机床允许的切削速度范围内查取,或参考有关切削用量手册选用。需要强调的是切削用量的选择虽然可以通过查阅切削用量手册或参考有关资料确定,但是就某一个具体零件而言,通过这种方法确定的切削用量未必理想,有时需要结合实际进行试切,才能确定比较理想的切削用量。因此需要在实践当中不断进行总结和完善。常用工件材料的铣削速度参考值见表3-2。

根据已经选定的背吃刀量、进给量及刀具寿命选择切削速度。可用经验公式计算,也可根据生产实践经验在机床说明书允许的切削速度范围内查表选取或者参考有关切削用量手册选用。

表3-2 常用工件材料铣削速度参考值

| 工件材料 | 硬度(HBW) | 铣削速度 $v_c$/(m/min) | | 工件材料 | 硬度(HBW) | 铣削速度 $v_c$/(m/min) | |
| --- | --- | --- | --- | --- | --- | --- | --- |
| | | 硬质合金铣刀 | 高速钢铣刀 | | | 硬质合金铣刀 | 高速钢铣刀 |
| 低、中碳钢 | <220 | 80~150 | 21~40 | 工具钢 | 200~250 | 45~83 | 12~23 |
| | 225~290 | 60~115 | 15~36 | 灰铸铁 | 100~140 | 110~115 | 24~36 |
| | 300~425 | 40~75 | 9~20 | | 150~225 | 60~110 | 15~21 |
| 高碳钢 | <220 | 60~130 | 18~36 | | 230~290 | 45~90 | 9~18 |
| | 225~325 | 53~105 | 14~24 | | 300~320 | 21~30 | 5~10 |
| | 325~375 | 36~48 | 9~12 | 可锻铸铁 | 110~160 | 100~200 | 42~50 |
| | 375~425 | 35~45 | 6~10 | | 160~200 | 83~120 | 24~36 |
| 合金钢 | <220 | 55~120 | 15~35 | | 200~240 | 72~110 | 15~24 |
| | 225~325 | 40~80 | 10~24 | | 240~280 | 40~60 | 9~21 |
| | 325~425 | 30~60 | 5~9 | 铝镁合金 | 95~100 | 360~600 | 180~300 |

注:粗铣 $v_c$ 应取小值;精铣应取大值。采用机夹式或可转位硬质合金铣刀,可取较大值。经实际铣削后,如发现铣刀寿命太低,则应适当减少 $v_c$;铣刀结构及几何角度改进后,$v_c$ 可以提高。

在选择切削速度时,还应考虑以下几点。

1)应尽量避开积屑瘤产生的区域。
2)断续切削时,为减小冲击和热应力,要适当降低切削速度。
3)在易发生振动的情况下,切削速度应避开自激振动的临界速度。
4)加工大件、细长件和薄壁工件时,应选用较低的切削速度。
5)加工带外皮的工件时,应适当降低切削速度。

**4. 主轴转速的确定**

主轴转速 $n$ 可根据切削速度和刀具直径按下式计算:

$$n = \frac{1000v_c}{\pi D}$$

式中  $v_c$——切削速度，单位为 m/min；

$n$——主轴转速，单位为 r/min；

$D$——刀具直径，单位为 mm。

【任务实施】

下面分析图 3-1 所示零件的加工工艺。

**1. 分析零件图样**

图 3-1 所示为升降台铣床的支承套，该零件材料为 45 钢，毛坯选用棒料。在两个互相垂直的方向上有多个孔要加工，其中 φ35H7 孔对 φ100f9 外圆、φ60mm 孔底平面对 φ35H7 孔、2×φ15H7 孔对端面 C 及端面 C 对 φ100f9 外圆均有位置精度要求。若在普通机床上加工，则需要多次安装才能完成，效率较低。若在加工中心上加工，则只需一次安装即可完成。为便于在加工中心上定位与夹紧，将 φ100f9 外圆、$80^{+0.5}_{0}$ mm 尺寸两端面、$78^{0}_{-0.5}$ mm 尺寸上平面均安排在前面工序中由普通机床完成。其余加工表面（2×φ15H7 孔、φ35H7 孔、φ60mm 孔、2×φ11 孔、2×φ17 孔、2×M6-6H 螺孔）确定在加工中心上一次装夹完成。支承套的加工工艺过程卡见表 3-3。

表 3-3 支承套的加工工艺过程卡

| 加工工艺过程卡片 | | 产品型号 | | 零（部件）图号 | | | |
|---|---|---|---|---|---|---|---|
| | | 产品名称 | 支承套 | 零（部件）名称 | | 支承套 | |
| 材料牌号 | 45 钢 | 毛坯种类 | 锻件 | 毛坯外形尺寸 | | 每毛坯可制件数 | 1 | 每台件数 | 1 | 备注 |
| 工序号 | 工序名称 | 工序内容 | | | 加工设备 | 设备型号 | 工艺设备 | 工时/s |
| | | | | | | | | 准终 | 单件 |
| 1 | 备料 | 备料 | | | | | | | |
| 2 | 车 | 车削外圆及端面 | | | 车床 | CA6140 | | | |
| 3 | 车 | 精车端面 | | | 车床 | CA6140 | | | |
| 4 | 铣 | 粗精铣平面至 $78^{0}_{-0.5}$ mm | | | 铣床 | | | | |
| 5 | 数控镗铣 | 孔的加工 | | | 加工中心 | XH754 | | | |
| 6 | 钳工 | 倒角去毛刺，清洗 | | | 钻床 | Z5140A | | | |
| 7 | 检验 | 合格后入库 | | | | | | | |
| | | | | | 设计（日期） | 审核（日期） | 标准化（日期） | 会签（日期） |
| 标记 | 处数 | 更改文件号 | 签字 | 日期 | 标记 | 处数 | 更改文件号 | 签字 | 日期 |

## 2. 设计工艺

(1) **选择加工方法** 从表3-3中得知，工序号5在加工中心上完成，工序内容是孔的加工。所有孔都是在实体上加工，为防钻偏，均先用中心钻钻引孔，然后再钻孔。为保证 $\phi$35H7 及 $2\times\phi$15H7 孔的精度，根据其尺寸，选择铰削作为其最终加工方法。对 $\phi$60mm 的孔，根据孔径精度、孔深尺寸和孔底平面的加工，选择粗铣→精铣。具体加工方案如下：

$\phi$35H7 孔：钻中心孔→钻孔→粗镗→半精镗→铰孔；

$\phi$15H7 孔：钻中心孔→钻孔→扩孔→铰孔；

$\phi$60mm 孔：粗铣→精铣；

$\phi$11mm 孔：钻中心孔→钻孔；

$\phi$17mm 孔：锪孔（在 $\phi$11mm 底孔上）；

M6-6H 螺孔：钻中心孔→钻底孔→孔端倒角→攻螺纹。

(2) **确定加工顺序** 为减少变换工位的辅助时间和工作台分度误差的影响，各个工位上的加工表面在工作台一次分度下按先粗后精的原则加工完毕。具体的加工顺序是：

第1工位：钻 $\phi$35H7、$2\times\phi$11mm 的中心孔→钻 $\phi$35H7 孔→钻 $2\times\phi$11mm 孔→锪 $2\times\phi$17mm 孔→粗镗 $\phi$35H7 孔→粗铣、精铣 $\phi$60mm×12mm 的孔→半精镗 $\phi$35H7 孔→钻 $2\times$M6-6H 螺纹中心孔→钻 $2\times$M6-6H 螺纹底孔→$2\times$M6-6H 螺纹孔端倒角→攻 $2\times$M6-6H 螺纹→铰 $\phi$35H7 孔。

第2工位：钻 $2\times\phi$15H7 中心孔→钻 $2\times\phi$15H7 孔→扩 $2\times\phi$15H7 孔→铰 $2\times\phi$15H7 孔。

以上加工顺序列于表3-4中。

(3) **选择加工设备** 因加工表面位于零件的相互垂直的两个表面（左侧面与上平面）上，需要2工位才能加工完成，故选择卧式加工中心。加工工步有钻孔、扩孔、镗孔、锪孔、铰孔及攻螺纹孔等，所需刀具不超过20把。国产 XH754 型卧式加工中心可满足上述要求。

(4) **确定装夹方案、选择夹具** $\phi$35H7 孔、$\phi$60mm 孔、$2\times\phi$11mm 孔及 $2\times\phi$17mm 孔的设计基准均为 $\phi$100f9 外圆中心线，遵循基准重合原则，选择 $\phi$100f9 外圆中心线为主要定位基准。因 $\phi$100f9 外圆不是整圆，故用 V 形块作为主要定位元件。在支承套长度方向，若选择右端面定位，则难保证 $\phi$17mm 孔深尺寸 $11^{+0.5}_{\ 0}$mm，故选择左端面定位。所用夹具为专用夹具，工件的装夹简图如图3-30所示。在装夹时应使工件上平面在夹具中保持垂直，以消除转动自由度。

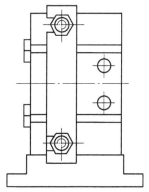
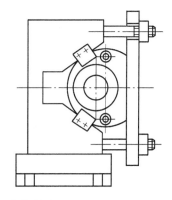

图3-30 工件的装夹

表 3-4 支承套的加工工序卡

| 工步号 | 作业内容 | 刀具号 | 刀具规格/mm | 主轴转速/(r/min) | 进给速度/(mm/min) | 背吃刀量/mm | 备注 |
|---|---|---|---|---|---|---|---|
| | 第 1 工位 | | | | | | |
| 1 | 钻 φ35H7、2×φ11mm 中心孔 | T01 | φ3 | 1200 | 40 | | |
| 2 | 钻 φ35H7 孔至 φ31mm | T13 | φ31 | 150 | 30 | | |
| 3 | 钻 2×φ11mm 孔 | T02 | φ11 | 500 | 70 | | |
| 4 | 锪 2×φ17mm 孔 | T03 | φ17 | 150 | 15 | | |
| 5 | 粗镗 φ35H7 孔至 φ34mm | T04 | φ34 | 400 | 30 | | |
| 6 | 粗铣 φ60mm×12mm 至 φ59mm×11.5mm | T05 | φ32 | 500 | 70 | | |
| 7 | 精铣 φ60mm×12mm | T05 | φ32 | 600 | 45 | | |
| 8 | 半精镗 φ35H7 至 φ34.85mm | T06 | φ34.85 | 450 | 35 | | |
| 9 | 钻 2×M6-6H 螺纹中心孔 | T01 | | 1200 | 40 | | |
| 10 | 钻 2×M6-6H 底孔至 φ5mm | T07 | φ5 | 650 | 35 | | |
| 11 | 2×M6-6H 孔端倒角 | T02 | | 500 | 20 | | |
| 12 | 攻 2×M6-6H 螺纹 | T08 | M6 | 100 | 100 | | |
| 13 | 铰 φ35H7 孔 | T09 | φ35AH7 | 100 | 50 | | |
| | 第 2 工位 | | | | | | |
| 14 | 钻 2×φ15H7 孔中心孔 | T01 | | 1200 | 40 | | |
| 15 | 钻 2×φ15H7 孔至 φ14mm | T10 | φ14 | 450 | 60 | | |
| 16 | 扩 2×φ15H7 孔至 φ14.85mm | T11 | φ14.85 | 200 | 40 | | |
| 17 | 铰 2×φ15H7 | T12 | φ15AH7 | 100 | 60 | | |
| 编制 | | 审核 | | 批准 | 年 月 日 | 共 页 | 第 页 |

(5) 选择切削用量　在机床说明书允许的切削用量范围内查表选取切削速度和进给量，然后算出主轴转速和进给速度，具体见表 3-4。

(6) 选择刀具　各工步刀具直径根据加工余量和孔径确定，见表 3-5。

表 3-5 支承套数控加工刀具卡

| 数控铣削加工刀具卡 | | | | | | | |
|---|---|---|---|---|---|---|---|
| 零件名称 | | | 支承套 | | | 零件图号 | |
| 设备名称 | | 加工中心 | | 设备型号 | XH754 | 程序号 | |
| 序号 | 刀具号 | 刀具名称 | | 刀柄型号 | 刀具参数 | 补偿量/mm | 备注 |
| | | | | | 直径/mm　刀长/mm | | |
| 1 | T01 | 中心钻 φ3mm | | JT40-Z6-45 | φ3　　　280 | | |
| 2 | T13 | 锥柄麻花钻 φ31mm | | JT40-M3-75 | φ31　　 330 | | |
| 3 | T02 | 锥柄麻花钻 φ11mm | | JT40-M1-35 | φ11　　 330 | | |
| 4 | T03 | 锥柄麻花钻 φ17mm | | JT40-M2-50 | φ17　　 300 | | |
| 5 | T04 | 粗镗刀 φ34mm | | JT40-TQ30-165 | φ34　　 320 | | |
| 6 | T05 | 立铣刀 φ32mm | | JT40-MW4-85 | φ32　　 300 | | |

(续)

| 序号 | 刀具号 | 刀具名称 | 刀柄型号 | 刀具参数 | | 补偿量 /mm | 备注 |
|---|---|---|---|---|---|---|---|
| | | | | 直径/mm | 刀长/mm | | |
| 7 | T05 | | | | | | |
| 8 | T06 | 镗刀 φ34.85mm | JT40-TZC30-165 | φ34.85 | 320 | | |
| 9 | T01 | | | | | | |
| 10 | T07 | 直柄麻花钻 φ5mm | JT40-Z6-45 | φ5 | 300 | | |
| 11 | T02 | | | | | | |
| 12 | T08 | 机用丝锥 M6 | JT40-G1JT3 | M6 | 280 | | |
| 13 | T09 | 套式铰刀 φ35AH7 | JT40-K19-140 | φ35AH7 | 330 | | |
| 14 | T01 | | | | | | |
| 15 | T10 | 锥柄麻花钻 φ14mm | JT40-M1-35 | φ14 | 320 | | |
| 16 | T11 | 扩孔钻 φ14.85mm | JT40-M2-50 | φ14.85 | 320 | | |
| 17 | T12 | 铰刀 φ15AH7 | JT40-M2-50 | φ15AH7 | 320 | | |
| 编制 | | 审核 | | 批准 | | 年 月 日 共 页 | 第 页 |

【知识与任务拓展】

分析图 3-31 所示的凹形块零件数控加工工艺,并填写工艺文件。

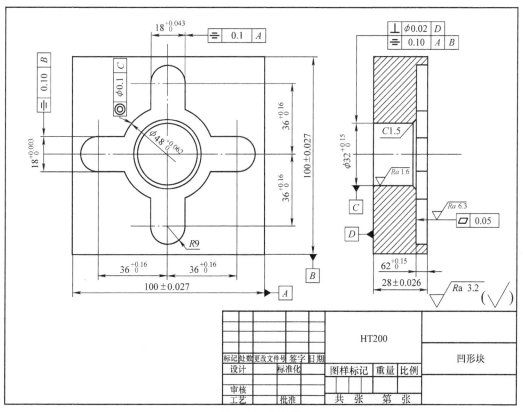

图 3-31 凹形块

【课后训练】

一、填空题

1. 数控铣削加工的主要对象有_____、_____、_____。
2. 数控铣削通常按照从_____到_____的原则,先加工平面、_____、_____,再加工外形、内腔,最后加工_____;先加工_____,再加工_____等。
3. 数控铣床加工中的切削用量包括:_____、_____、_____。
4. 数控铣床用刀柄系统由三个部分组成,即_____、_____和_____。
5. 数控加工生产中,对曲面加工常采用_____铣刀。

二、判断题

1. 顺铣是指铣刀进行顺时针方向铣削加工。（　　）
2. 在铣床上加工表面有硬皮的毛坯零件时,应采用顺铣切削。（　　）
3. 同一工件,无论是用数控铣床加工,还是普通铣床加工,其工序都一样。（　　）
4. 数控加工应选用专用夹具。（　　）
5. 数控铣削刀柄可分为整体式与模块式两类。（　　）

三、选择题

1. 选择粗加工切削用量时,首先应选择尽可能大的（　　）,以减少走刀次数。
   A. 背吃刀量　　　B. 进给速度　　　C. 切削速度　　　D. 主轴转速
2. 下列较适合在数控铣床上加工的内容是（　　）。
   A. 形状复杂、尺寸繁多、划线和检测困难的部位
   B. 毛坯上的加工余量不太充分或不太稳定的部位
   C. 需长时间占机人工调整的粗加工内容
   D. 简单的粗加工表面
3. 用数控铣床加工较大平面时,应选择（　　）。
   A. 立铣刀　　　B. 面铣刀　　　C. 圆锥形立铣刀　　　D. 鼓形铣刀
4. 工件安装时要尽量减少装夹次数,尽可能在一次（　　）中完成全部加工面的加工。
   A. 工序　　　B. 定位　　　C. 加工　　　D. 工步
5. （　　）适用于加工平面凸轮、样板、形状复杂的平面或立体零件以及模具内外型腔。
   A. 立式数控铣床　　　B. 数控车床　　　C. 数控钻床　　　D. 数控磨床

四、简答题

1. 试述数控铣削加工顺序的安排原则。
2. 简述铣削用量计算、确定方法。

## 任务3.2　直槽的编程与加工

【学习目标】

掌握 G92、G53、G54～G59、G90、G91、G94、G95、G00、G01 等指令的功能及应用,能编写简单形状槽的数控加工程序。

项目3　数控铣床编程与加工

【任务导入】

在数控铣床上完成如图3-32所示的四方槽加工，毛坯尺寸为100mm×100mm×10mm。

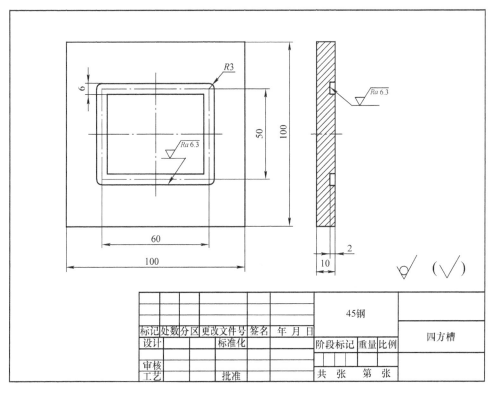

图3-32　四方槽

任务分析：零件结构简单，加工部位为深2mm、宽6mm的四方槽，无特殊尺寸精度要求。

【新知学习】

一、数控铣床编程特点

**1. 编程术语**

在编制零件的加工程序之前，需要了解几个常用的编程术语。

（1）起始平面　程序开始时刀具的初始位置所在的平面。起刀点是加工零件时刀具相对于零件运动的起点，数控程序是从这一点开始执行的。起刀点必须设置在工件的上面，起刀点在坐标系中的高度，一般称为起始平面或起始高度，一般选距工件上表面50mm左右的位置。起刀点太高会降低生产效率，太低又不便于操作人员观察工件。起始平面一般高于安全平面。

（2）进刀平面　刀具以高速（G00）下刀，要切削到材料时变成以进刀速度下刀，以免撞刀，此速度转折点的位置即为进刀平面，也称为R面，其高度为进刀高度，也称为接近高度，一般距加工平面5mm左右，如图3-33所示。

(3) 退刀平面　零件或零件的某区域加工结束后，刀具以切削进给速度离开工件表面，一段距离后转为高速返回平面，此转折位置即为退刀平面，其高度为退刀高度。

(4) 安全平面　指刀具在完成工件的一个区域加工后，沿轴向反向运动一段距离，此时刀尖所处的平面对应的高度称为安全高度。它一般被定义为高出被加工零件的最高点 10mm 左右，刀具处于安全平面时，可以以 G00 速度进行移动。设置安全平面既能防止刀具碰伤工件，又能使非切削加工时间控制在一定的范围内。

(5) 返回平面　程序结束后，刀尖点（不是刀具中心）所在的 Z 平面，它在距被加

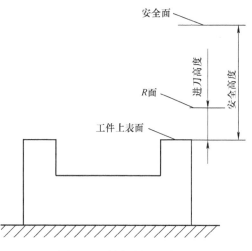

图 3-33　编程术语示意图

工零件表面最高点 100mm 左右的位置上，一般与起始高度重合或高于起始高度，以便在工件加工完毕后观察和测量，同时在机床移动时能避免工件和刀具发生碰撞，刀具在返回平面上以高速移动。

**2. 数控铣床准备代码总览**

FUNUC 0i 系统数控铣床常用的 G 功能指令见表 3-6。

表 3-6　FANUC 0i 系统常用的准备功能一览表

| 代码 | 组别 | 功能 | 代码 | 组别 | 功能 |
|---|---|---|---|---|---|
| \* G00 | 01 | 点定位 | G33 | 01 | 螺纹切削 |
| G01 | | 直线插补 | \* G40 | 07 | 刀具半径补偿取消 |
| G02 | | 顺时针方向圆弧插补 | G41 | | 刀具半径左补偿 |
| G03 | | 逆时针方向圆弧插补 | G42 | | 刀具半径右补偿 |
| G04 | 00 | 暂停 | G43 | | 刀具长度正补偿 |
| \* G15 | 17 | 极坐标指令取消 | G44 | | 刀具长度负补偿 |
| G16 | | 极坐标指令 | \* G49 | | 刀具长度补偿取消 |
| \* G17 | 02 | XY 平面选择 | \* G50 | 11 | 比例缩放取消 |
| G18 | | XZ 平面选择 | G51 | | 比例缩放有效 |
| G19 | | YZ 平面选择 | G52 | 00 | 局部坐标系设定 |
| G20 | 06 | 寸制（in）输入 | G53 | | 选择机床坐标系 |
| \* G21 | | 米制（mm）输入 | G54 | 14 | 选择工件坐标系 1 |
| G27 | 00 | 机床返回参考点检查 | G55 | | 选择工件坐标系 2 |
| G28 | | 机床返回参考点 | G56 | | 选择工件坐标系 3 |
| G29 | | 从参考点返回 | G57 | | 选择工件坐标系 4 |
| G30 | | 返回第 2、3、4 参考点 | G58 | | 选择工件坐标系 5 |
| G31 | | 跳转功能 | G59 | | 选择工件坐标系 6 |

(续)

| 代码 | 组别 | 功能 | 代码 | 组别 | 功能 |
|---|---|---|---|---|---|
| G65 | 00 | 宏程序调用 | G86 | 09 | 镗孔循环 |
| G66 | 12 | 宏程序模态调用 | G87 | | 反镗孔循环 |
| *G67 | | 宏程序模态调用取消 | G88 | | 镗孔循环 |
| G68 | 16 | 坐标旋转有效 | G89 | | 镗孔循环 |
| *G69 | | 坐标旋转取消 | *G90 | 03 | 绝对尺寸 |
| G73 | 09 | 高速深孔啄钻循环 | G91 | | 增量尺寸 |
| G74 | | 左旋攻螺纹循环 | G92 | 00 | 设定工作坐标系 |
| G76 | | 精镗孔循环 | *G94 | 05 | 每分进给 |
| *G80 | | 取消固定循环 | G95 | | 每转进给 |
| G81 | | 钻孔循环 | *G96 | 13 | 恒线速控制方式 |
| G82 | | 沉孔循环 | G97 | | 恒线速控制取消 |
| G83 | | 深孔啄钻循环 | G98 | 10 | 固定循环返回起始点方式 |
| G84 | | 右旋攻螺纹循环 | G99 | | 固定循环返回R点方式 |
| G85 | | 铰孔循环 | | | |

注：1. 表内00组为非模态代码，其他组为模态代码。
2. 标有"*"的G代码为系统通电启动后的默认状态。
3. 不同组G代码可以放在同一程序段中，与顺序无关。在同一个程序段中指令了两个以上同组G代码是，后一个G代码有效。

二、编程指令

**1. 与坐标系有关的指令**

（1）工件坐标系零点偏移及取消指令 G54～G59、G53

指令格式：G54/G55/G56/G57/G58/G59；设定工件坐标系零点偏移指令。
　　　　　G53；取消工件坐标系设定，即选择机床坐标系。

说明：工件坐标系原点通常通过零点偏置的方法来进行设定，其设定过程：找出定位夹紧后工件坐标系的原点在机床坐标系中的绝对坐标值，如图3-34所示的 $a$、$b$ 和 $c$ 值。这些值一般通过对刀操作及机床面板操作可输入机床偏置存储器，G54～G59是系统预定的6个工件坐标系，可根据需要任意选用，从而将机床坐标系原点偏置至工件坐标系原点，如图3-35所示。

零点偏置设定工件坐标系的实质就是在编程与加工之前让数控系统知道工件坐标系在机床坐标系中的具体位置。通过这种方法设定的工件坐标系，只要不对其进行修改、删除操作，将永久保存，即使机床关机，其坐标

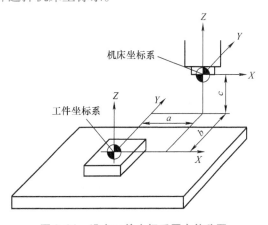

图3-34 设定工件坐标系零点偏移图

系也将保留。

（2）工件坐标系设定指令 G92

指令格式：G92 X_ Y_ Z_ ;

说明：X、Y、Z 为刀具当前位置相对于新设定的工件坐标系的新坐标值。

G92 并不驱使机床刀具或工作台运动，数控系统通过 G92 命令确定刀具当前机床坐标位置相对于加工原点（编程起点）的距离关系，以求建立起工件坐标系。如要建立图 3-36 所示工件的坐标系，使用 G92 设定坐标系的程序为 G92 X50 Y50 Z30。G92 指令一般放在一个零件程序的第一段。通过 G92 建立的工件坐标系与刀具的当前位置有关，实际上由刀具的当前位置及 G92 指令后的坐标值反推得出，是不稳定坐标系。因此，G92 设定坐标系的方法通常用于单件加工。

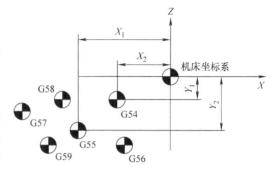

图 3-35 工件坐标系设定

值得注意的是，执行 G92 指令时，机床不动作，即 X、Y、Z 轴均不移动，但 CRT 显示器上的坐标值发生了变化。G92 坐标系通常用于临时单件加工时的找正，不具有记忆功能，当机床关机后，设定的坐标系即消失。通常在程序开始处或自动运行程序之前，在 MDI 方式下运行指令 G92。因操作步骤较多，新的系统大多不采用 G92 指令设定工件坐标系。

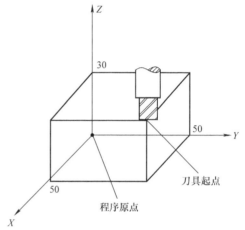

图 3-36 G92 设定工件坐标系

**2. 绝对坐标 G90 与相对坐标 G91 指令**

指令格式：G90;

G91;

说明：G90 是绝对值编程，即每个编程坐标轴上的编程值是相对于程序原点的；G91 是相对值编程，即每个编程坐标轴上的编程值是相对于前一位置而言的，该值等于沿轴移动的距离，与坐标轴同向取正，反向取负。

【例 3-1】 如图 3-37 所示，图中从 $A$ 点移动到 $B$ 点。

G90 G01 X40 Y70 F200；

或 G91 G01 X-60 Y40 F200；

选择合适的编程方式将使编程简化。通常当图样尺寸由一个固定基准给定时，采用绝对值方式编程较为方便；而当图样尺寸是以轮廓顶点之间的间距给出时，采用相对方式编程较为方便。

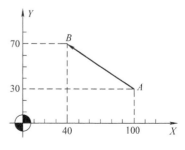

图 3-37 G90 和 G91 编程

## 3. 进给功能单位设定指令 G94/G95

（1）每分钟进给量 G94

指令格式：G94　F _ ；

说明：F 后面的数字表示主轴每分钟进给量，单位为 mm/min。G94 为数控铣床的初始状态。

（2）每转进给量 G95

指令格式：G95　F _ ；

说明：F 后面的数字表示每转进给量，单位为 mm/r。

## 4. 快速定位指令 G00

指令格式：G00　X_ Y_ Z_ ；

说明：

1）X、Y、Z 指令参数：在 G90 时为目标点在工件坐标系中的坐标；在 G91 时为目标点相对于当前点的位移量。一般用于加工前的快速定位或加工后的快速退刀。

2）不指定参数 X、Y、Z，刀具不移动，系统只改变当前刀具移动方式的模态为 G00。

3）进给速度 F 对 G00 指令无效，快速移动的速度由系统内部参数确定。对于快速进给速度的调整，可用机床操作面板上的修调旋钮来调节，如图 3-38 所示，通常快速进给速率修调分为 F0、25%、50%、100%；F0 对应的速度是系统默认最大速度值的 10%，各轴通用。

注意在执行 G00 指令时，例如 "G90 G00 X160 Y110"，由于各轴以各自速度移动，不能保证各轴同时到达终点，因而联动直线轴的合成轨迹不一定是直线，如图 3-39 所示。所以操作者必须格外小心，以免刀具与工件发生碰撞。常见的做法是在未知 G00 轨迹的情况下，尽量不用三坐标编程，避免刀具碰撞工件或夹具。

图 3-38　快速进给倍率开关

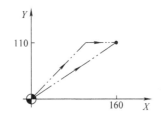

图 3-39　快速点定位刀具轨迹

## 5. 直线插补指令 G01

指令格式：G01　X_ Y_ Z_ F_ ；

说明：

1）X、Y、Z 指令参数：在 G90 时为终点在工件坐标系中的坐标；在 G91 时为终点相对于当前点的位移量。

2）F 指定的进给速度，直到新的 F 值被指定之前一直有效，因此无需对每个程序段都指定 F。单位为 mm/min。

3) 当G01后不指定定位参数时刀具不移动，系统只改变当前刀具移动方式的模态为G01。

**【例3-2】** 如图3-40所示，刀具由当前点A点开始沿直线移动到B点。

程序：G90　G01　X45　Y30　F100；

　　　或G91　G01　X35　Y15　F100；

**【例3-3】** 采用φ4mm的键槽铣刀，加工如图3-41所示数字"2"，切深为0.5mm。

程序如下：

O3020

N10　G54　G90　G00　Z50；　　　　定位于G54原点上方50mm

N20　M03　S2000；　　　　　　　　主轴正转，转速2000r/min

N30　G00　X20　Y80；　　　　　　　快速定位于点1

N40　Z5；　　　　　　　　　　　　　趋近工件上表面5mm

N50　G01　Z-0.5　F400；　　　　　下刀至切深0.5mm

N60　G91　X30；　　　　　　　　　　点2（G91方式）

N70　Y-30；　　　　　　　　　　　　点3

N80　X-30；　　　　　　　　　　　　点4

N90　Y-30；　　　　　　　　　　　　点5

N100　X30；　　　　　　　　　　　　点6

N110　G90　G00　Z100；　　　　　　提刀至安全高度（G90方式）

N120　M05；　　　　　　　　　　　　主轴停转

N130　M30；　　　　　　　　　　　　程序结束

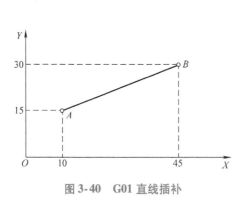

图3-40　G01直线插补

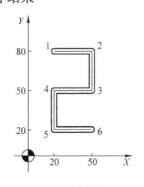

图3-41　G01直线插补实例

**【例3-4】** 采用φ20mm的立铣刀，加工如图3-42所示平面，切深为1mm。

程序如下：

O3021

N10　G54　G90　G00　Z50；　　　　定位于G54原点上方50mm

N20　M03　S600；　　　　　　　　　主轴正转，转速600r/min

N30　G00　X112　Y-50；　　　　　　快速定位于点1

N40　Z5；　　　　　　　　　　　　　趋近工件上表面5mm

N50　G01　Z-1　F200；　　　　　　下刀至切深

| | |
|---|---|
| N60   G91   X-212   F100； | 点2（G91方式） |
| N70   Y18； | 点3 |
| N80   X212； | 点4 |
| N90   Y18； | 点5 |
| N100   X-212； | 点6 |
| N110   Y18； | 点7 |
| N120   X212； | 点8 |
| N130   Y18； | 点9 |
| N140   X-212； | 点10 |
| N150   Y18； | 点11 |
| N160   X212； | 点12 |
| N170   G90   G00   Z100； | 抬刀至安全高度（G90方式） |
| N180   M05； | 主轴停转 |
| N190   M30； | 程序结束 |

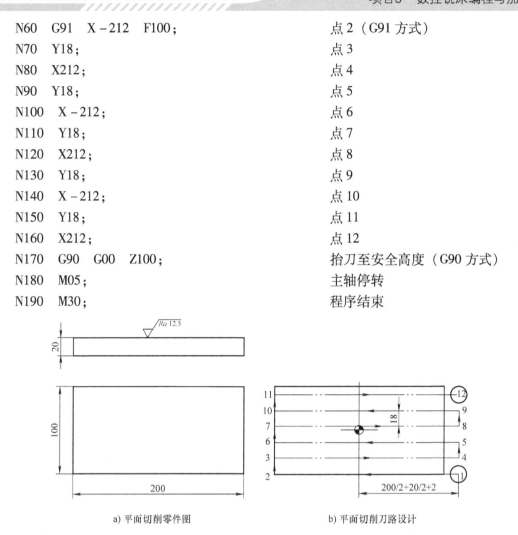

a) 平面切削零件图    b) 平面切削刀路设计

图3-42   G01加工平面实例

## 【任务实施】

下面分析图3-32所示的四方槽加工工艺，编制程序。

**1. 工艺分析**

刀具：φ6mm键槽铣刀。夹具：平口钳。

编程原点选择在工件上表面的中心，选择进给速度F为100mm/min，主轴转速S为1000r/min。

**2. 程序编制**

程序如下：

O3022

| | |
|---|---|
| N10   G54   G90   G00   Z50； | |
| N20   M03   S1000； | |
| N30   G00   X-30   Y-25； | 定位至下刀点 |

N40　Z5;　　　　　　　　　　　　　　　　　趋近工件上表面5mm
N50　G01　Z-2　F100;　　　　　　　　　　下刀至切深
N60　Y25;　　　　　　　　　　　　　　　　切削槽
N70　X30;
N80　Y-25;
N90　X-30;
N100　G00　Z100;　　　　　　　　　　　　抬刀至安全高度
N110　M05;　　　　　　　　　　　　　　　主轴停转
N120　M30;　　　　　　　　　　　　　　　程序结束

【知识与任务拓展】

如在毛坯上加工多个轮廓，在一个轮廓加工结束后，需要抬刀，再进行下一个轮廓的定位下刀和切削，不能在毛坯内直接定位或走刀。

举例说明，加工如图3-43所示"A"和"Z"两字母，深度为3mm。

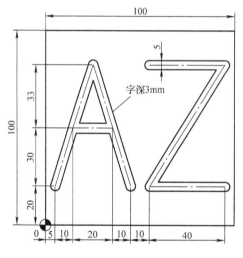

图3-43　G01加工多个轮廓实例

程序如下：
O3023
N10　G54　G90　G00　Z50;　　　　　　　定位于G54原点上方50mm
N20　M03　S1000;　　　　　　　　　　　主轴正转，转速1000r/min
N30　G00　X5　Y20;　　　　　　　　　　快速定位至"A"字母下刀点
N40　Z5;　　　　　　　　　　　　　　　趋近工件上表面5mm
N50　G01　Z-3　F70;　　　　　　　　　 下刀至切深
N60　X25　Y83　F100;　　　　　　　　　切削"A"字母
N70　X45　Y20;
N80　X35　Y50;
N90　X15;

```
N100  G01  Z5   F200;           抬刀至工件表面上方5mm
N110  G00  X55  Y83;            快速定位至"Z"字母下刀点
N120  G01  Z-3  F70;            下刀至切深
N130  X95  F100;                切削"Z"字母
N140  X55  Y20;
N150  X95;
N160  G01  Z5;                  抬刀
N170  G00  Z100;                快速抬刀至安全高度
N180  M05;                      主轴停转
N190  M30;                      程序结束
```

注意：程序 N100 段即为切削完"A"字母后抬刀程序段，N110 段重新定位，为切削"Z"字母做准备。

【课后训练】

一、填空题

1. 可用作直线插补的准备功能代码是_____。
2. 进给速度用代码 F 指定，由 G_____指定 F 后面的数值是每分钟进给量。
3. G95 F0.15 表示进给速度为 0.15 _____。

二、判断题

1. G00、G01 指令都能使机床坐标轴准确到位，因此它们都是插补指令。　　　　（　　）
2. FANUC 0i 数控铣床编程有绝对值和增量值编程两种方式，使用时不能将它们放在同一程序段中。　　　　（　　）
3. 利用 G92 定义的工件坐标系，在机床重开机时仍然存在。　　　　（　　）
4. G00 和 G01 指令的运行轨迹都一样，只是速度不一样。　　　　（　　）
5. "G90 G01 X0 Y0;"与"G91 G01 X0 Y0;"的含义相同。　　　　（　　）
6. 数控铣床指令中，G90 与 G91 是非模态指令。　　　　（　　）

三、选择题

1. （　　）不是零点偏置指令。
A. G55　　　　B. G57　　　　C. G54　　　　D. G53

2. G00 程序段中，（　　）值将不起作用。
A. X　　　　B. S　　　　C. F　　　　D. T

3. "G91 G00 X30 Y-20;"表示（　　）。
A. 刀具按进给速度移至机床坐标系 X30 Y-20 点
B. 刀具快速移至机床坐标系 X30 Y-20 点
C. 刀具快速向 X 正方向移动 30mm，向 Y 负方向移动 20mm
D. 以上都不对

4. 某直线控制数控机床加工的起始坐标为（0,0），接着分别是（0,5）、（5,5）、（5,0）、（0,0），则加工的零件形状是（　　）。
A. 边长为 5mm 的平行四边形　　　　B. 边长为 5mm 的正方形

C. 边长为 10mm 的正方形　　　　D. 边长为 10mm 的平行四边形

5. 下列关于 G54 与 G92 指令的说法中，不正确的是（　　）。

A. G54 与 G92 都是用于设定工件加工坐标系的

B. G92 是通过程序来设定加工坐标系的，G54 是通过 CRT/MDI 在设置参数方式下设定工件加工坐标系的

C. G92 设定的加工坐标原点与当前刀具所在位置无关

D. G54 设定的加工坐标原点与当前刀具所在位置无关

四、编程题

完成图 3-44 所示零件的加工程序。

图 3-44a 所示毛坯尺寸为 85mm×45mm×20mm，切深为 2mm。图 3-44b 所示毛坯尺寸为 100mm×100mm×20mm，切深为 2mm。

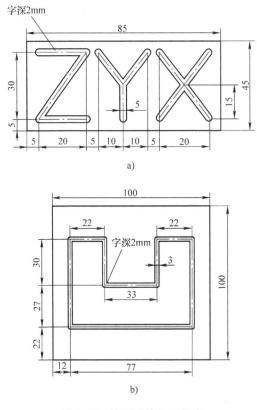

图 3-44　编制零件加工程序

## 任务 3.3　圆弧槽的编程与加工

【学习目标】

掌握 G17、G18、G19 平面选择指令的功能及含义，掌握 G02、G03 圆弧插补指令的功能及应用，能对平面圆弧进行程序编制与加工。

项目3 数控铣床编程与加工

【任务导入】

完成如图 3-45 所示的 S 槽加工,毛坯尺寸为 70mm×70mm×10mm。

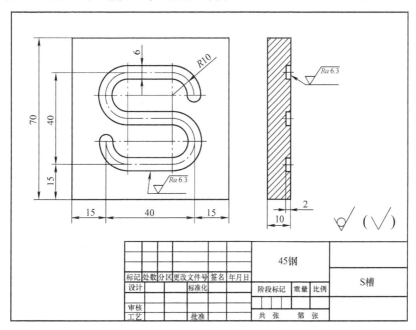

图 3-45 S 槽

任务分析:零件结构简单,加工部位为深度 3mm,宽度为 6mm 的 S 形圆弧槽,刀具路径由圆弧段和直线段构成,无特殊尺寸精度要求。

【新知学习】

编程指令

1. 平面选择指令 G17/G18/G19

右手直角笛卡儿坐标系的三个互相垂直的轴 $X$、$Y$、$Z$ 分别构成三个平面,如图 3-46 所示。对于三坐标的铣床和加工中心,常用这些指令确定机床在哪个平面内进行插补运动。G17 表示在 $XY$ 平面内加工;G18 表示在 $ZX$ 平面内加工;G19 表示在 $YZ$ 平面内加工。一般系统默认为 G17。该组指令用于选择进行圆弧插补和刀具半径补偿的平面。

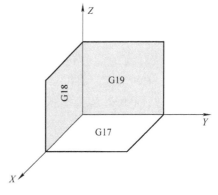

图 3-46 平面设定

需要注意的是,移动指令与平面选择无关,例如执行指令"G17 G01 Z10;"时,$Z$ 轴照样会移动。

2. 圆弧插补指令 G02/G03

指令格式:

$XY$ 平面圆弧:

$$G17 \begin{Bmatrix} G02 \\ G03 \end{Bmatrix} X\_ Y\_ \begin{Bmatrix} R\_ \\ I\_ J\_ \end{Bmatrix} F\_ ;$$

ZX 平面圆弧：

$$G18 \begin{Bmatrix} G02 \\ G03 \end{Bmatrix} X\_ Z\_ \begin{Bmatrix} R\_ \\ I\_ K\_ \end{Bmatrix} F\_ ;$$

YZ 平面圆弧：

$$G19 \begin{Bmatrix} G02 \\ G03 \end{Bmatrix} Y\_ Z\_ \begin{Bmatrix} R\_ \\ J\_ K\_ \end{Bmatrix} F\_ ;$$

3-1 圆弧插补指令 G02/G03

说明：

1) 与圆弧加工有关的指令说明见表 3-7。

表 3-7 圆弧插补指令说明

| 项目 | 命令 | 指定内容 | | 意义 |
|---|---|---|---|---|
| 1 | G17 | 平面指定 | | XY 平面圆弧指定 |
| | G18 | | | ZX 平面圆弧指定 |
| | G19 | | | YZ 平面圆弧指定 |
| 2 | G02 | 回转方向 | | 顺时针方向回转 CW |
| | G03 | | | 逆时针方向回转 CCW |
| 3 | X、Y、Z 中的两轴 | 终点位置 | G90 方式 | 圆弧终点位置坐标 |
| | | | G91 方式 | 圆弧终点相对起点的坐标 |
| 4 | I、J、K 中的两轴 | 从起点到圆心的距离 | | 圆心相对起点的位置坐标 |
| | R | 圆弧半径 | | 圆弧半径 |
| 5 | F | 进给速度 | | 圆弧的切线速度 |

2) 圆弧顺时针与逆时针方向的判断方法：沿与圆弧所在平面（如 XY 平面）相垂直的另一坐标轴的负方向（如 $-Z$ 轴）看去，顺时针方向为 G02，逆时针方向为 G03，如图 3-47 所示。

3) 圆弧对应的圆心角为 $\alpha$，对于 R 值，当 $0° < \alpha \leq 180°$ 时，R 取正值；$180° < \alpha < 360°$ 时，R 取负值。

4) I、J、K 可理解为圆弧起点指向圆心的矢量分别在 X、Y、Z 轴上的投影，I、J、K 根据方向带有符号，I、J、K 为零时可以省略，如图 3-48 所示。

I、J、K 值的计算方法如下：

I = 圆心坐标 X - 圆弧起点的 X 坐标；
J = 圆心坐标 Y - 圆弧起点的 Y 坐标；
K = 圆心坐标 Z - 圆弧起点的 Z 坐标。

5) 整圆编程时不可以使用 R 方式，只能用 I、J、K 方式。

6) 在同一程序段中，如 I、J、K 与 R 同时出现

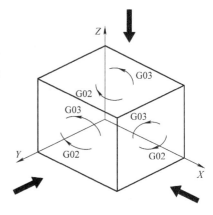

图 3-47 圆弧插补方向

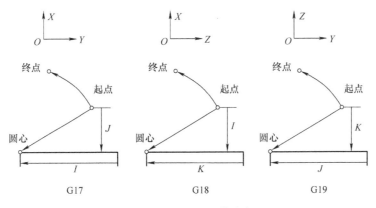

图 3-48 I、J、K 的确定

时，R 有效。

【例 3-5】 如图 3-49 所示，刀具从起点开始沿直线移动到 1、2、3 点，分别用绝对方式（G90）和相对方式（G91）编程，说明 G02、G03 的编程方法。

1）绝对值编程。

G90　G01　X160　Y40　F200；　　　　　　　　　　　　　　　　　点 1
G03　X100　Y100　R60　F100；（G03　X100　Y100　I-60　J0　F100;）　点 2
G02　X80　Y60　R50；　　（G02　X80　Y60　I-50　J0;）　　　　点 3

2）相对值编程。

G91　G01　X0　Y40　F200；　　　　　　　　　　　　　　　　　点 1
G03　X-60　Y60　R60　F100；（G03　X-60　Y60　I-60　J0　F100;）　点 2
G02　X-20　Y-40　R50；　　（G02　X-20　Y-40　I-50　J0;）　　点 3

【例 3-6】 图 3-50 所示，刀具从起点开始沿圆弧段 1 和圆弧段 2 进行圆弧插补，通过 R 的正负值可到达同一位置，说明 G02、G03 的编程方法。

① 圆弧段 1：G90　G02　X0　Y60　R60　F100；（G90　G02　X0　Y60　I60　J0　F100）
　　　　或 G91　G02　X60　Y60　R60　F100；（G91　G02　X60　Y60　I60　J0　F100）
② 圆弧段 2：G90　G02　X0　Y60　R-60　F100；（G90　G02　X0　Y60　I0　J60　F100）
　　　　或 G91　G02　X60　Y60　R-60　F100；（G91　G02　X60　Y60　I0　J60　F100）

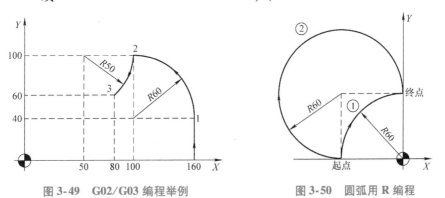

图 3-49　G02/G03 编程举例　　　　　图 3-50　圆弧用 R 编程

【例 3-7】 使用 G02、G03 指令对图 3-51 所示的整圆进行编程。

从 A 点顺时针方向一周：G90　G02　X30　Y0　I-30　J0　F300；
　　　　　　　　　　或　G91　G02　X0　Y0　I-30　J0　F300；
从 B 点逆时针方向一周：G90　G03　X0　Y-30　I0　J30　F300；
　　　　　　　　　　或　G91　G03　X0　Y0　I0　J30　F300；

【例 3-8】 采用 φ4mm 的键槽铣刀，加工图 3-52 所示太极轮廓（刀具中心轨迹），切深为 2mm。

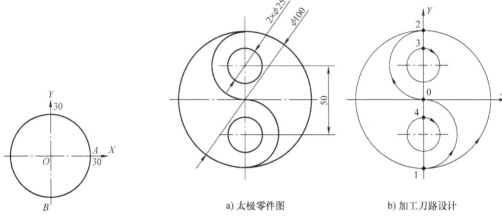

图 3-51　整圆编程举例　　　　　　　　　图 3-52　太极图加工

O3030
N10　G54　G90　G00　Z50；
N20　M03　S1500；
N30　G00　X0　Y-50；　　　　　　　快速定位至点 1
N40　Z5；
N50　G01　Z-2　F70；　　　　　　　下刀至切深
N60　G03　I0　J50；　　　　　　　　点 1，加工 φ100mm 全圆
N70　X0　Y0　R25；　　　　　　　　点 0，加工半圆
N80　G02　X0　Y50　R25；　　　　　点 2，加工半圆
N90　G00　Z5；　　　　　　　　　　抬刀
N100　Y37.5；　　　　　　　　　　　快速定位于点 3
N110　G01　Z-2；
N120　G02　I0　J-12.5；　　　　　　点 3，加工整圆
N130　G00　Z5；　　　　　　　　　　抬刀
N140　Y-12.5；　　　　　　　　　　 快速定位于点 4
N150　G01　Z-2；
N160　G02　I0　J-12.5；　　　　　　点 4，加工整圆
N170　G00　Z100；
N180　M05；
N190　M30；

【任务实施】

下面分析图 3-45 所示的 S 槽加工工艺，编制程序。

1. 工艺分析

刀具：$\phi 6$mm 键槽铣刀。夹具：平口钳。

加工工艺路线：$P$ 为起刀点，路线为 1~8，如图 3-53 所示。

编程原点选择在工件上表面的 $O$ 点，选择进给速度 F 为 70mm/min，主轴转速 S 为 1000r/min。

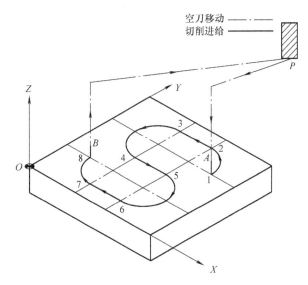

图 3-53 加工工艺路线

2. 程序编制

程序如下：

O3031

| | | | | | |
|---|---|---|---|---|---|
| N10 | G54 | G90 | G00 | Z100; | |
| N20 | M03 | S1000; | | | |
| N30 | G00 | X55 | Y45; | | 定位至 P1 点 |
| N40 | Z5; | | | | |
| N50 | G01 | Z−3 | F70; | | 下刀至切深 |
| N60 | G03 | X45 | Y55 | R10; | 逆时针方向圆弧切削 P1→P2 |
| N70 | G01 | X25; | | | 直线插补 P2→P3 |
| N80 | G03 | X25 | Y35 | R10; | 逆时针方向圆弧切削 P3→P4 |
| N90 | G01 | X45; | | | 直线插补 P4→P5 |
| N100 | G02 | X45 | Y15 | R10; | 顺时针方向圆弧切削 P5→P6 |
| N110 | G01 | X25; | | | 直线插补 P6→P7 |
| N120 | G02 | X15 | Y25 | R10; | 顺时针方向圆弧切削 P7→P8 |
| N130 | G01 | Z5; | | | |

N140　G00　Z100；
N150　M05；
N160　M30；

【知识与任务拓展】

螺旋线切削

螺旋线插补指令与圆弧插补指令相同，即 G02 和 G03，分别表示顺时针方向、逆时针方向螺旋线插补，顺、逆时针方向的定义与圆弧插补相同。在进行圆弧插补时，垂直于插补平面的坐标同步运动，构成螺旋线插补运动，如图 3-54 所示。

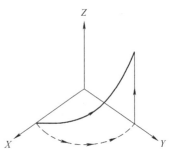

图 3-54　螺旋线插补

指令格式：

① XY 平面圆弧。

$$G17 \begin{Bmatrix} G02 \\ G03 \end{Bmatrix} X\_\ Y\_ \begin{Bmatrix} R\_ \\ I\_\ J\_ \end{Bmatrix} Z\_\ F\_\ ;$$

② ZX 平面圆弧。

$$G18 \begin{Bmatrix} G02 \\ G03 \end{Bmatrix} X\_\ Z\_ \begin{Bmatrix} R\_ \\ I\_\ K\_ \end{Bmatrix} Y\_\ F\_\ ;$$

③ YZ 平面圆弧。

$$G19 \begin{Bmatrix} G02 \\ G03 \end{Bmatrix} Y\_\ Z\_ \begin{Bmatrix} R\_ \\ J\_\ K\_ \end{Bmatrix} X\_\ F\_\ ;$$

其中，X、Y、Z 是由 G17/G18/G19 平面选定的两个坐标为螺旋线投影圆弧的终点，意义同圆弧进给，第三坐标是与选定平面相垂直的轴的终点。其余参数的意义同圆弧进给。

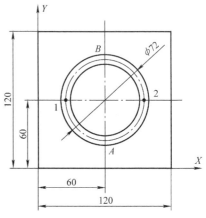

图 3-55　螺旋槽加工

【例 3-9】　图 3-55 所示螺旋槽由两个螺旋面组成，螺旋槽最深处为 2 点，最浅处为 1 点，要求用 $\phi 8mm$ 的键槽铣刀加工该螺旋槽，编制数控加工程序。

程序如下：

O3032

N10　G54　G90　G00　Z50；
N20　M03　S1500；
N30　G00　X24　Y−60；　　　　　　快速定位至点 1
N40　Z5；
N50　G01　Z−1　F50；
N60　G03　X96　Y60　R36　Z−4；　　点 2，加工螺旋面 A（R 形式）
N70　　　　X24　Y60　I−36　J0　Z−1；　点 1，加工螺旋面 B（I、J 形式）
N80　G01　Z5；
N90　G00　Z100；

N100　M05；
N110　M30；

【课后训练】

一、填空题

1. 顺时针方向圆弧插补指令为____。
2. 数控铣床的默认加工平面是____平面。
3. 选择 YZ 平面由 G____ 指令执行。
4. 采用半径编程方法编制圆弧插补程序段时，当其圆弧对应的圆心角____180°时，该半径 R 取负值。

二、判断题

1. G02 指令中，I、J、K 值一定为正值。　　　　　　　　　　　　　　（　　）
2. 用 G02 编写整圆程序，可以使用 I、J、K 参数，也可以用 R 参数。（　　）
3. 圆弧顺时针与逆时针方向的判断方法：沿与圆弧所在平面（如 XY 平面）相垂直的另一坐标轴的负方向（如 -Z 轴）看去，顺时针方向为 G02，逆时针方向为 G03。（　　）

三、选择题

1. 在 XY 平面上，某圆弧圆心为（0,0），半径为 80mm，如果需要刀具从（80,0）沿该圆弧到达（0,80），则程序指令为（　　）。

   A. G02　X0　Y80　I80　F300　　　　B. G03　X0　Y80　I-80　F300
   C. G02　X80　Y0　J80　F300　　　　D. G03　X80　Y0　J-80　F300

2. 整圆编程时，应采用（　　）编程方式。

   A. 半径、终点　　B. 圆心、终点　　C. 圆心、起点　　D. 半径、起点

3. 圆弧插补指令 G02_ X_　Y_　R_中，X、Y 后的值表示圆弧的（　　）。

   A. 起点坐标值　　　　　　　　　　B. 终点坐标值
   C. 圆心坐标相对于起点的值　　　　D. 圆心绝对坐标值

4. 圆弧指令中的 J 表示_____。

   A. 圆心的坐标在 X 轴上的相对量　　B. 圆心的坐标在 Y 轴上的相对量
   C. 圆心的坐标在 Z 轴上的相对量　　D. 以上答案都不对

5. 铣削一个 XY 平面上的圆弧时，圆弧起点为（30,0），终点为（-30,0），半径为 50mm，圆弧起点到终点的旋转方向为顺时针方向，则程序为（　　）。

   A. G18　G90　G02　X-30　Y0　R50　F50
   B. G17　G90　G03　X-300　Y0　R-50　F50
   C. G17　G90　G02　X-30　Y0　R50　F50
   D. G18　G90　G02　X30　Y0　R50　F50

6. 用 FANUC 系统的指令编程，程序段 G90 G03 X30.0 Y20.0 R-10.0；其中的 X30.0 Y20.0 R-10.0 表示（　　）。

   A. 终点的绝对坐标，圆心角小于 180°并且半径是 10mm 的圆弧
   B. 终点的绝对坐标，圆心角大于 180°并且半径是 10mm 的圆弧
   C. 刀具在 X 和 Y 方向上移动的距离，圆心角大于 180°并且半径是 10mm 的圆弧

D. 终点相对机床坐标系的位置，圆心角大于180°并且半径是10mm的圆弧

四、编程题

完成图3-56所示零件的加工程序。

图3-56a所示毛坯尺寸为80mm×50mm×20mm，切深为2mm。

图3-56b所示毛坯尺寸为70mm×235mm×10mm，切深为3mm。

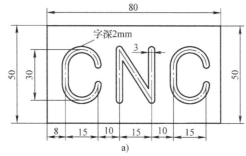

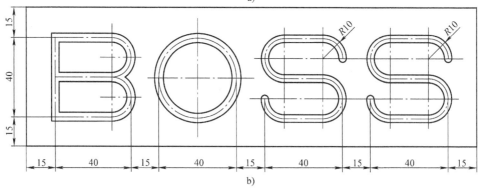

图3-56 编制零件加工程序

## 任务3.4 内、外轮廓的编程与加工

【学习目标】

掌握G41、G42、G40刀具半径补偿指令的功能及应用，掌握G43、G44、G49刀具长度补偿指令的功能及应用，能够运用刀具补偿功能控制内、外轮廓尺寸。

【任务导入】

完成图3-57所示的凹模板零件加工，毛坯尺寸为120mm×120mm×20mm，单件生产。

任务分析：加工内容包括φ80mm圆柱外轮廓和R30、R60圆弧组成的内轮廓，无特殊精度要求。

【新知学习】

编程指令

数控机床在切削过程中不可避免地存在刀具磨损问题，比如钻头长度变短，铣刀半径变

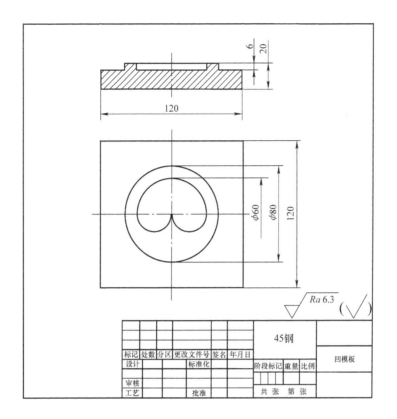

图 3-57 凹模板

小等,这时加工出的工件尺寸也随之变化。如果系统功能中有刀具尺寸补偿功能,则可在操作面板上输入相应的修正值,使加工出的工件尺寸仍然符合图样要求,否则就得重新编程。有了刀具尺寸补偿功能后,数控编程大为简便,在编程时可以完全不考虑刀具中心轨迹计算,直接按零件轮廓编程。启动机床加工前,只需输入使用刀具的参数,数控系统会自动计算出刀具中心的运动轨迹坐标,减轻了编程人员劳动强度。另外,试切和加工中工件尺寸与图样要求不符时,可借助相应的补偿加工出合格的零件。

刀具的补偿通常有三种:刀具半径补偿、刀具长度补偿和刀具磨损补偿。

(1) 刀具半径补偿指令 G41/G42/G40  在铣床上进行轮廓加工时,因为铣刀具有一定的半径,所以刀具中心(刀心)轨迹和工件轮廓不重合。数控装置大都具有刀具半径补偿功能,为程序编制提供了方便。当编制零件加工程序时,只需按零件轮廓编程,使用刀具半径补偿指令,并在控制面板上用键盘(CRT/MDI)方式,人工输入刀具半径值,数控系统便能自动计算出刀具中心的偏移量,进而得到偏移后的中心轨迹,并使系统按刀具中心轨迹运动。如图 3-58 所示,使用了刀具半径补偿指令后,数控系统会控制刀具中心自动按图中的细双点画线进行加工走刀。

3-2 刀具半径补偿指令 G41/G42

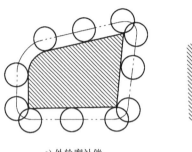
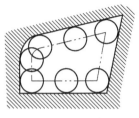

a) 外轮廓补偿　　　　　　　　b) 内轮廓补偿

图 3-58　刀具半径补偿

指令格式：

$$\begin{Bmatrix} G17 \\ G18 \\ G19 \end{Bmatrix} \begin{Bmatrix} G41 \\ G42 \\ G40 \end{Bmatrix} \begin{Bmatrix} G01 \\ G00 \end{Bmatrix} \begin{Bmatrix} X\_\_Y\_\_D\_\_; \\ X\_\_Z\_\_D\_\_; \\ Y\_\_Z\_\_D\_\_; \end{Bmatrix}$$

说明：

1) G41、G42、G40 为模态指令，G41 为刀具半径左补偿，G42 为刀具半径右补偿，G40 为取消刀补，机床初始状态为 G40。

2) G41、G42 的判断方法：顺着刀具前进方向看（假定工件不动），刀具位于工件切削轮廓的左侧，称为刀具半径左补偿；刀具位于工件切削轮廓的右侧，称为刀具半径右补偿，如图 3-59 所示。

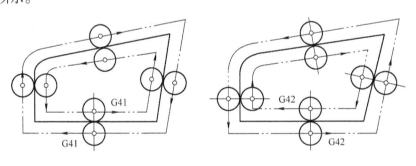

a) 刀具半径左补偿　　　　　　　　b) 刀具半径右补偿

图 3-59　刀具半径的左、右补偿

3) X、Y/X、Z/Y、Z 是 G00、G01 运动的目标点坐标。

4) D 为刀具补偿号，也称为刀具偏置代号地址字，后面常用两位数字表示代号。D 代码中存放刀具半径值作为偏置量，用于数控系统计算刀具中心的运动轨迹。一般有 D00 ~ D99。偏置量可用 CRT/MDI 方式输入。

5) 刀具半径补偿值必须小于最小内圆弧半径值，当刀具半径补偿值大于程序中内圆弧半径时，机床报警并停止在将要过切语句的起始点上。

刀具半径补偿的过程：半径补偿的过程如图 3-60 所示，编程走刀路线为 $O \to A \to B \to C \to D \to A \to O$，实际刀具轨迹线为 $O \to A' \to B' \to C' \to D' \to E' \to O$。刀具半径补偿共分三步，即

建立刀补、执行刀补、取消刀补。

1）建立刀补。刀具由起刀点（位于零件轮廓及零件毛坯之外，距离加工零件轮廓切入点较近）以切削进给（G01）或快速进给（G00）方式接近工件的一段过程，如图3-60所示，建立刀具半径补偿时，刀具轨迹不是 $O→A$ 而是 $O→A'$。

2）执行刀补。刀具半径补偿建立后，在撤销刀具半径补偿前，刀具一直处于偏置方式中，如图3-60所示的 $A'→B'→C'→D'→E'$ 轮廓加工过程。

3）取消刀补。刀具撤离工件，回到退刀点，取消刀具半径补偿。

与建立刀具半径补偿过程相似，以切削进给（G01）或快速进给（G00）方式离开工件至退刀点。退刀点也应位于零件轮廓之外，可与起刀点相同，也可以不同。如图3-60所示，$E'→O$ 段为撤销刀具补偿阶段。

刀具半径补偿注意事项：

1）刀具半径补偿模式的建立与取消程序段，只能在 G00 或 G01 移动指令模式下才有效。

2）为保证在刀补建立与刀补取消过程中刀具与工件的安全，通常采用 G01 运动方式来建立或取消刀补。如果采用 G00 运动方式来建立或取消刀补，则要采取先建立刀补再下刀和先退刀再取消刀补的编程加工方法。

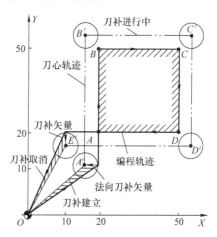

图3-60 刀具半径补偿的过程

3）为了便于计算坐标，采用切线切入方式或法线切入方式来建立或取消刀补。不便沿工件轮廓线方向切向或法向切入、切出时，可根据情况增加一个圆弧辅助程序段。

4）为了防止在半径补偿建立与取消过程中刀具产生过切现象，如图3-61中的 $O→M$，刀具半径补偿建立与取消程序段的起始位置与终点位置最好与补偿方向在同一侧，如图3-61中的 $O→A$。

5）在刀具补偿模式下，一般不允许存在连续两段以上的非补偿平面内移动指令，否则刀具也会出现过切等危险动作。非补偿平面内移动指令通常指：只有 G、M、S、F、T 代码的程序段（如G90、M05 等）、程序暂停程序段（如 G04 等）、

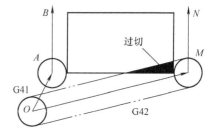

图3-61 刀补建立时的起始与终点位置

G17 平面内的 Z 轴移动指令、G18 平面内的 Y 轴移动指令、G19 平面内的 X 轴移动指令等。

6）从左向右或者从右向左切换补偿方向时，通常要先取消补偿再重新建立。在补偿状态下，铣刀的直线移动量及铣削内侧圆弧的半径值要大于或等于刀具半径，否则补偿时会产生干涉，系统在执行相应程序段时将会产生报警，程序停止执行。

刀具半径补偿的作用：

1）刀具因磨损、重磨、换新而引起刀具直径改变后，不必修改程序，只需在刀具参数设置中输入变化后的刀具直径。如图3-62所示，1 为未磨损刀具，2 为磨损后刀具，两者直径不同，只需将刀具参数表中的刀具半径 $r_1$ 改为 $r_2$，即可适用于同一程序。

2)用同一程序,并用同一尺寸的刀具,利用刀具半径补偿,粗、精加工均可进行。如图 3-63 所示,刀具半径为 $r$,精加工余量为 $\Delta$。粗加工时,输入刀具直径 $D=2(r+\Delta)$,则加工出细双点画线轮廓。精加工时,用同一程序、同一刀具,但输入刀具直径 $D=2r$,则加工出实线轮廓。

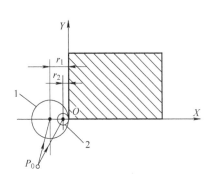

图 3-62 刀具直径改变,加工程序不变

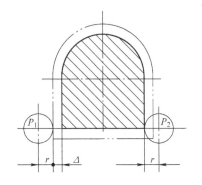

图 3-63 利用刀具半径补偿进行粗、精加工
$P_1$—粗加工刀心轨迹  $P_2$—精加工刀心轨迹

3)采用同一程序段加工同一公称直径的凹凸模。对于同一公称直径的凹、凸型面,只需写成一个程序,在加工外轮廓时,将偏置值设为 $+R$,刀具中心将沿轮廓的外侧切削;当加工内轮廓时,将偏置值设为 $-R$,这时刀具中心将沿轮廓的内侧切削。这种编程与加工方法在模具加工中运用较多。

(2)刀具长度补偿指令 G43/G44/G49　通常加工一个工件时,每把刀具的长度都不相同,同时,刀具的磨损或装夹也会引起刀具长度发生变化,因此在同一坐标系下执行如 G00 Z0 这样的指令时,刀具的长度不同会导致刀具端面到工件的距离也不同,如图 3-64 所示。这种情况下,如果频繁改变程序就会非常麻烦且易出错。为此,应事先测定出各刀具的长度,然后把它们与标准刀具(通常定为第一把刀)长度的差设定给 CNC。这样在运行长度补偿程序时,即使换刀,程序也不需要改变。长度补偿程序使刀具端面在执行 Z 轴定

3-3 刀具长度补偿指令 G43/G44

位的指令(如 G00 Z0)后距离工件的位置是相同的,如图 3-65 所示。这个功能称为刀具长度补偿功能。

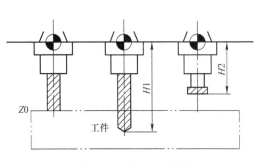

图 3-64 刀具长度补偿前

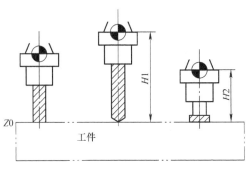

图 3-65 刀具长度补偿后

刀具长度偏置指令就是用来实现刀具长度补偿功能的，它可以补偿长度方向尺寸的变化。数控机床规定传动的主轴为数控机床的 Z 轴，所以通常在 Z 轴方向进行长度补偿。在编写工件加工程序时，先不考虑刀具的实际长度，而是按刀具标准长度或确定一个编程参考点进行编程，如果实际刀具长度和标准长度不一致，可以通过执行刀具长度偏置指令实现刀具长度差值的补偿。

指令格式：

$\left.\begin{array}{l}G43\\G44\end{array}\right\}Z\_H\_;$　　刀具长度正补偿
　　　　　　　　　刀具长度负补偿

G49 或 H00　　　取消刀具长度补偿

说明：

1) 无论是绝对值指令，还是增量值指令，在 G43 时，程序中 Z 轴移动指令终点坐标值加上 H 代码指定的偏移量（设定在偏置存储器中）；在 G44 时，减去 H 代码指定的偏移量，然后把其计算结果的坐标值作为终点坐标值。实际应用中，常使用 G43 指令作长度补偿，只有在特殊情况时才使用 G44 指令。

执行 G43 时：Z 实际值 = Z 指令值 +（H××）

执行 G44 时：Z 实际值 = Z 指令值 -（H××）

其中，(H××) 是指编号为 H_ 的寄存器中的补偿值，即 H00～H99。

2) G43、G44 是模态 G 代码，在遇到同组其他 G 代码之前均有效。

【例 3-10】　如图 3-66 所示凸模板，加工部位是厚度为 3mm 的零件凸台外轮廓，轮廓形状由 R40mm、R15mm 圆弧段和 8 段直线构成，选用 φ20mm 的立铣刀切削，工件坐标系和铣削路线如图 3-67 所示，试用刀具补偿功能编写加工程序。

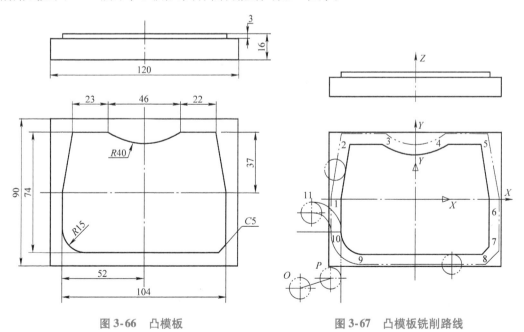

图 3-66　凸模板　　　　　　　　　　图 3-67　凸模板铣削路线

分析：由于凸模板轮廓和深度都无特殊精度要求，因此使用 φ20mm 立铣刀一次切削完成即可，且没有切削余量。

程序如下：

O3040

N10　G54　G90　G00　Z100；

N20　M03　S800；

N30　G00　X-80　Y-60；　　　　　　快速定位至 O 点

N40　G43　Z5　H01；　　　　　　　 建立刀具长度补偿

N50　G01　Z-3　F200；

N60　G41　X-52　Y-53　D01　F100；　建立刀具半径补偿，切削至 P 点

N70　Y0；　　　　　　　　　　　　　P→1

N80　X-46　Y37；　　　　　　　　　1→2

N90　X-23；　　　　　　　　　　　 2→3

N100　G03　X23　Y37　R40；　　　　 3→4

N110　G01　X45；　　　　　　　　　4→5

N120　X52　Y0；　　　　　　　　　 5→6

N130　Y-32；　　　　　　　　　　　6→7

N140　X47　Y-37；　　　　　　　　 7→8

N150　X-37；　　　　　　　　　　　8→9

N160　G02　X-52　Y-22　R15；　　　 9→10

N170　G03　X-72　Y-2　R20；　　　　10→11

N180　G01　G40　X-80　Y-60　F200；　11→O 点，取消刀具半径补偿

N190　Z5；

N200　G49　G00　Z100；　　　　　　 取消刀具长度补偿

N210　M05；

N220　M30；

【例 3-11】 如图 3-68 所示凹模板，加工部位是深度为 10mm 的零件内轮廓，轮廓形状由 R40mm、R8mm 圆弧段和 3 段直线构成，选用 φ14mm 的立铣刀切削，工件坐标系和铣削路线如图 3-69 所示，基点坐标见表 3-8，试用刀具补偿功能编写加工程序。

表 3-8　基点坐标

| 基点 | 坐标 | 基点 | 坐标 |
| --- | --- | --- | --- |
| 1 | (-18, 0) | 8 | (35, 45.635) |
| 2 | (30, 0) | 9 | (-35, 45.635) |
| 3 | (30, 17.714) | 10 | (-50, 41.762) |
| 4 | (-30, 17.714) | 11 | (-50, -15) |
| 5 | (30, -9) | 12 | (-40, -25) |
| 6 | (50, -9) | 13 | (40, -25) |
| 7 | (50, 41.762) | 14 | (50, -15) |

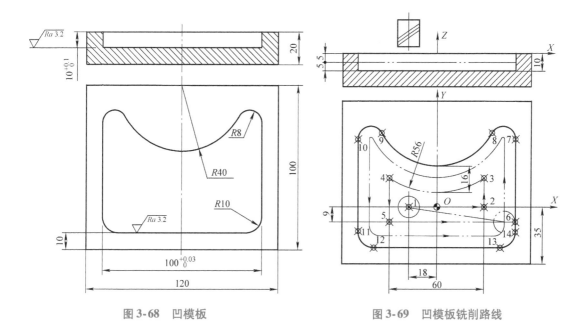

图 3-68 凹模板　　　　　　　　　图 3-69 凹模板铣削路线

分析：加工凹模板时，深度方向由于尺寸较大，不能一次进给完成，在深度方向上采用层切法，粗加工分两层切削，底面留 0.5mm 精加工。每层中的进给路线采用环切法，侧面留 0.5mm 的精加工余量。如图 3-69 所示。刀具由 1→2→3→4→5→6→7→8→9→10→11→12→13→14→6→1 的顺序按环切方式进行加工。刀具从点 5 运行至点 6 时建立刀具半径补偿，加工结束时刀具从点 6 运行至点 1 过程中取消半径补偿。

程序如下：
O3041
N10　G54　G90　G00　Z100；
N20　M03　S1000；
N30　G00　X-18　Y0；　　　　　　　快速定位至 1 点
N40　G43　Z5　H01；　　　　　　　　建立刀具长度补偿
N50　G01　Z-5　F40；
N60　X30　F70；　　　　　　　　　　1→2
N70　Y17.714；　　　　　　　　　　　2→3
N80　G02　X-30　Y17.714　R56；　　3→4
N90　G01　Y-9；　　　　　　　　　　4→5
N100　G41　X50　D01；　　　　　　　5→6
N110　Y41.762；　　　　　　　　　　6→7
N120　G03　X35　Y45.635　R8；　　　7→8
N130　G02　X-35　R40；　　　　　　8→9
N140　G03　X-50　Y41.762　R8；　　9→10
N150　G01　Y-15；　　　　　　　　　10→11
N160　G03　X-40　Y-25　R10；　　　11→12

| | | | | | |
|---|---|---|---|---|---|
|N170|G01|X40；|||12→13|
|N180|G03|X50|Y-15|R10；|13→14|
|N190|G01|Y-9；|||13→6|
|N200|G01|G40|X-18|Y0 F200；|6→1，取消刀具半径补偿|
|N210|Z5；||||
|N220|G49|G00|Z100；||取消刀具长度补偿|
|N230|M05；||||
|N240|M30；||||

注意：以上程序编写的是深度分层粗加工中的第一层铣削。粗加工第二层铣削时，深度方向留 0.5mm 精加工余量，有两种办法：

1）将程序中的"N50　G01　Z-5　F40；"改为"N50　G01　Z-9.5　F40；"。

2）将刀具长度补偿值由"0"改为"-4.5"。精加工时，程序中 N20 句改为"N20 M03 S1200；"，并将 N50 句改为"N50　G01　Z-10　F40；"或将刀具长度补偿值改为"-5"即可。

型腔底面和深度无精度要求，但轮廓宽度尺寸有精度要求时，深度方向可以先用分层切削去除全部余量，只留轮廓精加工余量。在精加工轮廓时型腔底面环切路径不需再次加工，此时可将程序中环切路径即 N60~N90 的程序段前书写"/"符号，并打开跳转有效开关。精加工时程序将不再执行这几条程序段，只进行轮廓加工。

【任务实施】

下面分析图 3-57 所示的凹模板加工工艺，编制程序。

**1. 工艺分析**

刀具：φ16mm 键槽铣刀。夹具：机用平口钳。

加工工艺路线：从 1→2→3 加工整圆→4→5，抬刀定位至 6→7→8→O→6，如图 3-70 所示。

编程原点选择在工件上表面的 O 点，选择进给速度 F 为 100mm/min，主轴转速 S 为 600r/min。

**2. 程序编制**

程序如下：

O3042

| | | | | | |
|---|---|---|---|---|---|
|N10|G54|G90|G00|Z100；||
|N20|M03|S600；||||
|N30|G00|X40|Y-40；||定位至点1|
|N40|G43|Z5|H01；||建立刀具长度补偿|
|N50|G01|Z-6|F100；|||
|N60|G41|X32|D01；||1→2，建立刀具半径补偿|
|N70|X0；||||2→3|
|N80|G02|J40；||||加工整圆返回点3|
|N90|G01|X-32；||||3→4|

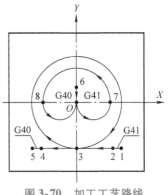

图 3-70　加工工艺路线

| | |
|---|---|
| N100　G40　X-40; | 4→5，取消刀补 |
| N110　G00　Z10; | |
| N120　X0　Y15; | 快速定位至点6 |
| N130　G01　Z-6; | |
| N140　G41　Y0　D01; | 6→O点，建立刀具半径补偿 |
| N150　G03　X30　R15; | 6→7 |
| N160　X-30　R30; | 7→8 |
| N170　X0　R15; | 8→O点 |
| N180　G40　G01　Y15; | 取消刀具半径补偿 |
| N190　Z5; | |
| N200　G49　G00　Z100; | 取消刀具长度补偿 |
| N210　M05; | |
| N220　M30; | |

本任务也可选择立铣刀，在工件外下刀，建立刀补加工，并有多种去除余量的编程方法，这里不再赘述。

## 【知识与任务拓展】

**1. 过切现象**

数控铣床在加工中，由于刀具轨迹处理不当、工艺过程处理不当等原因导致切削过量的现象，称为"过切"。过切现象直接影响加工精度，甚至会导致加工产品报废。

1) 加工拐角时出现过切。在铣削零件轮廓内角时，由于刀具的刚性、各轴速度滞后特性的原因产生过切现象，如图3-71所示。

解决办法：

① 选用刚性好、抗振及热变形小的刀具。

② 采用进给速度分级编程。将 AB 和 BC 段分为 AX、XB 及 CY、YD，其中，AX 和 YD 段为正常速度段，XB 和 CY 段为低速段（一般不超过正常速度的1/2）。

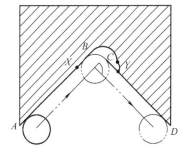

图3-71　内角交接处的过切

2) 刀具直径大于内轮廓转角或沟槽时产生的过切现象，如图3-72、图3-73所示。

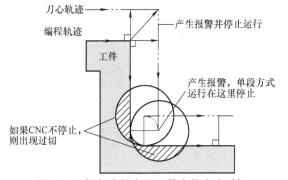

图3-72　拐角半径小于刀具半径产生过切

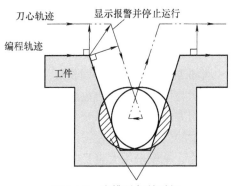

图3-73　沟槽引起的过切

常用的解办法是在不能改变零件结构的情况下,改变加工刀具的直径。

如果在加工过程中出现过切现象,一般数控系统都会发出报警信息,必须更改轮廓参数或刀具半径才能消除报警。

**2. 薄板易变形工件的铣削加工**

薄板工件是指平面宽度 $B$ 与厚度 $H$ 的比值 $B/H \geq 10$ 的工件。加工时应注意以下几点:

(1) 工件装夹 机用虎钳的两钳口要有较高的平行度精度,钳口上半部分不能有外倾现象。工件装夹时应是长度方向与钳口平行,以增加抗弯曲性;可在钳口上部沿口处各垫一块 2~5mm 的铜片,以防止工件受到过大的夹紧力而产生向上凸起的变形;工件下部应放置 3 块厚度相等的平行垫块,以防止工件向下弯曲,并可检查工件夹紧后是否向上凸起。

(2) 铣削方式 应以能够防止工件向上凸起为原则。周边铣削加工时,在条件允许的情况下,应采用顺铣;端面加工时,应选择较小的刀尖圆弧半径、较小的主偏角和副刃倾角,以减小切削力产生向下的铣削分力,避免工件凸起。

对于薄板形或条形等易变形工件,在数量较多或成批生产时,也可采用电磁工作台对工件进行夹紧,然后采用高速铣削法进行加工。

**3. 型腔的加工方法**

型腔的加工包括型腔区域的加工和轮廓加工,一般采用立铣刀或成形刀(取决于型腔侧壁与底面间的过渡要求)进行加工。

型腔的切削分两步,第一步切内腔,第二步切轮廓。切削内腔区域时,方法很多,如图 3-74 所示,其共同点是都要切净内腔区域的全部面积,不留死角,不伤轮廓,同时尽量减少重复走刀的搭接量。

型腔加工也可以分粗加工和精加工两步。粗加工目的是尽可能多地切除型腔内多余的材料,精加工路线与型芯零件的加工路线相似。计算下刀点和

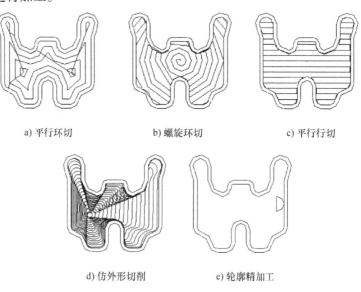

a) 平行环切　　b) 螺旋环切　　c) 平行行切

d) 仿外形切削　　e) 轮廓精加工

图 3-74　内腔铣削方法

进退刀圆弧时,要考虑不要和型腔轮廓或边界以及岛屿发生干涉,从而造成过切现象。

从加工效率(走刀路线长短)和加工质量考虑,选用哪个走刀方法取决于型腔边界的具体形状与尺寸以及岛屿数量、形状尺寸与分布情况。

采用大直径刀具可以获得较高的加工效率,但对于形状复杂的二维型腔,大直径刀具将产生大量的欠切削区域,需进行后续加工处理,而若直接采用小直径刀具则又会降低加工效率。因此,一般采用大直径与小直径刀具混合使用的方案,大直径刀具进行粗加工,小直径刀具进行清角加工。

【课后训练】

一、判断题

1. 刀具半径补偿功能包括刀补的建立、刀补的执行和刀补的取消 3 个阶段。（   ）
2. 沿着刀具前进方向看，刀具在被加工工件轮廓的右侧则为右刀补。（   ）
3. 在轮廓铣削加工中，若采用刀具半径补偿指令编程，刀补的建立与取消应在轮廓上进行，这样的程序才能保证零件的加工精度。（   ）

二、选择题

1. 程序中指定了（   ）时，刀具半径补偿被撤销。
   A. G41　　　　B. G42　　　　C. G40　　　　D. G49
2. 程序中指定半径补偿值的代码是（   ）。
   A. D　　　　B. H　　　　C. G　　　　D. M
3. 用 φ12mm 立铣刀进行轮廓的粗、精加工，要求精加工余量为 0.4mm，则粗加工偏移量为（   ）。
   A. 12.4mm　　　B. 11.6mm　　　C. 6.4mm　　　D. 6.6mm

三、编程题

完成图 3-75 所示零件的加工程序。

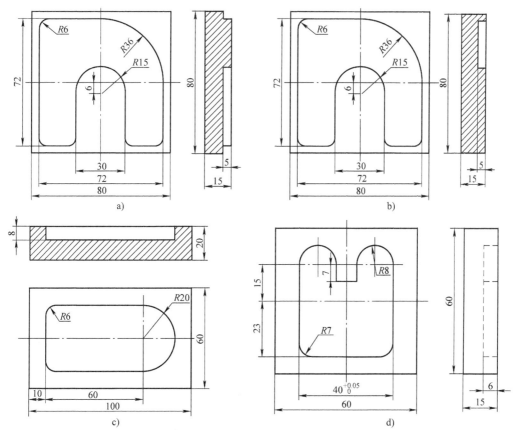

图 3-75　编制零件加工程序

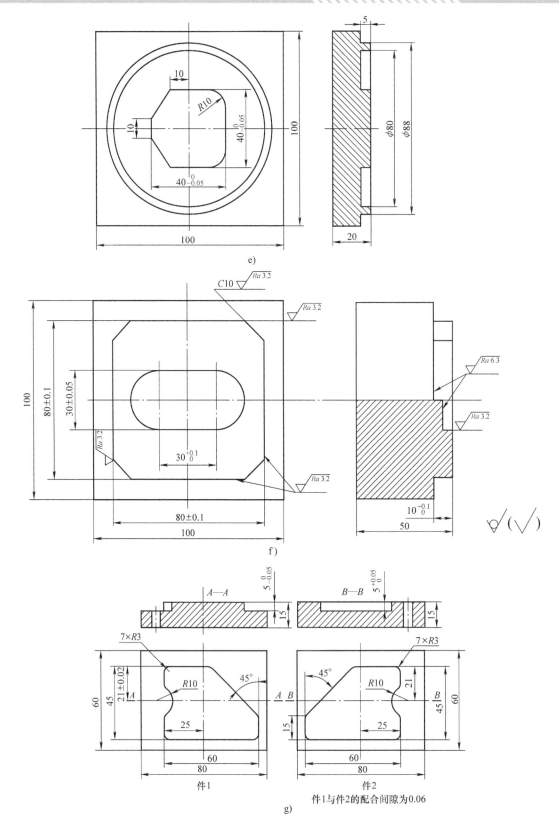

图 3-75 编制零件加工程序（续）

## 任务3.5 多个相似轮廓的编程与加工

【学习目标】

巩固子程序调用指令 M98、M99 的使用方法，掌握比例缩放指令 G50、G51，镜像加工指令 G50.1、G51.1，坐标旋转指令 G68、G69 的功能及应用，能够完成一个零件上相同（或相似）的多个轮廓的编程与加工。

【任务导入】

完成如图 3-76 所示的几个相同或相似腰形槽的零件加工，毛坯尺寸为 170mm × 100mm × 15mm，单件生产。

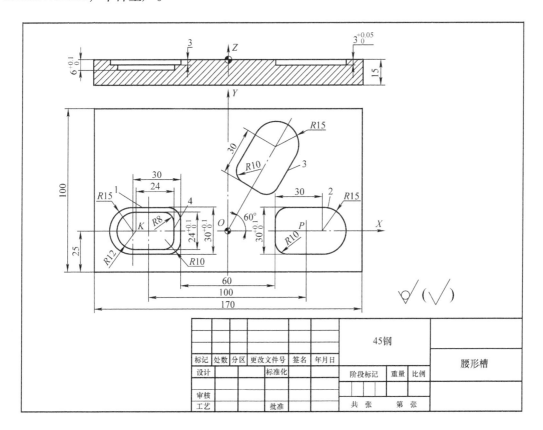

图 3-76 腰形槽

任务分析：加工内容中槽 1 和槽 2 尺寸完全相同且以 Y 轴为镜像轴左右对称，槽 3 和槽 2 尺寸相同，可以通过绕点 O 旋转获得，槽 4 可以通过槽 1 按比例缩小获得。本任务采用子程序、镜像、旋转和缩放功能等简化编程指令实现程序编制。

【新知学习】

编程指令

**1. 子程序指令 M98/M99**

子程序格式与功能说明见前文内容,本节不再赘述,主要对子程序在数控铣削中的应用进行说明。

(1)同平面内完成多个相同轮廓加工  在一次装夹中若要完成多个相同轮廓形状工件的加工,则编程时只编写一个轮廓形状加工程序,然后用主程序来调用子程序。

【例3-12】 如图3-77所示,工件上有①、②两个相同的轮廓,切深为5mm,设起刀点为O点,编写加工程序。

3-4 子程序指令 M98/M99

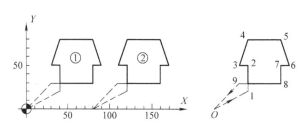

图 3-77 相同轮廓加工实例

程序如下:

| O3050 | 主程序 |
| N10  G90  G49  G40  G54  G00  Z100; | |
| N20  M03  S1000; | |
| N30  X0  Y0; | |
| N40  G43  Z5  H01; | 刀具长度补偿 |
| N50  M98  P3051; | 调用子程序 O3051,加工轮廓① |
| N60  G90  G00  X80; | 绝对编程,快速定位至 X80 |
| N70  M98  P3051; | 调用子程序 O3051,加工轮廓② |
| N80  G90  G00  Z100; | |
| N90  M05; | |
| N100  M30; | |
| O3051 | 子程序 |
| N10  G91  G01  Z-10; | 相对当前高度快速下刀10mm,至切削深度 |
| N20  G41  X40  Y20  D01  F100; | 点1,建立刀具半径补偿 |
| N30  Y30; | 点2 |
| N40  X-10; | 点3 |

| | | | |
|---|---|---|---|
| N50 | X10 Y30; | | 点4 |
| N60 | X40; | | 点5 |
| N70 | X10 Y－30; | | 点6 |
| N80 | X－10; | | 点7 |
| N90 | Y－20; | | 点8 |
| N100 | X－50; | | 点9 |
| N110 | G01 Z10; | | 抬刀至安全高度 |
| N120 | G40 X－30 Y－30; | | 取消刀具半径补偿，返回点0 |
| N130 | M99; | | 子程序结束，返回主程序 |

（2）实现零件的分层切削

【例3-13】 加工图3-78所示的零件，毛坯为 $\phi 50\mathrm{mm} \times 35\mathrm{mm}$ 的棒料。

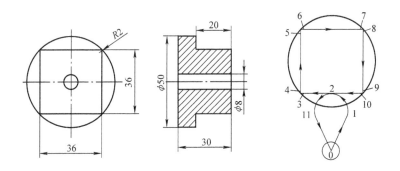

图3-78 零件分层切削实例

程序如下：

O3053                    主程序
N10  G90 G49 G40 G54 G00 Z100;
N20  M03 S800;
N30  X0 Y－50;
N40  G43 Z0 H01;          刀具长度补偿
N50  M98 P0043054;        调用4次子程序O3054，加工轮廓
N60  G90 G00 Z100;
N70  M05;
N80  M30;
O3054                    子程序
N10  G91 G01 Z－5;        相对当前高度快速下刀5mm
N20  G41 X12 Y－30 D01 F100;  点1，建立刀具半径补偿
N30  G03 X0 Y－18 R12;    点2
N40  G01 X－16;           点3
N50  G02 X－18 Y－16 R2;  点4

```
N60    G01   Y16；                         点 5
N70    G02   X-16  Y18  R2；              点 6
N80    G01   X16；                         点 7
N90    G02   X-18  Y16  R2；              点 8
N100   G01   Y-16；                        点 9
N110   G02   X16   Y-18  R2；             点 10
N120   G01   X0；                          点 2
N130   G03   X-12  Y-30  R12；            点 11
N140   G40   G00   X0  Y-50；             取消刀具半径补偿，返回点 0
N150   M99；                               子程序结束，返回主程序
```

使用子程序时应注意以下几点：

1）注意主程序、子程序间的模式代码的变换，如某些 G 代码，M 和 F 代码。例如 G91、G90 模式的变化，如图 3-79 所示。

2）处在半径补偿模式中的程序段不应调用子程序。

3）子程序中一般用 G91 模式来进行重复加工；若是用 G90 模式，则主程序可以用改变坐标系的方法实现不同位置的加工。

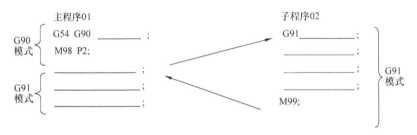

图 3-79　G91、G90 模式的变化

**2. 比例缩放指令 G50/G51**

在数控编程中，有时在对应坐标轴上的值是按照固定的比例系数进行放大或缩小的，这时，为了编程方便，可以采用比例缩放指令来进行编程。如图 3-80 所示，由于图形 $P_1P_2P_3P_4$ 与 $P_1'P_2'P_3'P_4'$ 相似，可以利用比例缩放指令来简化编程。

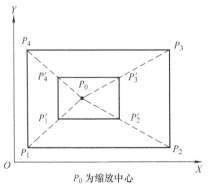

图 3-80　比例缩放

(1) 指令格式

$\begin{cases} \text{G51 X\_Y\_Z\_P\_;} \\ \quad \vdots \\ \text{G50;} \end{cases}$ （X、Y、Z：比例缩放中心坐标值的绝对值指令，P：各轴以 P 指定的比例进行缩放，其最小输入量为 0.001mm）

缩放的加工程序段

比例缩放取消

或者

$\begin{cases} \text{G51 X\_ Y\_ Z\_ I\_ J\_ K\_;} \\ \quad \vdots \\ \text{G50;} \end{cases}$ （各轴分别以不同的比例 I、J、K 进行缩放）

缩放的加工程序段

比例缩放取消

G51 使编程的形状以指定位置为中心，放大和缩小相同或不同的比例。需要指出的是，G51 需以单独的程序段进行指定，并以 G50 取消。

(2) 说明

1) 缩放中心。G51 可以带 3 个定位参数 X_、Y_、Z_，定位参数用以指定 G51 的缩放中心。如果不指定定位参数，系统将刀具当前位置设为比例缩放中心。不论当前定位方式为绝对方式还是相对方式，缩放中心只能以绝对定位方式指定。

如：

G17 G91 G54 G00 X20 Y20;

G51 X50 Y50 P2000;        增量方式，缩放中心为 G54 坐标系下的绝对坐标（50，50）

G01 Y90;                  参数 Y 还是采用增量方式

2) 缩放比例。不论当前为 G90 还是 G91 方式，缩放的比例总是以绝对方式表示。

① G51 带指令参数 P，则各轴缩放比例均为参数 P 的参数值。

② G51 带指令参数 I、J、K，则指令参数 I、J、K 的参数值分别对应 X、Y、Z 轴的缩放比例。

③ 同时指定指令参数 P、I、J、K，系统将忽略指令参数 I、J、K。

④ 指定参数 P 或 I、J、K 的参数值为 1，则相应轴不进行比例缩放。

⑤ 指定参数 P 或 I、J、K 的参数值为 -1，则相应轴进行镜像。P 与 I、J、K 均为可选参数。

⑥ 某个轴未指定，则该轴不进行缩放；如果均未指定，则各轴均不进行比例缩放。

⑦ 缩放比例可用小数点来表示，例如，G51 X10 Y0 Z0 I400 J600 K800；则以（10，0，0）为缩放中心，X、Y、Z 分别以 0.4、0.6、0.8 的比例进行缩放。

3) 缩放取消。在使用 G50 指令取消比例缩放后，紧跟移动指令时，刀具所在位置为此移动指令的起始点。

【例 3-14】 使用缩放功能加工图 3-81 所示零件。

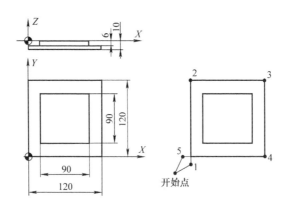

图 3-81　G50/G51 比例缩放功能实例

程序如下：

O3055　　　　　　　　　　　　　　　　　　主程序
N10　G90　G49　G40　G54　G00　Z100；
N20　M03　S800；
N30　X-30　Y30；
N40　G43　Z5　H01；　　　　　　　　　　　刀具长度补偿
N50　G01　Z-10　F100；
N60　M98　P3056；　　　　　　　　　　　　加工 120mm×120mm×10mm 的凸台
N70　G01　Z-6；
N80　G51　X60　Y60　P750；　　　　　　　以 (60, 60) 为缩放中心，比例为 0.75
N90　M98　P3056；　　　　　　　　　　　　加工 90mm×90mm×6mm 的凸台
N100　G50；　　　　　　　　　　　　　　　 缩放取消
N110　G90　G00　Z100；
N120　M05；
N130　M30；

O3056　　　　　　　　　　　　　　　　　　子程序
N10　G41　G01　X0　Y-10　D01　F100；　　点 1，建立刀具半径补偿
N20　Y120；　　　　　　　　　　　　　　　点 2
N30　X120；　　　　　　　　　　　　　　　点 3
N40　Y0；　　　　　　　　　　　　　　　　点 4
N50　X-10；　　　　　　　　　　　　　　　点 5
N60　G40　G00　X-30　Y-30；　　　　　　 返回开始点，取消刀具半径补偿
N70　M99；　　　　　　　　　　　　　　　　子程序结束，返回主程序

【例 3-15】　使用 G50/G51 的镜像功能加工图 3-82 所示轮廓，切削深度为 5mm。

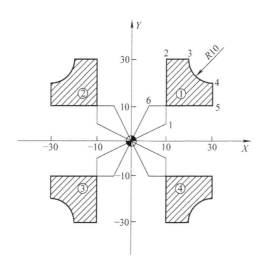

图 3-82　G50/G51 镜像功能实例

| O3057 | | | | | 主程序 |
|---|---|---|---|---|---|

N10　G90　G54　G00　Z100;

N20　M03　S800;

N30　X0　Y0;

N40　M98　P3058;　　　　　　　　　　　加工图形①

N50　G51　X0　Y0　I-1000　J1000;　　　Y 轴镜像，镜像位置为 X=0

N60　M98　P3058;　　　　　　　　　　　加工图形②

N70　G51　X0　Y0　I-1000　J-1000;　　 XY 轴镜像，镜像位置（0，0）

N80　M98　P3058;　　　　　　　　　　　加工图形③

N90　G51　X0　Y0　I1000　J-1000;　　　X 轴镜像，镜像位置为 Y=0

N100　M98　P3058;　　　　　　　　　　 加工图形④

N110　G50;　　　　　　　　　　　　　　取消镜像

N120　M05;

N130　M30;

O3058　　　　　　　　　　　　　　　　　子程序

N10　G00　Z10;

N20　G01　Z-5　F100;

N30　G41　G01　X10　Y5　D01;　　　　　点 1，建立刀具半径补偿

N40　Y30;　　　　　　　　　　　　　　　点 2

N50　X20;　　　　　　　　　　　　　　　点 3

N60　G03　X30　Y20　R10;　　　　　　　点 4

N70　G01　Y10;　　　　　　　　　　　　点 5

N80　X10;　　　　　　　　　　　　　　　点 6

N90　G40　X0　Y0;　　　　　　　　　　 返回原点，取消刀具半径补偿

N100　G00　Z100；
N110　M99；　　　　　　　　　　　子程序结束，返回主程序

**3. 镜像加工指令 G51.1/G50.1**

当工件具有相对于某一轴或某一坐标点的对称形状时，可以利用镜像功能和子程序的方法，只对工件的一部分进行编程，就能加工出工件的整体，这就是镜像功能。

（1）指令格式　G51.1　X_　Y_；　　镜像加工生效
　　　　　　　　　　　⋮
　　　　　　　　G50.1　X_　Y_；　　取消镜像加工模式

（2）说明

1）格式中的 X、Y 值用于指定对称轴或对称点。

① 当 G51.1 指令后仅有一个坐标字时，该镜像是以某一坐标轴为镜像轴。如 G51.1　X10；表示以与 Y 轴平行，且与 X 轴在 X = 10 处相交直线为对称轴。

② 当 G51.1 指令后有两个坐标字时，表示该镜像是以某一点作为对称点进行镜像。如 G51.1　X10　Y10；表示以（10，10）这一点为对称点进行镜像加工。

2）G50.1　X_　Y_；表示取消镜像。

【例 3-16】　如图 3-83 所示，Z 轴起始高度 100mm，切削深度为 10mm，使用镜像功能编写程序。

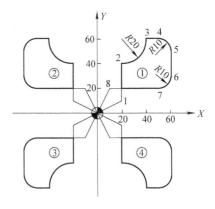

图 3-83　镜像功能实例

O3059　　　　　　　　　　　　　　主程序
N10　G90　G54　G00　Z100；
N20　M03　S600；
N30　X0　Y0；
N40　M98　P3150；　　　　　　　　加工图形①
N50　G51.1　X0；　　　　　　　　　建立 Y 轴镜像
N60　M98　P3150；　　　　　　　　加工图形②
N70　G51.1　X0　Y0；　　　　　　　建立原点镜像
N80　M98　P3150；　　　　　　　　加工图形③
N90　G50.1　X0；　　　　　　　　　X 轴镜像继续有效，取消 Y 轴镜像
N100　M98　P3150；　　　　　　　加工图形④
N110　G50.1　Y0；　　　　　　　　取消镜像
N120　M05；
N130　M30；
P3150　　　　　　　　　　　　　　子程序
N10　G00　Z5；
N20　G41　G01　X20　Y10　D01　F100；　点 1

| | | | | |
|---|---|---|---|---|
| N30 | G01 | Z-10; | | |
| N40 | Y40; | | | 点2 |
| N50 | G03 | X40 Y60 R20; | | 点3 |
| N60 | G01 | X50; | | 点4 |
| N70 | G02 | X60 Y50 R10; | | 点5 |
| N80 | G01 | Y30; | | 点6 |
| N90 | G02 | X50 Y20 R10; | | 点7 |
| N100 | G01 | X10; | | 点8 |
| N110 | G00 | Z100; | | |
| N120 | G40 | X0 Y0; | | |
| N130 | M99; | | | 子程序结束，返回主程序 |

（3）注意

1）在指定平面内执行镜像指令时，如果程序中有圆弧指令，则圆弧的旋转方向相反，即 G02 变成 G03，相应地 G03 变成 G02，如图 3-84 所示。

2）在指定平面内执行镜像指令时，如果程序中有刀具半径补偿指令，则刀具半径补偿的偏置方向相反，即 G41 变成 G42，G42 变成 G41，如图 3-84 所示。

3）在指定平面内执行镜像指令时，如果程序中有坐标系旋转指令，则坐标系旋转方向相反，应按顺序指定，取消时，按相反顺序取消。旋转方式或比例缩放方式不能指定镜像指令，但在镜像指令中可以指定比例缩放指令或坐标系旋转指令。

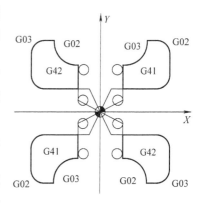

图 3-84 镜像时刀补的变化

4）CNC 数据处理的顺序是程序镜像→比例缩放→坐标系旋转，所以在指定这些指令时，应按顺序指定，取消时，按相反顺序取消。

5）在可编程镜像方式中，返回参考点指令（G27~G30）和改变坐标系指令（G54~G59，G92）不能指定。如果要指定其中的某一个，则必须在取消可编程镜像后指定。

6）在使用镜像功能时，由于数控镗铣床的 Z 轴一般安装有刀具，所以 Z 轴一般都不进行镜像加工。

**4. 坐标系旋转指令 G68/G69**

对于某些围绕中心旋转得到的特殊轮廓，如果根据旋转后的实际加工轨迹进行编程，就可能使坐标系计算的工作量大大增加。而通过图形旋转功能，可以大大简化编程的工作量，同时省时、省存储空间，如图 3-85 所示。

（1）指令格式　G17　G68　X_　Y_　R_；
　　　　　　　　⋮
　　　　　　　　G69；

3-5 坐标系旋转指令 G68/G69

G68 使平面内编程的形状以指定中心为原点进行旋转；G69 用于取消坐标系旋转。

（2）说明

1）G68 可以带 2 个定位参数，为可选参数。定位参数用以指定旋转操作的中心。如果不指定旋转中心，系统以当前刀具位置为旋转中心。

2）不论当前定位方式为绝对方式还是相对方式，或者在极坐标 G16 下，旋转中心都只能以直角坐标系绝对定位方式指定。

3）G68 带一个指令参数 R，其参数值为进行旋转的角度，正值表示逆时针方向旋转。旋转角度最小输入增量的单位为 0.001°。参数 R 不指定则不进行旋转操作，指定为 0 或 360 或 360 的倍数则不进行旋转操作。

在 G91 方式下，旋转角度 = 上一次旋转的角度 + 当前 G68 指令中 R 指定的角度

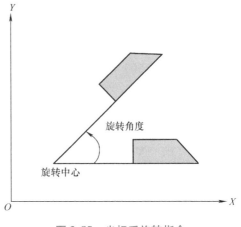

图 3-85　坐标系旋转指令

4）在旋转方式下，不可进行固定循环，否则系统报错。

5）进行旋转操作时应注意刀具移动指令在当前平面执行；如果未指定当前平面内的定位参数，则旋转中心对应轴的参数值为 G68 执行时的刀具位置。

6）当系统处于旋转模态时，不可进行平面选择操作，否则出现报错，编制程序时应注意。

7）在运用坐标旋转功能进行加工编程时，若旋转功能结束，旋转取消（G69）不能缺少，以免使系统坐标旋转的模态值一直处于建立状态（G68）。取消坐标系旋转的 G69 可以在其他指令的程序段中指定。

8）在使用 G69 指令取消坐标旋转后，紧跟移动指令时，则默认取消坐标旋转，刀具所在位置为此移动指令的起始点。对于取消坐标旋转后的第一条移动指令允许用增量方式进行编程。

【例 3-17】　利用坐标系旋转指令编写图 3-86 所示零件中轮廓的加工程序。

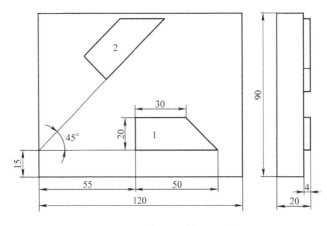

图 3-86　坐标系旋转加工实例

程序如下：

O3151　　　　　　　　　　　　　　　　　　主程序

N10　G54　G90　G00　Z100；

N20　M03　S1000；

N30　X0　Y0；

N40　M98　P3152；　　　　　　　　　　　　加工1

N50　G68　X0　Y15　R45；　　　　　　　　　坐标系以（0，15）为中心旋转45°

N60　M98　P3152；　　　　　　　　　　　　加工2

N70　G69；　　　　　　　　　　　　　　　　取消旋转

N80　G00　Z100；

N90　M05；

N100　M30；

P3152　　　　　　　　　　　　　　　　　　子程序

N10　G00　X-20　Y0；

N20　Z5；

N30　G01　Z-4　F150；

N40　G42　X-10　Y15　D01；

N50　G01　X105；

N60　X85　Y35；

N70　X55；

N80　G01　Y10；

N90　G40　X-20　Y0；

N100　G00　Z5；

N110　M99；

## 【任务实施】

下面分析图3-76所示的腰形槽加工工艺，并编制程序。

**1. 工艺分析**

刀具：$\phi$14mm 键槽铣刀。夹具：机用平口钳。

加工工艺路线：槽1和槽2尺寸完全相同且以Y轴对称；槽3和槽2尺寸相同，可以通过坐标系旋转功能获得；槽4可以通过槽1按比例缩小获得。可编写一个槽的加工子程序供主程序多次调用。具体路线为 P→1→2→3→4→5→6→7→8→9→10→1→P，如图3-87所示。

子程序原点建立在槽的几何中心P点，工件原点为X、Y轴交点（O点），如图3-76所示。主轴转速为800r/min，进给速度F为100mm/min。

基点坐标的计算：由于采用简化编程功能指令和刀具半径补偿功能指令编程，只需计算一个槽的轮廓基点坐标，以P为起点，增量编程时的基点坐标值见表3-9。

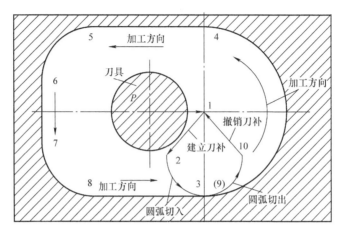

图 3-87 加工工艺路线

表 3-9 基点坐标

| 基点 | 坐标 | 基点 | 坐标 |
|---|---|---|---|
| P | (0, 0) | 6 | (-10, -10) |
| 1 | (10, 0) | 7 | (0, -10) |
| 2 | (-8, -7) | 8 | (10, -10) |
| 3 | (8, -8) | 9 | (20, 0) |
| 4 | (0, 30) | 10 | (8, 8) |
| 5 | (-20, 0) | | |

**2. 程序编制**

程序如下：

| | |
|---|---|
| O3153; | 主程序 |
| N10  G54  G90  G00  Z100; | |
| N20  M03  S800; | |
| N30  G00  X50  Y0; | |
| N40  G00  Z5; | 轮廓定位，工件坐标系下 P 点 |
| N50  M98  P3154; | 加工槽 2 |
| N60  G68  X0  Y0  R60; | 坐标系旋转 60° |
| N70  G00  X50  Y0; | 轮廓定位 |
| N80  M98  P3154; | 加工槽 3 |
| N90  G69; | 取消旋转 |
| N100  G51.1  X0; | Y 轴镜像，镜像位置 $X=0$ |
| N110  G00  X50  Y0; | 轮廓定位 |
| N120  M98  P3154; | 加工槽 1 |
| N130  G51  X50  Y0  P0.8; | 在镜像后的坐标系中以 K 点为缩放原点进行比例缩放 |

| | | | | | | |
|---|---|---|---|---|---|---|
| N140 | G01 | Z-3 | F50; | | | |
| N150 | M98 | P3154; | | | 加工槽4 | |
| N160 | G50; | | | | 取消比例缩放 | |
| N170 | G50.1 | X0; | | | 取消镜像功能 | |
| N180 | G90 | G00 | Z100; | | | |
| N190 | M05; | | | | | |
| N200 | M30; | | | | | |

O3154
| | | | | | | | |
|---|---|---|---|---|---|---|---|
| N10 | G91 | G01 | Z-8 | F50; | | | |
| N20 | G01 | X10 | Y0; | | | P→1 | |
| N30 | G01 | G41 | X-8 | Y-7 | D01 | F80; | 1→2,建立刀具半径补偿 |
| N40 | G03 | X8 | Y-8 | R8; | | | 2→3 |
| N50 | G03 | X0 | Y30 | R15; | | | 3→4 |
| N60 | G01 | X-20 | Y0; | | | | 4→5 |
| N70 | G03 | X-10 | Y-10 | R10; | | | 5→6 |
| N80 | G01 | X0; | | | | | 6→7 |
| N90 | G03 | X10 | Y-10 | R10; | | | 7→8 |
| N100 | G01 | X20 | Y0; | | | | 8→9 |
| N110 | G03 | X8 | Y8 | R8; | | | 9→10 |
| N120 | G40 | G01 | X-8 | Y7; | | | 取消刀补,返回1点 |
| N130 | G90 | G01 | Z5; | | | | |
| N140 | G00 | X0 | Y0; | | | | |
| N150 | M99 | | | | | | 子程序结束,返回主程序 |

【知识与任务拓展】

局部坐标系与坐标系偏移指令

在编写子程序时没有使用工件坐标系,而是重新建立一个子程序的坐标系,这种在工件坐标系中建立的子坐标系称为局部坐标系。

通过坐标系偏移指令 G52 可以将工件坐标原点偏移到所需要的位置。如偏移到局部坐标系原点上,则工件坐标系与局部坐标系重合。

如图 3-88 所示,由于有四个不同形状的轮廓需要加工,如果采用局部坐标系,就相当于建立了四个工件坐标系,编程时只需以各自轮廓中心为坐标原点计算各基点坐标。如机床在读到坐标系偏移指令

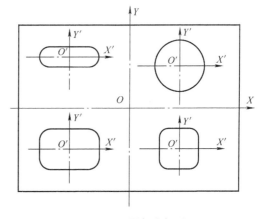

图 3-88 局部坐标系

"G52 X_Y_Z_;"（其中，X、Y、Z 为局部坐标系原点 $O'$ 位置坐标）后，工件坐标系原点就移到了 $O'$ 点位置，然后就可以在该坐标系中加工零件。

【课后训练】

一、判断题

1. 当某一轴镜像有效时，该轴执行与编程方向相反的运动。（　　）
2. 子程序不能再嵌套子程序。（　　）
3. 在编制子程序时，只能用相对坐标编程。（　　）

二、选择题

1. FANUC 0i 系统中旋转变换及取消旋转变换指令是（　　）。
   A. G68/G69　　　　B. G51/G50
   C. G24/G25　　　　D. G41/G40
2. 在数控铣床上采用子程序编程的主要目的是（　　）。
   A. 简化编程　　　　B. 提高加工精度
   C. 提高加工效率　　D. 减少对计算机内存的占用量
3. 程序中运用镜像、缩放、旋转指令的目的是（　　）。
   A. 提高加工精度　　B. 提高程序运行速度
   C. 使程序更容易理解　D. 简化编程

三、编程题

完成图 3-89 所示零件的编程与加工。

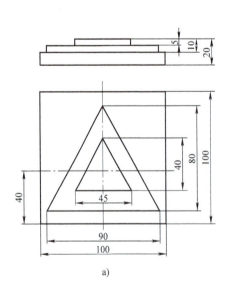
a)

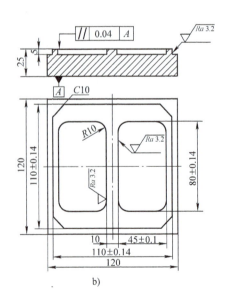
b)

图 3-89　编制零件加工程序

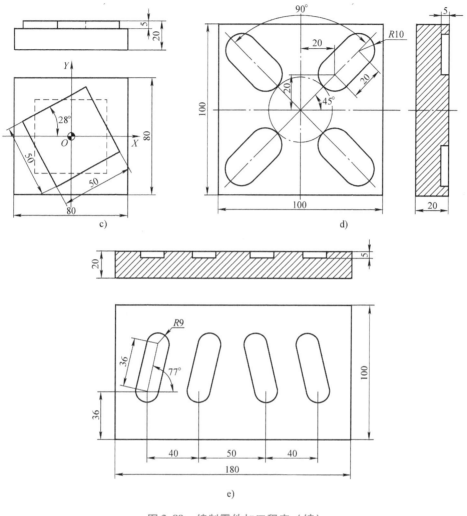

图 3-89 编制零件加工程序（续）

## 任务 3.6 孔的编程与加工

【学习目标】

掌握钻孔、镗孔、铰孔、攻螺纹等孔加工方法，掌握 G73、G74、G76、G80～G89 等孔加工循环指令功能及使用方法，能够进行浅孔、深孔、螺纹孔的编程与加工。

【任务导入】

完成图 3-90 所示孔类零件的加工，毛坯尺寸为 100mm×100mm×20mm，单件生产。

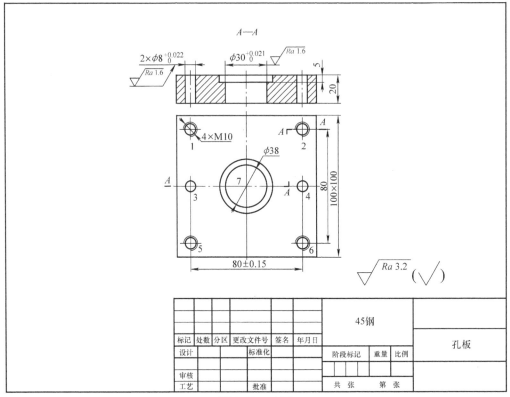

图 3-90 孔板

任务分析：除了尺寸精度和表面粗糙度要求较高的孔 $2\times\phi8^{+0.022}_{0}$ mm、$\phi30^{+0.021}_{0}$ mm 外，还有 4 个 M10 的螺纹孔、$\phi38$ mm 沉孔需要加工。该任务主要涵盖了钻削、镗削、铰削、攻螺纹等孔加工编程及工艺知识。

【新知学习】

## 编程指令

### 1. 固定循环功能

孔加工是数控铣削加工中最常见的加工工序，数控铣床通常都能完成钻孔、铰孔、镗孔和攻螺纹等固定循环功能。在孔加工编程时，只需给出第一个孔加工的所有参数，接着加工孔，凡与第一个孔相同的参数均可省略，这样可提高编程效率，而且程序变得简单易懂。加工孔的固定循环指令见表 3-10。

3-6 孔加工概述

表 3-10 固定循环指令表

| G 代码 | 开孔动作（-Z 方向） | 孔底动作 | 退刀动作（+Z 方向） | 用途 |
|---|---|---|---|---|
| G73 | 间歇进给 | — | 快速进给 | 高速深孔加工 |
| G74 | 切削进给 | 暂停、主轴正转 | 切削进给 | 攻左螺纹 |
| G76 | 切削进给 | 主轴准停、刀具偏移 | 快速进给 | 精镗 |
| G80 | — | — | — | 取消固定循环 |
| G81 | 切削进给 | — | 快速进给 | 钻、点钻 |

（续）

| G 代码 | 开孔动作（-Z 方向） | 孔底动作 | 退刀动作（+Z 方向） | 用途 |
|---|---|---|---|---|
| G82 | 切削进给 | 暂停 | 快速进给 | 锪孔、镗阶梯孔 |
| G83 | 间歇进给 | — | 快速进给 | 深孔排屑钻 |
| G84 | 切削进给 | 暂停、主轴反转 | 切削进给 | 攻右螺纹 |
| G85 | 切削进给 | — | 切削进给 | 精镗 |
| G86 | 切削进给 | 主轴停 | 快速进给 | 镗孔 |
| G87 | 切削进给 | 刀具偏移、主轴正转 | 快速进给 | 反镗 |
| G88 | 切削进给 | 暂停、主轴停 | 手动操作快速返回 | 镗孔 |
| G89 | 切削进给 | 暂停 | 切削进给 | 精镗阶梯孔 |

**2. 固定循环的动作组成**

图 3-91 所示为固定循环的动作，图中用虚线表示的是快速进给，用实线表示的是切削进给。

固定循环一般由下述 6 个动作组成：

动作 1：快速定位到孔加工的 $X$ 轴和 $Y$ 轴位置。

动作 2：快速移动到 $R$ 平面。

动作 3：以切削进给的方式执行孔加工动作。

动作 4：在孔底的动作，如暂停、主轴准停、刀具位移等。

动作 5：返回到 $R$ 平面。

动作 6：快速返回到初始平面。

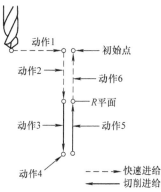

图 3-91 固定循环的动作组成

在固定循环中，刀具长度补偿（G43/G44/G49）有效，它们在上述动作 2 中执行。

**3. 固定循环的代码组成**

规定一个固定循环动作由三种方式决定，它们分别由 G 代码指定。

（1）数据形式代码　G90 为绝对值方式，G91 为增量值方式，如图 3-92 所示。

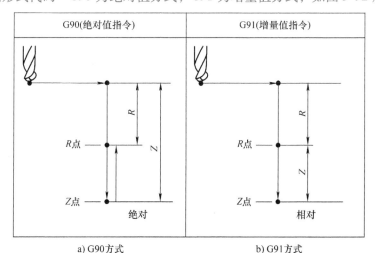

图 3-92　G90 和 G91 的坐标计算

（2）返回点平面代码　G98 为返回初始点平面；G99 为返回 $R$ 平面。

当刀具到达孔底后，根据 G98 和 G99 的不同，可以使刀具返回初始点平面或 $R$ 平面，如图 3-93 所示。

其中，初始点平面表示开始固定循环状态前刀具所处的 Z 轴方向的绝对位置。R 平面又称为安全平面，是固定循环中由快进转工进时，Z 轴方向的位置，一般定在工件表面之上一定距离，防止刀具撞到工件，并保证有足够距离完成加速过程。

（3）孔加工方式代码 G73 ~ G89。在使用固定循环编程时，一定要在前面程序段中指定 M03 或 M04，使主轴启动。

4. 固定循环指令组的书写格式

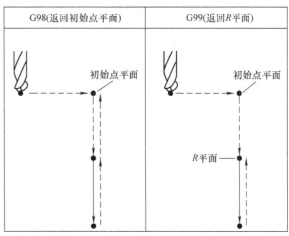

图 3-93 G98 和 G99 的返回形式

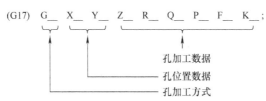

其中，孔位置数据和孔加工数据的基本含义见表 4-2。

表 3-11 孔位置数据和孔加工数据的基本含义

| 指定内容 | 参数字 | 说明 |
| --- | --- | --- |
| 孔加工方式 | G | 请参照表 3-10 |
| 孔位置数据 | X，Y | 用绝对值或增量值指定孔的位置，与 G00 定位相同 |
| 孔加工数据 | Z | 在绝对值方式时，是指孔底的 Z 坐标值，如图 3-92a 所示；在增量值方式时，是指 R 点到孔底的距离，如图 3-92b 所示。进给速度在动作 3 中是用 F 代码指定的速度，在动作 5 中根据孔加工方式不同，为快速进给或 F 代码指令的速度 |
| 孔加工数据 | R | 在绝对值方式时，是指 R 点的 Z 坐标值，如图 3-92a 所示；在增量值方式时，是指初始点平面到 R 点距离，如图 3-92b 所示。进给速度在动作 2 和动作 6 中全部是快速进给 |
| 孔加工数据 | Q | 指定 G73、G83 中每次切入量或者 G76、G87 中平移量（增量值） |
| 孔加工数据 | P | 指定在孔底的暂停时间。固定循环指令都可以带一个参数 P __，在 P __的参数值中指定刀具到达 Z 平面后，执行暂停操作的时间。P __的参数值为 4 位整数，单位为 ms |
| 孔加工数据 | F | 指定切削进给速度 |
| 孔加工数据 | K | 在 K_的参数值中指定重复次数，K 仅在被指定的程序段内有效。可省略不写，默认为一次。最大钻孔次数受系统参数限定，当指定负值时，按其绝对值进行执行，为零时，不执行钻孔动作，只改变模态 |

注：1. 不能单段（单独）指定钻孔指令 G __，否则系统报警，而且也没有意义。

2. 一旦指定了孔加工方式，一直到指定取消固定循环的 G 代码之前一直保持有效，所以连续进行同样的孔加工时，不需要每个程序都指定。

3. 取消固定循环的 G 代码，有 G80 及 01 组的 G 代码。

4. 加工数据一旦在固定循环中被指定，便一直保持到取消固定循环为止，因此在固定循环开始，可先把必要的孔加工数据全部指定出来，在其后的固定循环中只需指定变更的数据。

5. 缩放、极坐标及坐标旋转方式下，不可进行固定循环，否则报错；在进行固定循环加工前，一定要撤销刀具半径补偿，否则，系统将出现不正确走刀现象。

## 5. 常用固定循环方式

(1) 钻孔循环指令 G81

指令格式：G81　X_　Y_　Z_　R_　F_　K_；

该循环用作一般的钻孔加工或打中心孔。孔加工动作如图 3-94 所示，钻头先快速定位至 X、Y 指定的坐标位置，再快速定位至 R 点，接着以 F 指定的进给速度向下钻削至 Z 所指定的孔底位置，最后快速退刀至 R 点或初始点，完成循环。

3-7　固定循环指令 G81

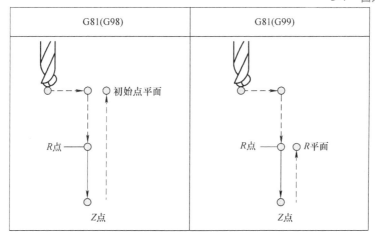

图 3-94　G81 循环

(2) 钻孔、锪孔循环指令 G82

指令格式：G82　X_　Y_　Z_　R_　P_　F_　K_；

该循环一般用于扩孔和沉头孔加工。孔加工动作如图 3-95 所示，G82 与 G81 比较，唯一不同之处是 G82 在孔底有暂停动作，即当钻头加工到孔底位置时，刀具不做进给运动，并保持旋转状态，以提高孔底的精度及降低孔的表面粗糙度值。

3-8　钻孔、锪孔循环指令 G82

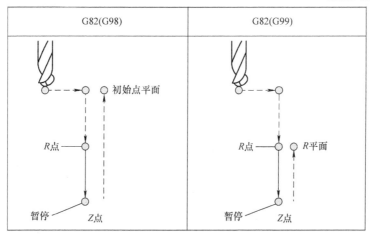

图 3-95　G82 循环

【例 3-18】 使用 G81 和 G82 循环指令加工如图 3-96 所示的各孔。

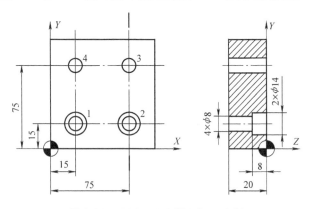

图 3-96　G81、G82 循环加工实例

程序如下：

O3060　　　　　　　　　　　　　　　　　　　　φ8mm 钻头钻 4 个通孔
N10　G54　G00　Z100;　　　　　　　　　　　　定位初始平面
N20　M03　S800;
N30　G99　G81　X15　Y15　Z-23　R5　F100;　　钻孔 1，返回 R 平面
N40　X75;　　　　　　　　　　　　　　　　　　钻孔 2，返回 R 平面
N50　Y75;　　　　　　　　　　　　　　　　　　钻孔 3，返回 R 平面
N60　G98　X15;　　　　　　　　　　　　　　　钻孔 4，返回初始平面
N70　G80;　　　　　　　　　　　　　　　　　　取消固定循环
N80　M05;
N90　M30;

O3061　　　　　　　　　　　　　　　　　　　　φ14mm 锪孔刀扩 2 个孔
N10　G54　G00　Z100;　　　　　　　　　　　　定位初始平面
N20　M03　S600;
N30　G99　G82　X15　Y15　Z-8　R2　P1000　F120;　扩孔 1，返回 R 平面
N40　G98　Y75;　　　　　　　　　　　　　　　扩孔 2，返回初始平面
N50　G80;　　　　　　　　　　　　　　　　　　取消固定循环
N60　M05;
N70　M30;

（3）高速深孔往复排屑循环指令 G73

指令格式：G73　X_　Y_　Z_　R_　Q_　F_　K_;

该循环用于深孔加工。孔加工动作如图 3-97 所示，钻头先快速定位至 X、Y 所指定的坐标位置，再快速定位至 R 点，接着以 F 指定的进给速度向下钻削至 Q 指定的距离（Q 必须为正值，用增量值表示），再快速回退 d 距离（d 是 CNC 系统内部参数设定的）。依此方式进刀若干个 Q，最后一次进刀量为剩余量（小于或等于 q），到达 Z 指定的孔底位置。G73 指令是在钻

3-9　高速深孔往复排屑循环指令 G73

孔时间歇进给，有利于断屑、排屑，冷却、润滑效果佳。

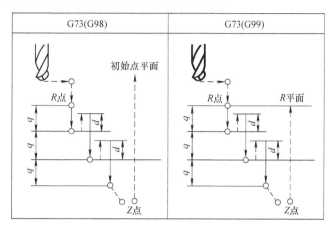

图 3-97 G73 循环

(4) 啄式深孔钻循环指令 G83

指令格式：G83　X_　Y_　Z_　R_　Q_　F_　K_；

该循环用于较深孔加工。孔加工动作如图 3-98 所示，与 G73 略有不同的是，每次刀具间歇进给后回退至 R 平面，利于断屑和充分冷却，这样对深孔钻削时排屑有利。其中 $d$（$d$ 是 CNC 系统内部参数设定的）是指 R 点向下快速定位于距离前一切削深度上方 $d$ 的位置。

3-10　啄式深孔钻循环指令 G83

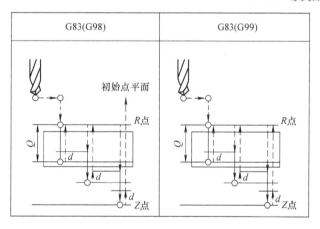

图 3-98 G83 循环

【例 3-19】 如图 3-99 所示孔，使用 G73 循环指令钻孔 1，使用 G83 循环指令钻孔 2。
程序如下：
O3062　　　　　　　　　　　　　　　　　　　　　φ8mm 钻头钻 2 个通孔
N10　G54　G00　Z100；　　　　　　　　　　　　定位初始平面
N20　M03　S800；
N30　G99　G73　X20　Y15　Z-55　R5　Q5　F60；　钻孔 1，返回 R 平面

```
N40    G98    G83    X60    Y28；                      钻孔 2，返回初始平面
N50    G80；                                           取消固定循环
N60    M05；
N70    M30；
```

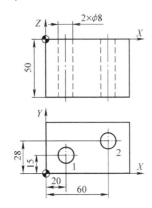

图 3-99　G73、G83 循环加工实例　　　3-11　攻右旋螺纹循环指令 G84

（5）攻右旋螺纹循环指令 G84

指令格式：G84　X_　Y_　Z_　R_　P_　F_　K_　；

该循环用于攻右旋螺纹。孔加工动作如图 3-100 所示，主轴先正转，然后钻头快速定位至 X、Y 指定的坐标位置，再快速定位至 R 点，接着以 F 指定的进给速度攻螺纹至 Z 指定的孔底位置后，主轴反转，同时向 Z 轴正方向退回至 R 点，退至 R 点后主轴恢复原来的正转。

进给速度 $F$（mm/min）= 螺纹导程 $P$（mm/r）× 主轴转速 $S$（r/min）。

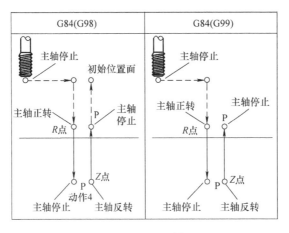

图 3-100　G84 循环

（6）攻左旋螺纹循环指令 G74

指令格式：G74　X_　Y_　Z_　R_　P_　F_　K_　；

该循环用于攻左旋螺纹。孔加工动作如图 3-101 所示，G74 与 G84 不同之处在于两者主轴旋转方向相反，其余动作相同，且在指令执行中，进给速度调整旋钮无效，即使按下进给保持键，循环在回复动作结束之前也不会停止。

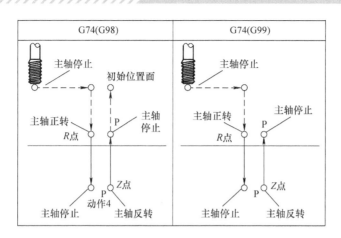

图 3-101　G74 循环

(7) 精镗循环指令 G76

指令格式：G76　X_　Y_　Z_　R_　Q_　P_　F_　K_；

该循环适用于孔的精镗。当到达孔底时，主轴停止，切削刀具离开工件的被加工表面并返回。精镗循环能防止出现退刀时的退刀痕，避免因此影响加工表面的表面粗糙度，同时避免刀具的损坏。

3-12　精镗循环指令 G76

孔加工动作如图 3-102 所示，镗刀先快速定位至 X、Y 指定的坐标位置，再快速定位至 R 点，接着以 F 指定的进给速度向下镗削至 Z 指定的孔底位置，当刀具到达孔底时，主轴停止在固定的回转位置上，并且刀具以刀尖的相反方向移动退刀，保证加工面不被破坏，实现精密而有效的镗削加工。参数 Q 指定了退刀的距离且通过系统参数指定退刀方向，Q 值必须是正值，即使用负值，符号也按正值处理。当镗刀快速退刀至 R 点或初始点时，刀具中心回位，且主轴恢复转动。

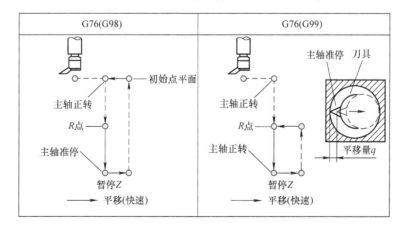

图 3-102　G76 循环

【例 3-20】　加工图 3-103 所示的各孔，其中孔 1、2、3 用 G84 循环指令攻螺纹，孔 4 采用 G76 精镗循环指令加工。

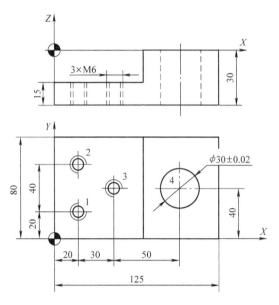

图 3-103　G84、G76 循环加工实例

程序如下：

O3063　　　　　　　　　　　　　　　　　　ϕ5mm 钻头钻 4 个通孔
N10　G54　G00　Z100；　　　　　　　　　定位初始平面
N20　M03　S1200；
N30　G99　G81　X20　Y20　Z-35　R-10　F100；　钻孔 1，返回 R 平面
N40　Y60；　　　　　　　　　　　　　　　钻孔 2，返回 R 平面
N50　X50　Y40　R5；　　　　　　　　　　钻孔 3，返回 R 平面
N60　G98　G83　X100　Y40　Z-35　Q5；　钻孔 4，返回初始平面
N70　G80；　　　　　　　　　　　　　　　取消固定循环
N80　M05；
N90　M30；

O3064　　　　　　　　　　　　　　　　　　ϕ29mm 钻头扩孔 4
N10　G54　G00　Z100；　　　　　　　　　定位初始平面
N20　M03　S600；
N30　G98　G81　X100　Y40　Z-35　F100；　扩孔 4，返回初始平面
N40　G80；　　　　　　　　　　　　　　　取消固定循环
N50　M05；
N60　M30；

O3065　　　　　　　　　　　　　　　　　　M6 丝锥对孔 1、2、3 攻螺纹
N10　G54　G00　Z100；　　　　　　　　　定位初始平面
N20　M03　S100；
N30　G99　G84　X20　Y20　Z-35　R-10　F100；　攻螺纹 1，返回 R 平面

| | | | | |
|---|---|---|---|---|
| N40 | Y60; | | | 攻螺纹 2，返回 R 平面 |
| N50 | G98 | X50 | Y40; | 攻螺纹 3，返回初始平面 |
| N60 | G80; | | | 取消固定循环 |
| N70 | M05; | | | |
| N80 | M30; | | | |

O3064　　　　　　　　　　　　　　　　　镗刀精镗孔 4
N10　G54　G00　Z100;　　　　　　　　定位初始平面
N20　M03　S100;
N30　G98　G76　X100　Y40　Z－35　Q1　F100;　　精镗孔 4，返回初始平面
N40　G80;　　　　　　　　　　　　　　取消固定循环
N50　M05;
N60　M30;

（8）镗孔循环 G85

指令格式：G85　X_　Y_　Z_　R_　F_　K_　;

该循环适用于孔的精镗或铰孔。指令的格式与 G81 完全相同。孔加工动作如图 3-104 所示，刀具是以切削进给的方式加工到孔底，然后又以切削进给的方式返回 R 平面。

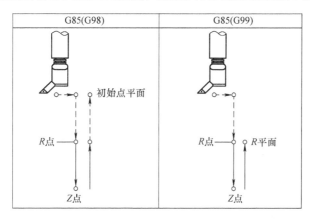

图 3-104　G85 循环

（9）镗孔循环指令 G86

指令格式：G86　X_　Y_　Z_　R_　F_　K_　;

该循环指令用于镗孔加工循环（孔底不需要暂停动作）。孔加工动作如图 3-105 所示，指令的格式与 G81 完全相同，但加工到孔底后主轴停止，返回 R 平面或初始平面后，主轴再重新起动。

（10）反镗孔循环指令 G87

指令格式：G87　X_　Y_　Z_　R_　Q_　F_　K_;

该循环执行反向精密镗孔。孔加工动作如图 3-106 所示，镗刀沿着 X 和 Y 轴定位以后，主轴在固定的旋转位置上停止旋转，沿刀尖的相反方向按 Q 值给定量移动，并在孔底 R 点定位快速移动，然后刀具在刀尖的方向上按原偏移量（Q 值）返回，并且主轴正转沿 Z 轴的正向镗孔直到 Z 点，在 Z 点主轴再次停在固定的旋转位置，刀具在刀尖的相反方向移动，

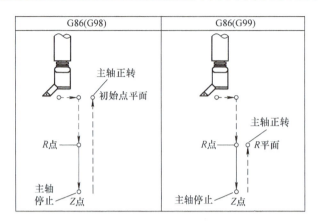

图 3-105　G86 循环

然后刀具返回初始位置，刀具在刀尖的方向上偏移，主轴正转，执行下一个程序段的加工。

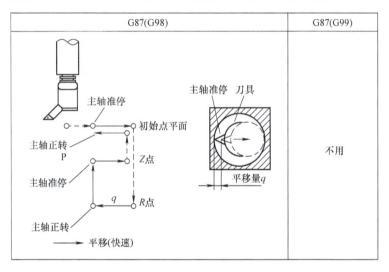

图 3-106　G87 循环

## 【任务实施】

下面分析图 3-90 所示的孔板零件的加工工艺，并编制程序。

### 1. 工艺分析

根据各孔精度和要求，选取各孔的加工方案如下：

① $\phi 30^{+0.021}_{\ \ 0}$ mm 孔：钻中心孔→钻孔→扩孔→铰孔。

② $\phi 38$ mm 孔：镗孔（或铣孔）。

③ $\phi 8^{+0.022}_{\ \ 0}$ mm 孔：钻中心孔→钻孔→扩孔→铰孔。

④ M10 螺纹孔：钻中心孔→钻螺纹底孔→孔口倒角→攻螺纹。

⑤ 本任务中孔的精度无太高要求，在使用中心钻钻孔时按照 1→2→4→7→3→5→6 的加工路线，如图 3-90 所示，具体加工步骤见表 3-12。

⑥ 刀具：$\phi 14$ mm 键槽铣刀，具体见表 3-12。夹具：机用平口钳。

⑦ 选择工件上表面中心为工件坐标系原点。

表3-12 数控加工工序卡

| 工步号 | 作业内容 | 刀具 | 主轴转速/(r/min) | 进给速度/(mm/r) | 背吃刀量/mm |
|---|---|---|---|---|---|
| 1 | 钻中心孔 | φ3mm 中心钻 | 1200 | 50 | |
| 2 | 钻 φ30H7 底孔至 φ28mm | φ28mm 锥柄麻花钻 | 300 | 70 | |
| 3 | 扩 φ30H7 孔至 φ29.5mm | φ29.5mm 扩孔钻 | 320 | 60 | |
| 4 | 镗 φ38mm 沉孔 | φ38mm 双刃镗刀 | 450 | 40 | |
| 5 | 钻 M10 螺纹底孔至 φ8.5mm | φ8.5mm 麻花钻 | 780 | 80 | |
| 6 | 钻 φ8H8 孔至 φ7.5mm | φ7.5mm 麻花钻 | 800 | 70 | |
| 7 | 扩 φ8H8 孔至 φ7.9mm | φ7.9mm 扩孔钻 | 700 | 60 | |
| 8 | M10 螺纹孔口倒角 | 倒角刀 | 500 | 40 | |
| 9 | 攻螺纹 M10 | M10 丝锥 | 100 | 150 | |
| 10 | 精镗 φ30H7 孔 | φ30mm 精镗刀 | 500 | 30 | |
| 11 | 铰孔 φ8H8 | φ8mm 铰刀 | 100 | 30 | |

**2. 程序编制**

程序如下：

O3065　　　　　　　　　　　　　　　　　φ3mm 中心钻钻中心孔
N10　G54　G90　G00　Z100；
N20　M03　S1200；
N30　G99　G81　X-40　Y40　Z-5　R5　F100；　钻孔 1 中心孔，返回 R 平面
N40　X40；　　　　　　　　　　　　　　　钻孔 2 中心孔，返回 R 平面
N50　Y0；　　　　　　　　　　　　　　　钻孔 4 中心孔，返回 R 平面
N60　X0；　　　　　　　　　　　　　　　钻孔 7 中心孔，返回 R 平面
N70　X-40；　　　　　　　　　　　　　　钻孔 3 中心孔，返回 R 平面
N80　Y-40；　　　　　　　　　　　　　　钻孔 5 中心孔，返回 R 平面
N90　G98　X40；　　　　　　　　　　　　钻孔 6 中心孔，返回初始平面
N100　G80；　　　　　　　　　　　　　　取消固定循环
N110　M05；
N120　M30；
O3066　　　　　　　　　　　　　　　　　φ28mm 钻头钻 7 号孔
N10　G54　G90　G00　Z100；
N20　M03　S300；
N30　G98　G81　X0　Y0　Z-25　F70；　　钻孔 7，返回初始平面
N40　G80；　　　　　　　　　　　　　　　取消固定循环
N50　M05；
N60　M30；

O3067                                              φ29.5mm 扩孔钻扩 7 号孔
N10    G54   G90   G00   Z100；
N20    M03   S320；
N30    G98   G81   X0   Y0   Z-25   R5   F60；    扩孔 7，返回到初始平面
N40    G80；                                        取消固定循环
N50    M05；
N60    M30；

O3068                                              φ38mm 双刃镗刀镗 7 号沉孔
N10    G54   G90   G00   Z100；
N20    M03   S300；
N30    G98   G82   X0   Y0   Z-5   P2000   F40；   镗孔 7 沉孔，返回初始平面
N40    G80；                                        取消固定循环
N50    M05；
N60    M30；

O3069                                              φ8.5mm 麻花钻钻 M10 底孔
N10    G54   G90   G00   Z100；
N20    M03   S1200；
N30    G99   G81   X-40   Y40   Z-5   R5   F80；   钻孔 1 中心孔，返回 R 平面
N40    X40；                                        钻孔 2 中心孔，返回 R 平面
N50    Y0；                                         钻孔 4 中心孔，返回 R 平面
N60    X0；                                         钻孔 7 中心孔，返回 R 平面
N70    X-40；                                       钻孔 3 中心孔，返回 R 平面
N80    Y-40；                                       钻孔 5 中心孔，返回 R 平面
N90    G98   X40；                                  钻孔 6 中心孔，返回初始平面
N100   G80；                                        取消固定循环
N110   M05；
N120   M30；

O3160                                              φ7.5mm 麻花钻钻 3、4 定位孔
N10    G54   G90   G00   Z100；
N20    M03   S800；
N30    G99   G81   X-40   Y0   Z-28   R5   F70；   钻孔 3 定位孔，返回 R 平面
N40    G98   X40；                                  钻孔 4 中心孔，返回初始平面
N50    G80；                                        取消固定循环
N60    M05；
N70    M30；

O3161                                              φ7.9mm 扩孔钻扩 3、4 孔
N10    G54   G90   G00   Z100；
N20    M03   S700；
N30    G99   G81   X-40   Y0   Z-28   R5   F60；   钻孔 3 定位孔，返回 R 平面

| | | | | | | | |
|---|---|---|---|---|---|---|---|
N40 | G98 | X40； | | | | | 钻孔4中心孔，返回初始平面
N50 | G80； | | | | | | 取消固定循环
N60 | M05； | | | | | |
N70 | M30； | | | | | |

O3162　　　　　　　　　　　　　　　　　　　倒角刀倒螺纹孔口倒角
N10　G54　G90　G00　Z100；
N20　M03　S500；
N30　G99　G81　X－40　Y40　Z－2　R5　F40；　孔1倒角，返回R平面
N40　X40；　　　　　　　　　　　　　　　　　孔2倒角，返回R平面
N50　Y－40；　　　　　　　　　　　　　　　　孔6倒角，返回R平面
N60　G98　X－40；　　　　　　　　　　　　　孔5倒角，返回初始平面
N70　G80；　　　　　　　　　　　　　　　　　取消固定循环
N80　M05；
N90　M30；

O3163　　　　　　　　　　　　　　　　　　　M10丝锥攻螺纹
N10　G54　G90　G00　Z100；
N20　M03　S100；
N30　G99　G84　X－40　Y40　Z－25　R5　F100；　攻孔1螺纹，返回R平面
N40　X40；　　　　　　　　　　　　　　　　　攻孔2螺纹，返回R平面
N50　Y－40；　　　　　　　　　　　　　　　　攻孔3螺纹，返回R平面
N60　G98　X－40；　　　　　　　　　　　　　攻孔5螺纹，返回初始平面
N70　G80；　　　　　　　　　　　　　　　　　取消固定循环
N80　M05；
N90　M30；

O3164　　　　　　　　　　　　　　　　　　　$\phi$30mm镗刀精镗孔7
N10　G54　G90　G00　Z100；
N20　M03　S500；
N30　G98　G76　X0　Y0　Z－25　P2000　Q2　F30；镗孔7，返回初始平面
N40　G80；　　　　　　　　　　　　　　　　　取消固定循环
N50　M05；
N60　M30；

O3165　　　　　　　　　　　　　　　　　　　$\phi$8mm铰刀铰孔3、4
N10　G54　G90　G00　Z100；
N20　M03　S100；
N30　G99　G85　X－40　Y0　Z－28　R5　F30；　钻孔3定位孔，返回R平面
N40　G98　X40；　　　　　　　　　　　　　　钻孔4中心孔，返回初始平面
N50　G80；　　　　　　　　　　　　　　　　　取消固定循环
N60　M05；
N70　M30；

【知识与任务拓展】

**1. 同类孔重复多次加工**

在固定循环指令最后，用 K 地址指定重复次数。在增量方式（G91）中，如果有孔间距相同的若干个相同孔，采用重复次数来编程是很方便的。

【例 3-21】 采用重复固定循环方式加工图 3-107 所示的各孔，孔深 15mm。

3-13 同类孔重复加工方法

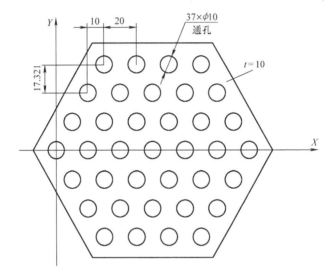

图 3-107 重复固定循环加工实例

程序如下：
O3166
N10　G54　G90　G00　Z100；
N20　M03　S800；
N30　G99　G81　X30　Y51.963　Z-18　R2　F80；　　　钻第一行左侧第 1 个孔
N40　G91　X20　K3；　　　　　　　　　　　　　　　钻第一行其余 3 个孔
N50　X10　Y-17.321；　　　　　　　　　　　　　　　钻第二行右侧第 1 个孔
N60　X-20　K4；　　　　　　　　　　　　　　　　　钻第二行其余 4 个孔
N70　X-10　Y-17.321；　　　　　　　　　　　　　　钻第三行左侧第 1 个孔
N80　X20　K5；　　　　　　　　　　　　　　　　　　钻第三行其余 5 个孔
N90　X10　Y-17.321；　　　　　　　　　　　　　　　钻第四行右侧第 1 个孔
N100　X-20　K6；　　　　　　　　　　　　　　　　　钻第四行其余 6 个孔
N110　X10　Y-17.321；　　　　　　　　　　　　　　钻第五行左侧第 1 个孔
N120　X20　K5；　　　　　　　　　　　　　　　　　钻第五行其余 5 个孔
N130　X-10　Y-17.321；　　　　　　　　　　　　　钻第六行右侧第 1 个孔
N140　X-20　K4；　　　　　　　　　　　　　　　　钻第六行其余 4 个孔

N150　X10　Y－17.321;　　　　　　　　钻第七行左侧第 1 个孔
N160　X20　K3;　　　　　　　　　　钻第七行其余 3 个孔
N170　G80　G00　Z100;
N180　M05;
N190　M30;

**2. 圆周分布孔类加工**

通常情况下，圆周分布的孔类零件采用极坐标编程较为合适。

指令格式：

G17 G○○ G16;　　　　　启动极坐标指令

G□□ X_Y_ ;　　　　　　执行极坐标指令
… … …

G15;　　　　　　　　　　取消极坐标指令

说明：

1) G16 启动极坐标指令。G15 取消极坐标指令，使坐标值返回直角坐标输入方式。

2) G○○: G90 或 G91 编程方式。在 G90 绝对方式下，用 G16 指令时，工件坐标系原点为极坐标原点。在 G91 增量方式下，用 G16 指令时，则是采用当前点为极坐标原点。

3) X_Y_ 指刀具移动指令 G□□ 的定位参数，其中 X_ 表示极坐标系下的极径，Y_ 表示极坐标系下的极角，极角角度以逆时针方向为正。X_Y_ 的度量方式如图 3-108 所示。

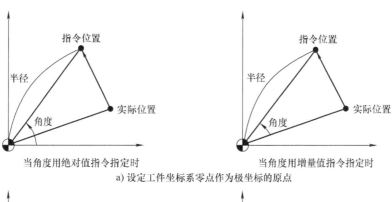

a) 设定工件坐标系零点作为极坐标的原点

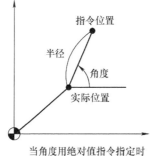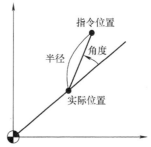

b) 设定当前位置作为极坐标的原点

图 3-108　X_Y_ 的度量方式

【例3-22】 加工图3-109所示4个孔，孔深加工至20mm。

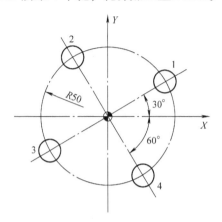

图3-109 极坐标加工实例

程序如下：
O3167
N10　G54　G00　Z100；
N20　M03　S800；
N30　G17　G90　G16；　　　　　　　　　　　　　指定极坐标指令
N40　G99　G81　X50　Y30　Z-20　R5　F100；　　钻孔1
N50　Y120；　　　　　　　　　　　　　　　　　　钻孔2
N60　X210；　　　　　　　　　　　　　　　　　　钻孔3
N70　Y-60；　　　　　　　　　　　　　　　　　　钻孔4
N80　G15　G80　G00　Z100；　　　　　　　　　　取消极坐标指令
N90　M05；
N100　M30；

【课后训练】

一、判断题
1. 在固定循环中，G99是抬刀到起始平面，G98是抬刀到参考平面。　　　　　（　）
2. G83指令中每次间隙进给后的退刀量d值，由固定循环指令编程确定。　　　（　）
3. G81和G82的区别在于，G82在孔底有暂停动作。　　　　　　　　　　　　（　）
4. 钻不通孔时，一般应采用孔底有暂停的固定循环指令编程。　　　　　　　（　）

二、选择题
1. 主轴正转，刀具以进给速度向下运动钻孔，到达孔底后，快速退回，这一钻孔指令是（　　）。
　A. G81　　　　　B. G82　　　　　C. G83　　　　　D. G84
2. 在固定循环指令"G90　G98　G73　X_　Y_　Z_　R_　Q_　F_　K_"；中Q表示（　　）。
　A. R平面Z坐标　　B. 每次进刀深度　　C. 孔深　　　　D. 让刀量

3. 扩孔时，一般不采用的刀具是（　　）。
A. 扩孔钻　　　　B. 铰刀　　　　　C. 镗刀　　　　　D. 球头刀
4. 深孔加工应选用（　　）指令。
A. G81　　　　　B. G82　　　　　C. G83　　　　　D. G84
5. 在 FANUC 系统中，程序段 G17 G16 G90 X100 Y30 中，Y 指令是（　　）。
A. 旋转角度　　　B. 极径　　　　　C. Y 轴坐标位置　D. 时间参数

三、编程题

完成图 3-110 所示零件的编程与加工。

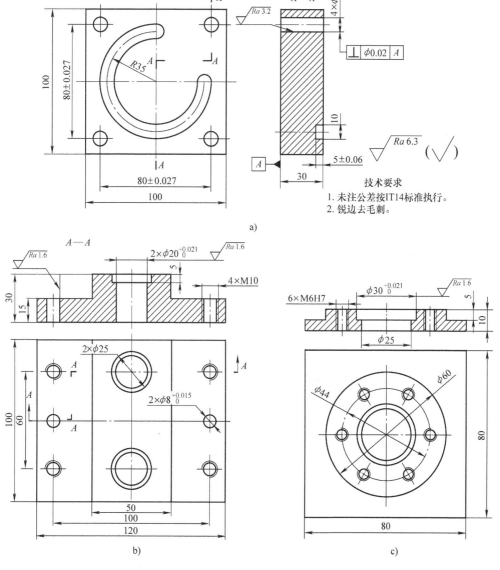

图 3-110　编制零件加工程序

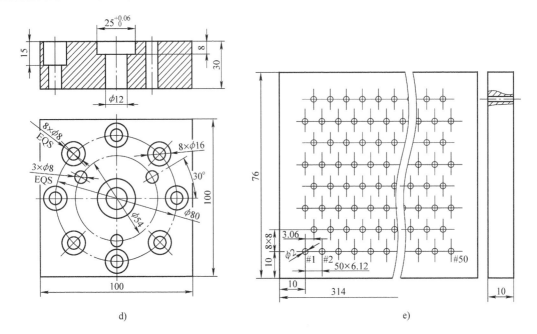

图 3-110 编制零件加工程序（续）

## 任务 3.7 曲面的编程与加工

【学习目标】

掌握宏指令 G65 的功能及应用，了解使用宏功能编程的基本思想，掌握宏程序编程基本指令的使用，能够进行球体曲面、椭圆等非圆曲线零件的编程与加工。

【任务导入】

完成图 3-111 所示的凸模板外轮廓铣削加工，毛坯尺寸为 100mm×60mm×25mm，单件生产。

任务分析：该任务零件的轮廓包含一个半径为 10mm 的上半球及 3mm 高的椭圆台阶曲线特征，椭圆台阶的尺寸精度及表面质量要求较高。利用基本的直线和圆弧插补指令难以实现此零件的编程，这里采用宏功能指令来完成零件的编程与加工。

【新知学习】

宏程序调用

宏指令既可以在主程序体中使用，也可以当作子程序来调用。

（1）放在主程序体中

⋮

N50　#100 = 30；

N60　#101＝20；
N70　G01　X#100　Y#101　F500；
⋮

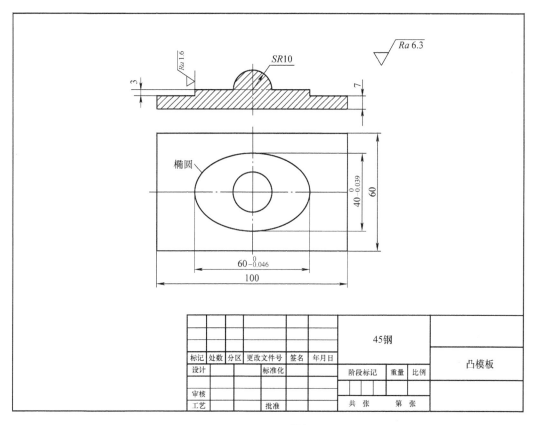

图 3-111　凸模板

（2）做子程序来调用　当指定 G65 时，以地址 P 指定的用户宏程序被调用，数据自变量能传递到用户宏程序体中，如图 3-112 所示。

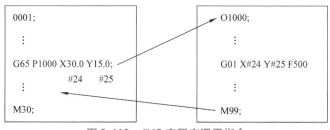

图 3-112　G65 宏程序调用指令

格式：

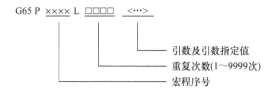

说明:

1) G65 必须放在该句首。

2) 省略 L 值时认为 L 等于 1。

3) 一个引数是一个字母, 对应于宏程序中变量的地址 (见表 2-8 变量赋值方法 Ⅰ、表 2-9 变量赋值方法 Ⅱ), 引数后边的数值赋予宏程序中与引数对应的变量。

4) 同一语句中可以有多个引数, 若变量赋值 Ⅰ 和 Ⅱ 混合赋值, 较后赋值的变量类型有效。如 "G65　P1000　A1　B2 I-3 I4　D5;", 其中 I4 和 D5 都给变量 #7 赋值, 但后者 D5 有效。

【例 3-23】 采用角度步长 = 1、初始角度 = 0°、终止角度 = 360°、加工图 3-113 所示深度为 2mm 的椭圆。

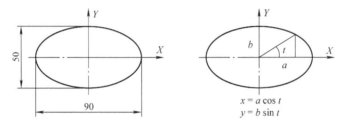

图 3-113　椭圆加工实例

方法一:
O3070
N10　#100 = 0;　　　　　　　　　　　　　　赋变量 #100 初始值
N20　G54　G90　G00　X65　Y0　Z100;
N30　M03　S1000;
N40　G01　Z-2　F100;
N50　#112 = 45 * COS [#100];　　　　　　　计算 X 坐标值
N60　#113 = 25 * SIN [#100];　　　　　　　计算 Y 坐标值
N70　G01　G42　X#112　Y#113　D02　F200;　运行一个步长
N80　#100 = #100 + 1;　　　　　　　　　　　变量 #100 增加一个角度步长
N90　IF　[#100　LE　360]　GOTO　50;　　　条件判断 #100 是否小于等于 360°,
　　　　　　　　　　　　　　　　　　　　　　满足则返回 N50
N100　G01　G40　X65　Y0;
N110　G90　G00　Z100;
N120　M05;
N130　M30;

方法二:
O3071　　　　　　　　　　　　　　　　　　　主程序
N10　G54　G90　G00　X0　Y0　Z100;
N20　M03　S1000;
N30　G65　P3072　A45　B25　C1　I0　J360　K-2;　调用宏程序, 对应的变量赋值

```
                    ↓    ↓    ↓    ↓    ↓    ↓
                   #1   #2   #3   #4   #5   #6
N40   G00   Z100;
N50   M05;
N60   M30;
O3072                                            子程序（宏程序）
N10   G90   G00   X[#1+20]   Y0   Z100;
N20   G01   Z#6   F100;
N30   #100 = #1 * COS[#4];                        计算 X 坐标值
N40   #101 = #2 * SIN[#4];                        计算 Y 坐标值
N50   G01   G42   X#100   Y#101   D02   F200;    运行一个步长
N60   #4 = #4 + #3;                               变量#4 增加一个角度步长
N70   IF   [#4 LE #5]   GOTO 30;                  条件判断#4 是否小于等于 360°，
                                                  满足则返回 N30
N80   G01   G40   X[#1+20]   Y0;
N90   G90   G00   Z100;
N100  M99;                                        子程序结束
```

【任务实施】

下面使用宏程序编写图 3-111 所示的凸模板加工程序。

**1. 半球部分编程**

（1）编程思路　本任务中的凸模板零件含有一半径为 10mm 的半球。编程思路如图 3-114 所示，设定刀具从工件上表面开始，分层铣削，逐渐加深；每次铣削按照平面圆弧轨迹插补；随着深度增加，圆弧半径增大。设切削点所在的球心半径与球的垂直中心线夹角 α 为自变量，则切削轨迹所在的平面圆的半径值为 $R\sin\alpha$；角度 α 由 0° 开始，最大增加到 90°。

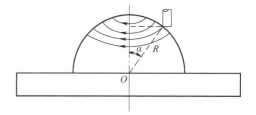

图 3-114　编程思路图

（2）程序编写　以工件毛坯上表面的中心点为编程原点，粗加工略。

1）设置变量：

#1——圆弧插补起点 X 坐标值；

#2——圆弧插补起点 Z 坐标值；

#3——角 α（自变量，初始值为"0°"）；

#4——角 α 的最大终止角为 90°

2）程序如下：

```
O3073                                            主程序
N10   M03   S1200;
N20   G54   G00   X60   Y0;
```

N30　G43　G00　Z30　H01；
N40　G65　P3074　C0　I90；　　　　　　#3=0 角 α 初始值为 0°；#4=90 加工终止角度为 90°
N50　G00　Z100；
N60　M05；
N70　M30；

O3074　　　　　　　　　　　　　　　子程序（宏程序）
N10　#1=10*SIN［#3］；　　　　　　圆弧插补起点 X 坐标值
N20　#2=10*COS［#3］-10；　　　　 圆弧插补所在平面 Z 坐标值
N30　G01　Z［#2］　F80；　　　　　Z 方向直线插补
N40　G01　G41　X［#1］　Y0　D01；圆弧运行起点和终点均在 X 的正方向 Y=0 处，左补偿
N50　G02　X［#1］　Y0　I-［#1］　J0；
N60　G40　G01　X60　Y0；
N70　#3=#3+2；　　　　　　　　　　　角度每次递增 2°，可以根据加工质量调整
N80　IF［#3 LE #4］GOTO 10；　　　 条件判断是否 ≤90°，为真则跳转 N10
N90　G00　Z30；
N100　M99；

**2. 椭圆部分编程**

（1）编程思路　对于椭圆、抛物线等非圆曲线的加工，数控系统虽然没有提供专门的插补指令，但曲线轨迹可以采用微小直线逼近处理，也就是利用 G01 功能指令来拟合所需曲线。

如图 3-115 所示，椭圆参数方程为

$$X = a\cos\theta$$
$$Y = b\sin\theta$$

该参数方程的特点是如果知道椭圆的长、短半轴长度 $a$、$b$ 和刀具所在离心角 $\theta$，就可以直接得出目前刀具所在的坐标值 $X$ 和 $Y$。设加工椭圆上动点对离心角 $\theta$ 为自变量［有时图样上直接给出的角度并非离心角值，可按 $\theta = \arccos(X/a)$ 或 $\theta = \arcsin(Y/b)$ 反推］，随着角度变量 $\theta$ 的不断增加，$X$、$Y$ 的轨迹坐标就跟着变化，$X$ 和 $Y$ 的坐标值始终为：$X = a\cos\theta$，$Y = b\sin\theta$。

（2）程序编写

1）设置变量：

#1——加工点对应离心角 $\theta$，初始值为"0°"；

#2——椭圆 $X$ 半轴长度为 30mm；

#3——椭圆 $Y$ 半轴长度为 20mm；

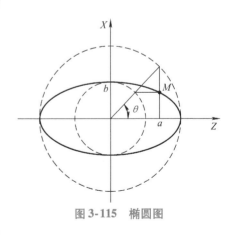

图 3-115　椭圆图

#4——终点对应离心角为360°；

#5——动点 X 轴坐标值；

#6——动点 Y 轴坐标值。

2）程序如下：

O3075                                     主程序

N10    M03    S600；

N20    G54    G43    G00    Z10    H01；

N30    X60    Y0；

N40    G01    Z-13    F100；

N50    G65    P3076    A0    B30    C20    I360；    调用宏程序 O3076 并给变量赋值

N60    G00    Z100；

N70    G40    G00    X60    Y0；

N80    M05；

N90    M30；

O3076                                     子程序

N10    #5 = #2 * COS [#1]；                动点 X 坐标

N20    #6 = #3 * SIN [#1]；                动点 Y 坐标

N30    G42    G01    X [#5]    Y [#6]    D01；    直线插补逼近椭圆轨迹，右补偿

N40    #1 = #1 + 1；                       角度变量 θ 递增1，可根据加工质量调整

N50    IF    [#1    LE    #4]    GOTO    10；   终点判别是否 θ≤360°，条件为真则跳转继续执行 N10

M99；

上述即为半球及椭圆精加工程序，在进行整个零件切削时可利用半径补偿功能先进行粗加工，而后进行精加工。在精加工球面时，为了保证球面表面粗糙度，可先选择球头刀加工，而后选择平底铣刀清除半球根部余料。

【知识与任务拓展】

子程序与宏程序比较

根据二者的用途可知，用户宏程序是子程序的直接扩充。宏程序和子程序一样，通常存储在单独的程序号中，同样是使用 M99 指令返回主程序。不同的是，子程序使用 M98 调用，宏程序使用 G65 调用。两种编程方式的主要差异是宏程序的灵活性。宏程序可使用可变数据（变量），可执行许多数学运算并可保存各种机床设置的当前状态。宏程序有许多功能是子程序不能完成的。

宏程序的专有特征和灵活性如下：

1）可修改的程序数据。

2）可改变的程序流程。

3）数据可在两程序间进行传递。

4）重复可有回路。

5）典型的科学计算、代数运算和括号运算。

【课后训练】

编程题

使用宏程序完成图 3-116 所示零件的编程与加工。毛坯尺寸为 100mm×80mm×16mm，孔深 10mm。

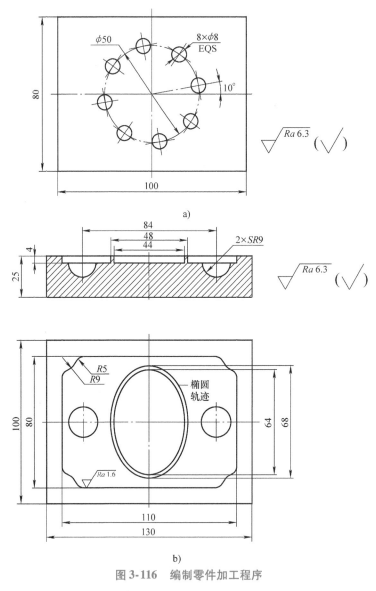

图 3-116 编制零件加工程序

## 任务 3.8 花形底座的编程与加工

【学习目标】

掌握刀具补偿指令、坐标系旋转指令和孔加工循环指令的使用方法，掌握内、外轮廓的编程方法，能对零件进行数控铣削加工工艺分析和程序编制。

## 【任务导入】

完成如图 3-117 所示的花形底座零件的铣削加工，毛坯尺寸为 80mm×80mm×20mm，单件生产。

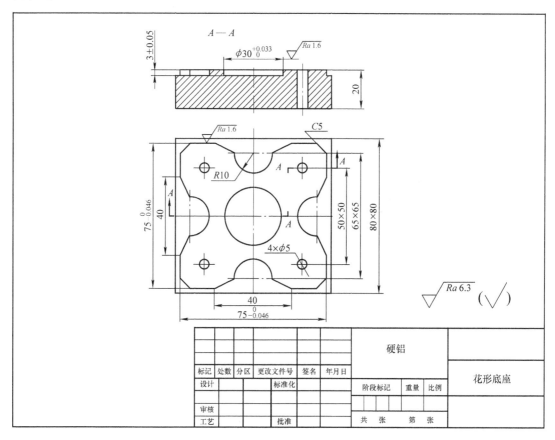

图 3-117 花形底座

任务分析：该零件的加工部位包括外轮廓、内轮廓圆槽及孔。外形轮廓由直线和圆弧特征组成，为对称结构。

## 【工艺分析与编程】

**1. 零件图工艺分析**

该零件主要由外轮廓、内轮廓圆槽及孔组成，其中外轮廓尺寸 $75_{-0.046}^{0}$ mm 及内轮廓圆槽尺寸 $\phi 30_{0}^{+0.033}$ mm 的精度和表面粗糙度要求都较高，且深度尺寸 $3\pm0.05$ mm 要求也较高，内、外轮廓需粗、精加工，而 5mm 的通孔可直接加工完成。

**2. 确定装夹方案**

该工件加工无需转面、换位等工步，一次装夹即可完成所有加工，因此选择机用平口钳装夹。上表面伸出钳口 5～10mm。

### 3. 量具选择

由于表面尺寸和表面质量无特殊要求，外轮廓尺寸用游标卡尺测量，内槽用内径千分尺测量，深度用深度游标卡尺测量。

### 4. 刀具选择

外形轮廓：粗铣（$\phi 12mm$ 键槽铣刀）→精铣（$\phi 12mm$ 键槽铣刀）。

内轮廓槽：粗铣（$\phi 12mm$ 键槽铣刀）→精铣（$\phi 12mm$ 键槽铣刀）。

孔：钻孔（$\phi 5mm$ 的钻头）。

具体参数见表3-13。

表3-13　花形底座数控加工刀具卡

| 数控铣削加工刀具卡 | | | | | | | |
|---|---|---|---|---|---|---|---|
| 零件名称 | | | 花形底座 | | | 零件图号 | |
| 设备名称 | | 数控铣床 | 设备型号 | | | 程序号 | |
| 序号 | 刀具号 | 刀具名称 | 刀柄型号 | 刀具参数 | | 补偿量/mm | 备注 |
| | | | | 直径/mm | 刀长/mm | | |
| 1 | T01 | $\phi 12mm$ 立铣刀 | JT40-MW4-85 | $\phi 12$ | 300 | | |
| 2 | T02 | 直柄麻花钻 $\phi 5mm$ | JT40-Z6-45 | $\phi 5$ | 330 | | |
| 编制 | | 审核 | 批准 | 年　月　日 | | 共　页 | 第　页 |

### 5. 确定加工顺序及走刀路线

加工之前应将工件校平，加工顺序按照先粗后精的原则。加工顺序为：粗铣外轮廓及内槽→钻孔→精铣外轮廓及内槽。粗铣优先采用逆铣，精铣采用顺铣，采用切线进出。

### 6. 切削用量选择

根据被加工表面质量要求、刀具材料和工件材料特性，通过查表计算，切削用量见表3-14，粗铣留余量0.5mm。

表3-14　花形底座的加工工序卡

| 工步号 | 作业内容 | 刀具号 | 刀具规格/mm | 主轴转速/(r/min) | 进给速度/(mm/min) | 背吃刀量/mm | 备注 |
|---|---|---|---|---|---|---|---|
| 1 | 粗铣外轮廓及内槽 | T01 | $\phi 12$ 立铣刀 | 500 | 80 | | 留余量0.5mm |
| 2 | 钻孔 $\phi 5mm$ | T02 | $\phi 5$ 麻花钻 | 800 | 50 | | |
| 3 | 精加工外轮廓及内槽 | T01 | $\phi 12$ 立铣刀 | 800 | 80 | | |
| 编制 | | 审核 | 批准 | 年　月　日 | | 共　页 | 第　页 |

### 7. 确定工件坐标系

以工件上表面对称中心为工件原点，建立工件坐标系。

### 8. 编程

1) 外轮廓、内轮廓的粗加工主程序（为简化编程，粗加工采用子程序与旋转指令程序）。

O3080                                            粗加工外、内轮廓主程序
N10   G54   G90   G40   G49   G00   Z100;
N20   M03   S500;
N30   M08;
N40   G43   Z10   H01;
N50   X50   Y20;                                  定位至起刀点
N60   G01   Z-3   F40;
N70   M98   P3081;                                执行子程序
N80   G68   X0   Y0   R90;                        旋转90°
N90   M98   P3081;                                执行子程序
N100  G69;
N110  G68   X0   Y0   R180;                       旋转180°
N120  M98   P3081;                                执行子程序
N130  G69;
N140  G68   X0   Y0   R270;                       旋转270°
N150  M98   P3081;                                执行子程序
N160  G69;
N170  G00   Z5;
N180  G00   G40   X0   Y0;                        取消半径补偿
N190  G01   Z-3   F40;
N200  G42   X-15   D01;
N210  G02   I15;                                  加工内槽
N220  G40   G01   X0   Y0;
N230  G00   Z100   M09;
N240  M05;
N250  M30;

O3081                                            外轮廓粗加工子程序
N10   G42   G01   X37.5   Y20   D01   F80;        建立半径补偿
N20   Y32.5;
N30   Y37.5;
N40   X20;
N50   X10   Y32.5;
N60   G02   X-10   Y32.5   R10;
N70   G01   X-20   Y37.5;
N80   G40   G01   X-20   Y45;                     取消半径补偿
N90   M99;                                        子程序返回

2）钻孔加工程序。
O3082
N10   G54   G90   G40   G49   G00   Z100;

N20　M03　S800；
N30　M08；
N40　G43　Z50　H02；
N50　G99　G81　X-25　Y25　Z-25　R5　F50；
N60　X25；
N70　Y-25；
N80　G98　X-25；
N90　G00　Z100　M09；
N100　M05；
N110　M30；

3）精加工外轮廓、内槽程序。

O3083
N10　G54　G90　G40　G49　G00　Z100；
N20　M03　S800；
N30　M08；
N40　G43　Z10　H01；
N50　G00　X57.5　Y20；　　　　　　　　定位至起刀点
N60　G01　Z-3　F40；
N70　G41　X47.5　Y30　D01　F80；　　　建立半径补偿
N80　G03　X37.5　Y20　R10；　　　　　设置圆弧切入路线
N90　G01　X32.5　Y10；
N100　G03　X32.5　Y-10　R10；
N110　G01　X37.5　Y-20；
N120　X37.5　Y-32.5；
N130　X32.5　Y-37.5；
N140　X20　Y-37.5；
N150　G01　X10　Y-32.5；
N160　G03　X-10　Y-32.5　R10；
N170　G01　X-20　Y-37.5；
N180　X-32.5　Y-37.5；
N190　X-37.5　Y-32.5；
N200　X-37.5　Y-20；
N210　G01　X-32.5　Y-10；
N220　G03　X-32.5　Y10　R10；
N230　G01　X-37.5　Y20；
N240　X-37.5　Y32.5；
N250　X-32.5　Y37.5；
N260　X-20　Y37.5；
N270　G01　X-10　Y32.5；

N280　G03　X10　Y32.5　R10;
N290　G01　X20　Y37.5;
N300　　　　X32.5　Y37.5;
N310　　　　X37.5　Y32.5;
N320　　　　X37.5　Y20;
N330　G03　X47.5　Y10　R10;　　　　　设置圆弧切出路线
N340　G00　Z5;
N350　G40　G00　X57.5　Y20;
N360　G00　Z50;
N370　G00　X0　Y0;
N380　G01　Z-3　F40;
N390　G41　G01　X-7.5　Y7.5　D01　F80;
N400　G03　X-15　Y0　R7.5;
N410　G03　X-15　Y0　I15　J0;
N420　G03　X-7.5　Y-7.5　R7.5;
N430　G40　G01　X0　Y0;
N440　G00　Z100　M09;
N450　M05;
N460　M30;

【课后训练】

编程题

完成图 3-118 所示零件的编程与加工。

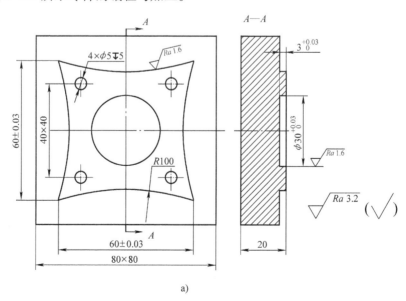

图 3-118　编制零件加工程序

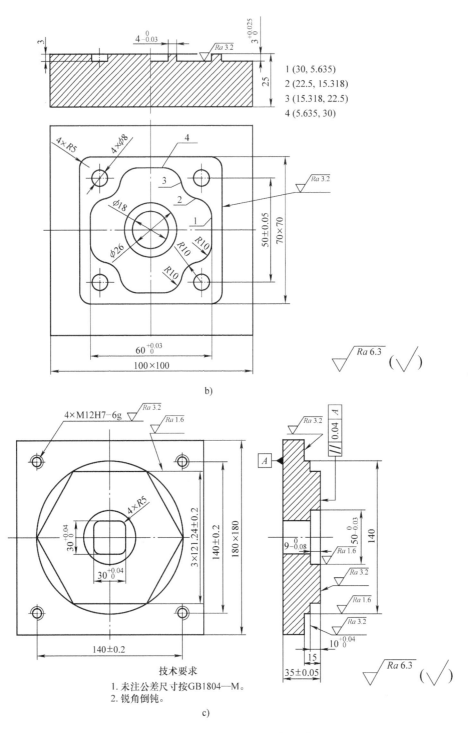

图 3-118 编制零件加工程序（续）

项目3 数控铣床编程与加工

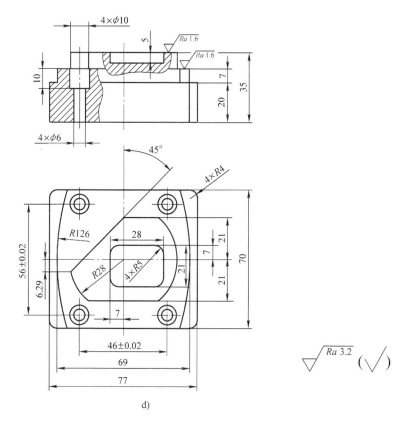

d)

图3-118 编制零件加工程序（续）

## 任务3.9 FANUC 0i 系统数控铣床操作

【学习目标】

熟悉 FANUC 0i 数控铣床的操作面板功能，掌握数控铣床基本对刀方法。

【任务导入】

观察数控实训车间数控铣床，记录操作面板的生产厂家、结构及功能。

【新知学习】

### 一、数控铣床操作面板介绍

数控铣床操作面板由 CRT/MDI 操作面板和机床控制面板两部分组成。

**1. CRT/MDI 操作面板**

CRT/MDI 操作面板如图 3-119 所示，用操作键盘结合显示屏可以进行数控系统操作。系统操作面板上各功能键的作用见表 3-15。

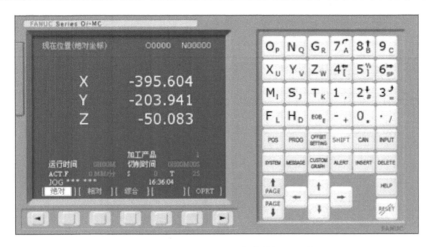

图 3-119　FANUC 0i 系统铣床操作面板　　　3-14　数控铣床操作面板的认识和基本操作

表 3-15　系统操作面板功能键的主要作用

| 按键 | 名称 | 按键功能 |
| --- | --- | --- |
| ALTER | 替换键 | 用输入的数据替换光标所在的数据 |
| DELETE | 删除键 | 删除光标所在的数据；删除一个程序；删除全部程序 |
| INSERT | 插入键 | 把输入区之中的数据插入到当前光标之后的位置 |
| CAN | 取消键 | 删除输入区内的数据 |
| EOB_E | 回车换行键 | 结束一行程序的输入并且换行 |
| SHIFT | 上档键 | 按此键可以输入按键右下角的字符 |
| PROG | 程序键 | 打开程序显示与编辑页面 |
| POS | 位置显示页面 | 打开位置显示页面，位置显示有三种方式，用 PAGE 按钮选择 |
| OFSET SET | 参数输入页面 | 打开参数输入页面，按第 1 次进入坐标系设置页面，按第 2 次进入刀具补偿参数页面。进入不同的页面以后，用 PAGE 按钮切换 |
| HELP | 系统帮助页面 | 打开系统帮助页面 |

（续）

| 按键 | 名称 | 按键功能 |
|---|---|---|
| CUSTM GRAPH | 图形显示键 | 打开图形参数设置或图形模拟页面 |
| MESGE | 信息键 | 打开信息页面，如"报警" |
| SYSTM | 系统键 | 打开系统参数页面 |
| RESET | 复位键 | 取消报警或者停止自动加工中的程序 |
| PAGE↑ PAGE↓ | 翻页键 | 向上或向下翻页 |
| ↑ ↓ ← → | 光标移动键 | 向上/向下/向左/向右移动光标 |
| INPUT | 输入键 | 把输入区内的数据输入参数页面 |
| O_P N_Q G_R 7_A 8_B 9_C X_U Y_V Z_W 4 5 6_SP M_I S_J T_K 1 2_# 3 F_L H_D EOB_E - . / | 数字/字母键 | 用于字母或数字的输入 |

## 2. 机床操作面板

机床生产厂家不同，机床操作面板也各异，但主要都是用于控制机床运行状态，由模式选择按钮、运行控制开关等多个部分组成。以 FANUC 数控铣床控制面板为例进行详细说明，如图 3-120、表 3-16 所示。

图 3-120　FANUC 数控铣床控制面板

表 3-16　机床控制面板功能键的主要作用

| 按钮 | 名称 | 功能说明 |
| --- | --- | --- |
|  | 单段运行 | 此按钮被按下后，运行程序时每次执行一条数控指令 |
|  | 空运行 | 在空运行期间，机床以设定值的速度快速运行程序 |
|  | 程序段跳跃 | 此按钮被按下后，数控程序中的注释符号"/"有效 |
|  | 选择停止 | 置于"ON"位置，"M01"代码有效 |
|  | 机床锁定 | $X$、$Y$、$Z$ 三方向轴全部被锁定，按下此键时机床不能移动 |
|  | 辅助功能锁定 | 此按钮被按下后，辅助指令 M、S、T 代码被锁定 |
|  | $Z$ 轴锁定 | $Z$ 方向轴被锁定，按下此键时 $Z$ 轴不能移动 |
|  | 门互锁开 | 数控机床的机床门是否允许被打开 |
|  | 系统启动 |  |
| 模式选择旋钮 | 编辑方式 | 用于直接通过操作面板输入数控程序和编辑程序 |
|  | 自动方式 | 进入自动加工模式 |
|  | 在线加工 | 进入在线加工模式 |
|  | MDI 模式 | MDI 操作模式 |
|  | 手轮方式 | 选择手轮方式，连续移动 |
|  | 手动方式 | 选择手动方式，连续移动 |
|  | 快速方式 | 选择手动方式，快速连续移动 |
|  | 回零模式 | 手动回参考点 |

（续）

| 按钮 | 名称 | 功能说明 |
|---|---|---|
| | 进给倍率 | 通过此旋钮来调节进给的倍率 |
| | 快速倍率开关 | 在快速方式下，通过此旋钮来调节快速移动的倍率 |
| | 主轴倍率 | 通过此旋钮来调节主轴倍率 |
| | 超程释放 | 解除超程 |
| | 主轴控制按钮 | 从左至右分别为：主轴正转、主轴停止、主轴反转 |
| | 切削液控制按钮 | 控制切削液的开关 |
| | 吹屑开关 | 控制压缩空气开关 |
| | 循环启动 | 程序运行开始；模式选择旋钮在"➡"或"▦"位置时按下有效，其余模式下使用无效 |
| | 暂停 | 程序运行暂停，在程序运行过程中，按下此按钮运行暂停。按"●"恢复运行 |
| | 启动控制系统 | 打开系统 |
| | 关闭控制系统 | 关闭系统 |

(续)

| 按钮 | 名称 | 功能说明 |
|---|---|---|
|  | 急停按钮 | 按下急停按钮,使机床移动立即停止,并且所有的输出(如主轴的转动等)都会关闭 |
| HAND | 手轮显示按钮 | 按下此按钮,则可以显示出手轮 |

## 二、数控铣床对刀

对刀是数控铣床加工中极其重要的步骤,是数控加工中重要的操作内容,其准确性将直接影响零件的加工精度,对刀方法一定要同零件加工精度要求相适应。对刀的作用就是建立工件坐标系或是编程坐标系的过程。

**1. 数控铣床对刀方法的分类**

根据使用的对刀工具的不同,常用的对刀方法分为以下几种:

1)试切对刀法。
2)塞尺、标准心棒和块规对刀法。
3)采用寻边器、偏心棒和 $Z$ 轴设定器等工具对刀法。
4)百分表(或千分表)对刀法。

另外根据选择对刀点位置和数据计算方法的不同,又可分为单边对刀、双边对刀、转移(间接)对刀法和"分中对零"对刀法(要求机床必须有相对坐标及清零功能)等。

**2. 试切对刀法**

这种方法简单方便,但会在工件表面留下切削痕迹,且对刀精度较低,适用于精度要求不高的零件。

3-15 数控铣床对刀

如图 3-121 所示,以对刀点(此处与工件坐标系原点重合)在工件表面中心位置为例(采用双边对刀方式)。

(1) $X$、$Y$ 方向对刀

1)将工件通过夹具装在工作台上,装夹时,工件的四个侧面都应留出对刀的位置。

2)使主轴中速旋转,快速移动工作台和主轴,让刀具移动到靠近工件左侧有一定安全距离的位置,然后降低速度移动至接近工件左侧。

3)靠近工件时改用微调操作(一般用 0.01mm 来靠近),让刀具慢慢接近工件左侧,使刀具恰好接触到工件左侧表面(观察、听切削声音、看切痕、看切屑,只要出现其中一种情况即表示刀具接触到工件),记下此时机床坐标系中显示的 $X$ 坐标值,如 -240.500。

4)刀具 $X$ 方向离开工件,沿 $Z$ 轴正方向退刀,至

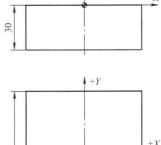

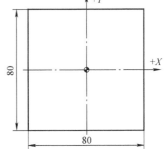

图 3-121 试切法对刀示意图

工件表面以上,用同样方法接近工件右侧,记下此时机床坐标系中显示的 $X$ 坐标值,如 $-340.500$。

5)据此可得工件坐标系原点在机床坐标系中 $X$ 坐标值为$\{-240.500+(-340.500)\}/2=-290.500$。

6)同理可测得 $Y$ 坐标值。

(2)$Z$ 方向对刀

1)将刀具快速移至工件上方。

2)使主轴中速旋转,快速移动工作台和主轴,让刀具移动到靠近工件上表面有一定安全距离的位置,然后降低速度移动使刀具端面接近工件上表面。

3)靠近工件时改用微调操作(一般用 0.01mm 来靠近),让刀具端面慢慢接近工件表面,使刀具端面刚刚接触到工件上表面,记下此时机床坐标系中的 $Z$ 值,如 $-140.400$,则工件坐标系原点在机床坐标系中的 $Z$ 坐标值为 $-140.400$。

将测得的 $X$、$Y$、$Z$ 值输入到机床工件坐标系存储地址 G5*中(一般使用 G54~G59 代码存储对刀参数)。

**3. 塞尺对刀法**

与试切对刀法步骤基本相同,只是对刀时主轴不需要旋转,在刀具和工件之间加入塞尺或块规,以塞尺恰好不能自由抽动为准,计算时将塞尺厚度减去。

优点:不需要主轴旋转,不会留下切削痕迹。

缺点:塞尺的抽动全凭手感,对刀精度略微差些。

**4. 寻边器对刀**

(1)寻边器类型　寻边器主要有机械式寻边器和光电式寻边器两种。

1)机械式寻边器是利用可偏心旋转的两部分圆柱进行工件的,当这两部分圆柱在旋转时调整到同轴,此时机床主轴中心距被测表面的距离为测量圆柱半径值。常用于工件上已加工表面的对刀。机械式寻边器 $X$ 方向对刀如图 3-122、图 3-123 所示。

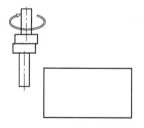
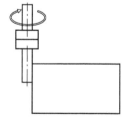

图 3-122　对刀前状态　　　图 3-123　对刀后状态

使用寻边器对刀的注意事项:

① 主轴必须旋转,转速不要超过 700r/min。

② 保证寻边器和工件接触面的清洁。

③ 寻边器将要接触工件时,手轮倍率调到"×10"档。

④ 使用中请勿、强行拉扯寻边器。

2)光电式寻边器。利用金属导电原理,只要光电寻边器金属球接触到金属工件,形成回路,灯泡就会点亮,蜂鸣器也会响,表明对刀状态数据已获得。通过光电式寻边器的指示和机床系统面板上的坐标位置，可得到被测工件表面的坐标位置。常用工件上已加工表面的对刀。光电式寻边器 $X$ 方向对刀如图 3-124、图 3-125 所示。

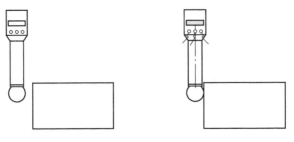

图 3-124　对刀前状态　　　图 3-125　对刀后状态

光电式寻边器的对刀步骤与切削方式对刀步骤相同，不再详细叙述。

**5. 百分表（或千分表）对刀法**

百分表（或千分表）对刀法一般用于圆形工件的对刀。

（1）$X$、$Y$ 方向对刀　如图 3-126 所示，将百分表的安装杆装在刀柄上，或将百分表的磁性座吸在主轴套筒上，移动工作台使主轴轴线（即刀具中心）大约移到工件中心，调节磁性座上伸缩杆的长度和角度，使百分表的测头接触工件的圆周面（指针转动约 0.1mm），用手慢慢转动主轴，使百分表的测头沿着工件的圆周面转动，观察百分表指针的便移情况，慢慢移动工作台的 $X$ 轴和 $Y$ 轴，多次反复后，待转动主轴时百分表的指针基本在同一位置（表头转动一周时，其指针的跳动量在允许的对刀误差内，如 0.02mm），这时可认为主轴的中心就是 $X$ 轴和 $Y$ 轴的原点。

（2）$Z$ 方向对刀　卸下百分表装上铣刀，用其他对刀方法如试切法、塞尺法等得到 $Z$ 轴坐标值。

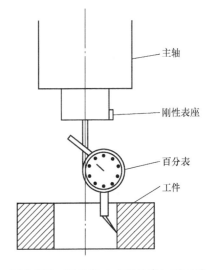

图 3-126　百分表（或千分表）对刀法

【任务实施】

到数控实训中心查看数控铣床操作面板生产厂家，下载仿真模拟软件熟悉按键操作功能和对刀方法，根据实训中心安排和要求在真机上进行操作训练。

【知识与任务拓展】

通过视频、微课等资源自主了解数控铣削用刀具对刀方法。

【课后训练】

选择题

1. 在 CRT/MDI 面板的功能键中，用于报警显示的键是（　　）。

A. ALARM  B. PRGRM  C. OFSET  D. SYSTEM

2. 当数控机床的故障排除后，按（　　）键清除报警。

A. POS  B. OFSET  C. PRGRM  D. RESET

3. 在 FANUC 系统 CRT/MDI 面板的功能键中，用于刀具偏置设置的键是（　　）。

A. INSERT  B. OFSET SETTING  C. INPUT  D. CANCLE

4. 进给保持功能有效时，（　　）。

A. 进给停止  B. 主轴停止  C. 程序结束  D. 加工结束

5. 机床加工运行中如出现软限位报警，最好的解决方法是（　　）。

A. 关闭电源  B. 按急停键，手动反向退出，清除报警
C. 按复位键，清除报警  D. 手动操作，反向退出，清除报警

# 项目4　加工中心编程与加工

【工匠引路】

**杨永修——苦练内功方能破解技术难题**

杨永修，中国一汽研发总院试制所加工中心高级技师、高级讲师、高级工程师，集"全国技术能手""全国五一劳动奖章""全国青年岗位能手""全国机械行业工匠""中国好青年""中国青年五四奖章"等40余项荣誉于一身的"80后"大国工匠。

2007年，杨永修进入长春汽车工业高等专科学校，成为一名数控技术专业学生，在校期间他保持着班级第一名的成绩。2010年，圆满完成学业的杨永修如愿以偿地进入中国一汽技术中心工作，新鲜感过后，摆在面前的却是一座座大山：新系统语言、新操作技术、新编程软件……一切都要从头学起。万事开头难，那时的杨永修，白天边看师傅操作，边拿着大笔记本抄写代码，晚上常常加练到深夜。仅仅两年的时间，杨永修就脱颖而出，荣膺"一汽集团技术能手"称号，这在一汽历史上也不常见。

接下来突破创新研发的技术瓶颈成为了新的"拦路虎"，各式刀具是数控铣床的核心"武器"，当时国外合作方只提供刀具，但未告知具体的操作方法和参数，精密加工车间也不让参观学习。壁垒阻碍下，杨永修每天对着图样琢磨到半夜，埋在一堆代码中反复修改尝试。一点一点地从失败中总结出每款刀具对应的精密参数。如今，杨永修面对这一技术，操作熟练如庖丁解牛，凭着日拱一卒的钻研，杨永修具备多款CAM软件编程能力，熟练掌握西门子、海德汉、发那科三大数控系统编程方法。2018年初，新红旗品牌战略发布之后，杨永修主要承担高端发动机、变速箱及底盘等核心精密零部件的数控加工工作，解决了一大批卡脖子难题，先后完成30余项重大试制任务，获得国家专利18项，4项创新成果在国家发明展中获得 3 银 1 铜的好成绩，累计攻克 130 多项技术难题，为集团公司节约创造价值 1200 多万元。

看到大街上搭载自主研发发动机等关键零部件的红旗牌汽车越来越多，杨永修特别高兴。他说："把民族汽车品牌搞上去是一汽人的使命，我愿意扎根东北，扎根一汽，与同事们一道攻关，为攻克更多的技术难题贡献自己的力量。"

## 任务 4.1　立式加工中心板类零件的编程与加工

【学习目标】

掌握回参考点指令 G27、G28、G29、G30 的使用方法，掌握立式加工中心板类零件的加工工艺及编程方法。

【任务导入】

完成如图 4-1 所示的泵体端盖底板轮廓零件的铣削加工，毛坯尺寸为 110mm×90mm×30mm，单件生产。

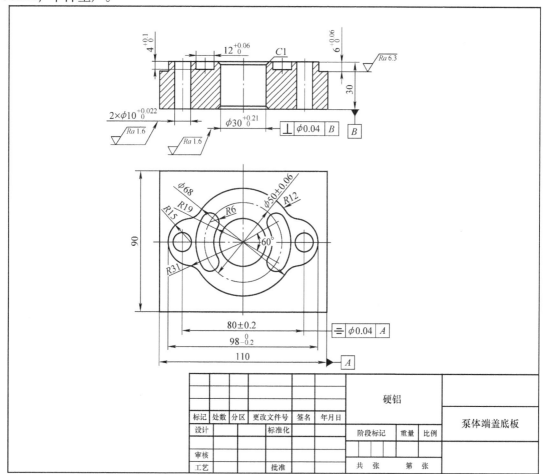

图 4-1　泵体端盖底板

**任务分析**：该零件为规则对称零件，加工部位由外轮廓圆弧、两个对称腰形槽、三个通孔组成。由于三个通孔的尺寸精度和位置精度较高，故采用立式加工中心加工。

【新知学习】

本任务包含立式加工中心相关编程知识及工艺知识。

## 一、加工中心概述

加工中心（Machining Center，MC）是目前世界上应用最广泛的数控机床之一。它主要用于箱体类零件和复杂曲面零件的加工，能把铣削、镗削、钻削、攻螺纹等功能集中在一台设备上。

加工中心的加工范围主要取决于刀库容量。刀库是多工序集中加工的基本条件，刀库中刀具的存储量一般有 10～40、60、80、100、120 等多种规格，有些柔性制造系统配有中央刀库，可以存储上千把刀具。刀库中刀具容量越大，加工范围越广，加工的柔性程度越高，一些常用刀具可长期装在刀库上，需要时随时调整，大大减少了更换刀具的准备时间。

加工中心主要加工对象有以下5类。

(1) **箱体类零件** 箱体类零件一般是指具有多个孔，内部有型腔，在长、宽、高方向有一定比例的零件。这类零件在机床、汽车、飞机制造等行业用得较多，如图 4-2 所示。

箱体类零件一般都需要进行多工位孔系及平面加工，公差要求较高，特别是几何公差要求较为严格，通常要经过铣、钻、扩、镗、铰、锪、攻螺纹等工序，需要刀具较多，在普通机床上加工难度大，工装套数多，费用高，加工周期长，需多次装夹、找正，手工测量次数多，加工时必须频繁地更换刀具，工艺难以制订，更重要的是精度难以保证。

加工箱体类零件，当加工工位较多，需工作台多次旋转角度才能完成时，一般选卧式镗铣类加工中心。当加工的工位较少，且跨距不大时，可选立式加工中心，从一端进行加工。

(2) **复杂曲面** 复杂曲面在机械制造业，特别是航天航空工业中占有重要的地位。复杂曲面采用普通机加工方法是难以完成的。复杂曲面类零件包括各种叶轮、导风轮、各种曲面成形模具、螺旋桨、水下航行器的推进器等，如图 4-3 所示。

图 4-2 箱体零件

图 4-3 复杂曲面零件

这类零件均可用加工中心进行加工。铣刀做包络面来逼近球面。复杂曲面用加工中心加工时，编程工作量较大，要依靠自动编程技术。

(3) **异形件** 异形件是外形不规则的零件，大都需要点、线、面多工位混合加工。异形件的刚性一般较差，夹压变形难以控制，加工精度也难以保证，甚至某些零件有的加工部位用普通机床无法完成。用加工中心加工时应采用合理的工艺措施,一次或二次装夹,利用加工中心多工位点、线、面混合加工的特点,完成多道工序或全部的工序内容。

(4) 盘、套、板类零件　带有键槽或径向孔,或端面有分布的孔系,曲面的盘套或轴类零件,如带法兰的轴套,带键槽或方头的轴类零件等,还有具有较多孔加工的板类零件,如各种电动机盖等。端面有分布孔系、曲面的盘类零件宜选择立式加工中心,有径向孔的可选卧式加工中心。

(5) 特殊加工　在熟练掌握了加工中心的功能之后,配合一定的工装和专用工具,利用加工中心可完成一些特殊的工艺工作,如在金属表面上刻字、刻线、刻图案;在加工中心的主轴上装上高频电火花电源,可对金属表面进行线扫描表面淬火;用加工中心装上高速磨头,可实现小模数渐开线锥齿轮磨削及各种曲线、曲面的磨削等。

## 二、加工中心的分类

**1. 按功能特征分类**

按功能特征分类可分为镗铣、钻削和复合加工中心。

1) 镗铣加工中心。镗铣加工中心和龙门式加工中心,以镗铣为主,适用于箱体、壳体加工以及各种复杂零件的特殊曲线和曲面轮廓的多工序加工,适用于多品种、小批量的生产方式,如图4-4所示。

4-1　加工中心的分类和特点

图4-4　龙门式加工中心

2) 钻削加工中心。以钻削为主,刀库形式以转塔头形式为主,适用于中、小批量零件的钻孔、扩孔、铰孔、攻螺纹及连续轮廓铣削等多工序加工。

3) 复合加工中心。复合加工中心主要指五面复合加工,可自动回转主轴头,进行立卧加工。主轴自动回转后,在水平和垂直面实现刀具自动交换,如图4-5所示。

**2. 按结构特征分类**

加工中心工作台有各种结构,按工作台结构特征分类,可分成单、双和多工作台。设置工作台的目的是缩短零件的辅助准备时间,提高生产效率和机床自动化程度。最常见的是单工作台和双工作台两种形式。

图 4-5 复合加工中心

**3. 按主轴种类分类**

根据主轴结构特征分类,可分为单轴、双轴、三轴及可换主轴箱的加工中心。

**4. 按自动换刀装置分类**

按自动换刀装置分类可分为 4 种。

1)转塔头加工中心。有立式和卧式 2 种。主轴数一般为 6~12 个,这种结构换刀时间短、刀具数量少、主轴转塔头定位精度要求较高,如图 4-6 所示。

2)刀库+主轴换刀加工中心。这种加工中心特点是无机械手式主轴换刀,利用工作台运动及刀库转动,并由主轴箱上下运动进行选刀和换刀,如图 4-7 所示。

图 4-6 转塔头加工中心

图 4-7 刀库+主轴换刀加工中心

3)刀库+机械手+主轴换刀加工中心。这种加工中心结构多种多样,由于机械手卡爪可同时分别抓住刀库上所选的刀和主轴上的刀,换刀时间短,并且选刀时间与机加工时间重合,因此得到广泛应用,如图 4-8 所示。

4)刀库+机械手+双主轴转塔头加工中心。这种加工中心在主轴上的刀具进行切削时,通过机械手将下一步所用的刀具换在转塔头的非切削主轴上。当主轴上的刀具切削完毕后,转塔头即回转,完成换刀工作,换刀时间短。

**5. 按主轴在加工时的空间位置分类**

加工中心常按主轴在空间所处的状态分为立式加工中心和卧式加工中心,加工中心的主轴在空间处于垂直状态的称为立式加工中心，主轴在空间处于水平状态的称为卧式加工中心，如图4-9所示。主轴可做垂直和水平转换的，称为立卧式加工中心或五面加工中心，也称为复合加工中心。这种加工中心具有立式和卧式加工中心的功能，在工件的一次装夹后，能完成除安装面外的所有5个面的加工。这种加工方式可以使工件的几何误差降到最低，省去二次装夹的工装，从而提高生产效率，降低加工成本。

图4-8　刀库+机械手+主轴换刀加工中心

a) 立式加工中心　　　　　　　　　　　b) 卧式加工中心

图4-9　立式和卧式加工中心

### 三、加工中心的自动换刀装置

**1. 自动换刀装置的形式**

自动换刀装置的结构取决于机床的类型、工艺范围及刀具的种类、数量等。自动换刀装置主要有回转刀架和带刀库的自动换刀装置两种形式。

回转刀架换刀装置的刀具数量有限，但结构简单，维护方便。

4-2　加工中心的自动换刀装置

带刀库的自动换刀装置是由刀库和机械手组成的，它是多工序数控机床上应用最广泛的换刀装置。其整个换刀过程较复杂，首先把加工过程中需要使用的全部刀具分别安装在标准刀柄上，在机外进行尺寸预调后，按一定的方式放入刀库；换刀后，先在刀库中进行选刀，并由机械手从刀库和主轴上取出刀具，在进行刀具交换后，将新刀具装入主轴，把旧刀具放回刀库。存放刀具的刀库具有较大的容量，它既可以安装在主轴箱的侧面或上方，也可以作为独立部件安装在机床以外。

### 2. 刀库的形式

刀库的形式很多，结构各异，如图 4-10 所示。加工中心常用的刀库有鼓轮式和链式两种。

图 4-10a 所示为鼓轮式刀库，其结构简单、紧凑，应用较多，一般存在刀具不超过 32 把。

图 4-10b 所示为链式刀库，多为轴向取刀，适用于要求刀库容量较大的机床。

a) 鼓轮式刀库　　　　　　　　　　b) 链式刀库

图 4-10　刀库形式

### 3. 换刀过程

自动换刀装置的换刀过程由选刀和换刀两部分组成。选刀即刀库按照选刀命令（或信息）自动将要用的刀具移动到换刀位置，完成选刀过程，为下面换刀做好准备；换刀即把主轴上用过的刀具取下，将选好的刀具安装在主轴上。

### 4. 刀具的选择方法

数控机床常用的选刀方式有顺序选刀方式和任选方式两种。

1）顺序选刀方式。将加工所需要的刀具，按照预先确定的加工顺序依次安装在刀座中，换刀时，刀库按顺序转位。这种方式的控制及刀库运动简单，但刀库中刀具排列的顺序不能错。

2）任选方式。对刀具或刀座进行编码，并根据编码选刀。它可分为刀具编码和刀座编码两种方式。

刀具编码方式是利用安装在刀柄上的编码元件（如编码环、编码螺钉等）预先对刀具编码后，再将刀具放入刀座中；换刀时，通过编码识别装置根据刀具编码选刀。采用这种方式的刀具可以放在刀库中的任意刀座中；刀库中的刀具不仅可在不同的工序中多次重复使用，而且换下的刀具也不必放回原来的刀座中。

刀座编码方式是预先对刀库中的刀座进行编码，并将与刀座编码相对应的刀具放入指定的刀座中；换刀时，根据刀座编码选刀。如程序中指定为 T6 的刀具必须放在编码为 6 的刀座中。使用过的刀具也必须放回原来的刀座中。

目前计算机控制的数控机床都普遍采用计算机记忆方式选刀。这种方式是通过可编程控制器（PLC）或计算机，记忆每把刀具在刀库中的位置，自动选择所需要的刀具。

### 四、编程指令

加工中心所用加工程序的基本编程方法、固定循环与数控铣床是相同的,最大区别在于加工中心需要自动换刀指令。

**1. 回参考点指令 G27、G28、G29、G30**

机床接通电源后需要通过手动回参考点,建立机床坐标系。机床参考点一般选作机床坐标的原点,在使用手动返回参考点功能时,刀具即可在机床 X、Y、Z 坐标参考点定位,这时返回参考点指示灯亮。

4-3 回参考点指令 G27、G28、G29、G30

(1)返回参考点校验功能指令 G27

1)指令功能:用于检查机床是否能准确返回参考点。

2)指令格式:G27　X＿Y＿;或 G27　X＿ Z＿;或 G27　Y＿ Z＿;

其中,X、Y、Z 为参考点位置坐标。执行 G27 指令后,返回各轴参考点指示灯分别点亮。当使用刀具补偿功能时,指示灯是不亮的,所以在取消刀具补偿功能后,才能使用 G27 指令。

(2)回参考点指令 G28

1)指令功能:使受控轴自动返回参考点。

2)指令格式:G28　X＿Y＿;或 G28　X＿Z＿;或 G28　Y＿Z＿;

其中,X、Y、Z 为中间点位置坐标。执行 G28 指令后,所有的受控轴都将快速定位到中间点,然后再从中间点快速移动到参考点。

G28 指令一般用于设置自动换刀位置,所以使用 G28 指令时,应取消刀具的补偿功能。

(3)从参考点自动返回指令 G29

指令格式:G29　X＿Y＿;或 G29　X＿Z＿;或 G29　Y＿Z＿;

其中,X、Y、Z 为执行完 G29 后刀具应到达的目标点坐标。G29 指令一般紧跟在 G28 指令后使用,它的动作顺序是从参考点快速到达 G28 指令的中间点,再从中间点快速移动到目标点。G28、G29 举例如图 4-11 所示。

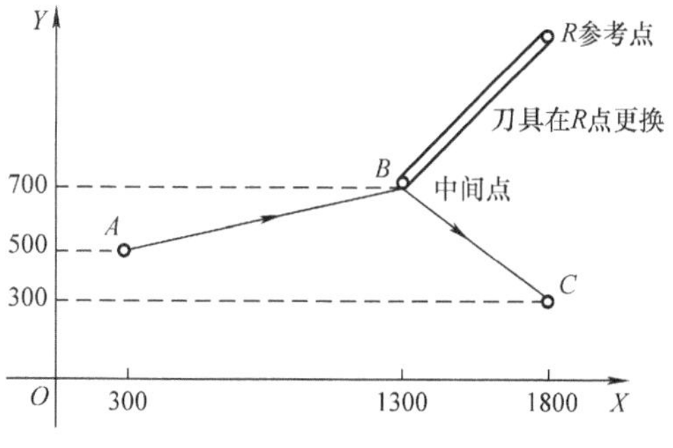

图 4-11 G28 和 G29 指令

参考程序:

N10　G91　G28　X1000　Y200;　　　　由 A 经过 B,再返回参考点

N20　M06;　　　　　　　　　　　　　换刀

N30　G29　X500　Y-400;　　　　　　从参考点经由 B 到 C

(4)第二参考点返回指令 G30

指令格式:G30　X＿Y＿;或 G30　X＿Z＿;或 G30　Y＿Z＿;

其中,X、Y、Z 为中间点位置坐标。G30 指令的功能与 G28 指令相似。不同之处是刀具自动返回第二参考点,而第二参考点的位置是由参数来设定的,G30 指令必须在执行返

第一参考点后才有效。如 G30 指令后面直接跟 G29 指令，则刀具将经由 G30 指定的中间点移到 G29 指令的返回点定位。在使用 G30 前，应先取消刀具补偿。

### 2. 换刀指令 M06

换刀的方式分无机械手式和有机械手式两种。

无机械手式换刀方式是刀具库靠向主轴，先卸下主轴上的刀具，刀库再旋转至欲换的刀具位置，将刀具上升装上主轴。此种刀具库以圆盘型较多，且是固定刀号式。无机械手式的换刀指令举例：

T02　M06；

执行该指令时，主轴上的刀具先装回刀库，再旋转至 2 号刀位置，将 2 号刀装上主轴。

有机械手式换刀大都配合链式刀库且是无固定刀号式，即 1 号刀不一定插回 1 号刀套内。此种换刀方式的 T 指令后面所接数字代表欲调用刀具的号码。当 T 指令被执行时，被调用的刀具会转至准备换刀位置，但无换刀动作，因此 T 指令可在换刀指令 M06 之前即设定，以节省换刀时等待刀具的时间。有机械手式的换刀指令举例：

T01　M06；　　　　将 1 号刀换到主轴上
T02；　　　　　　　2 号刀转至换刀位置，预选刀

刀具并非在任何位置均可交换，一般设计在安全位置实施刀具交换动作，避免与工作台、工件发生碰撞。$Z$ 轴的机床原点位置是远离工件最远的安全位置，故一般 $Z$ 轴先返回机床原点后，才能执行换刀指令。但有些制造厂商，除了 $Z$ 轴先返回机床原点外，还必须用 G30 指令返回第二参考点。加工中心的实际换刀程序通常书写如下：

1) 只需 $Z$ 轴回机床原点（无机械手式的换刀）

G91　G28　Z0；　　回机床原点
T01　M06；　　　　换 1 号刀
⋮
G91　G28　Z0；　　回机床原点
T02　M06；　　　　换 2 号刀

2) $Z$ 轴先返回机床原点，且必须返回第二参考点（有机械手式的换刀）

T03；　　　　　　　3 号刀到换刀位置
G91　G28　Z0；　　回机床原点
G30　Y0；　　　　 返回第二参考点
T03　M06；　　　　换 3 号刀
⋮
G91　G28　Z0；　　回机床原点
G30　Y0；　　　　 返回第二参考点
T04　M06；　　　　换 4 号刀

【任务实施】

下面分析图 4-1 所示泵体端盖底板的加工工艺，编制程序。

### 1. 工艺分析

刀具：见表 4-1。夹具：机用平口钳。

加工工艺方案：

外轮廓：粗铣→精铣。

腰形槽：粗铣→精铣。

$\phi$30H7：钻中心孔→钻底孔 $\phi$28mm→扩孔至 $\phi$29.8mm→精镗孔。

$\phi$10H8：钻中心孔→钻底孔 $\phi$9mm→扩孔至 $\phi$9.8mm→铰孔。

外轮廓铣削路线：刀具从起刀点（80，0）出发，建立刀具半径左补偿并直线插补至点1，下刀至深度6mm，然后按 1→2→3→4→5→6 的顺序铣削加工，另外一半采用旋转指令再次调用子程序加工。

腰形槽铣削路线：刀具从工件中心（0，0）直线插补至点7，建立刀具半径左补偿，下刀至深度4mm处，然后按 7→8→9→10 的顺序铣削加工，另外一半采用旋转指令再次调用子程序加工，如图4-12所示。

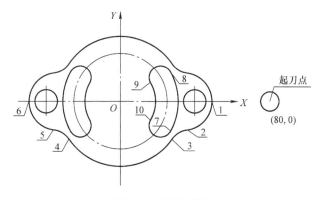

图4-12 铣削路径

加工顺序：根据先面后孔、先粗后精、先大孔后小孔的加工顺序原则，先加外轮廓，再钻镗各孔。具体加工顺序为：先粗铣外轮廓，粗铣腰形槽，中心钻打中心孔定位，再粗加工、半精加工各孔，最后精加工各轮廓面及各孔。具体工序步骤见表4-1。

表4-1 数控加工工序卡

| 工步号 | 作业内容 | 刀号 | 刀具偏置 | 刀具 | 主轴转速 /(r/min) | 进给速度 /(mm/r) | 背吃刀量 /mm |
|---|---|---|---|---|---|---|---|
| 1 | 粗铣外轮廓 | T01 | H01/D01 | $\phi$20mm 三刃立铣刀 | 800 | 150 | 5 |
| 2 | 粗铣腰形槽 | T02 | H02/D02 | $\phi$10mm 键槽铣刀 | 850 | 120 | 3 |
| 3 | 打中心孔 | T03 | H03 | A2.5 中心钻 | 1500 | 100 | |
| 4 | 钻$\phi$30H7 底孔至$\phi$28mm | T04 | H04 | $\phi$28mm 锥柄麻花钻 | 400 | 60 | |
| 5 | 粗镗$\phi$30H7 孔 | T05 | H05 | $\phi$29.5mm 镗刀 | 450 | 70 | |
| 6 | 钻$\phi$10H8 底孔至9mm | T06 | H06 | $\phi$9mm 麻花钻 | 750 | 60 | |
| 7 | 扩$\phi$10H8 孔 | T07 | H07 | $\phi$9.8mm 扩孔钻 | 700 | 50 | |
| 8 | 精铣外轮廓 | T08 | H08/D08 | $\phi$20mm 精三刃立铣刀 | 1000 | 100 | 2 |
| 9 | 精铣腰形槽 | T09 | H09/D09 | $\phi$10mm 键槽铣刀 | 1000 | 120 | 1 |
| 10 | 精镗$\phi$30H7 | T10 | H10 | $\phi$30mm 精镗刀 | 500 | 30 | |
| 11 | 铰孔$\phi$10H8 | T11 | H11 | $\phi$10mm 铰刀 | 100 | 30 | |

## 2. 程序编制

由于是对称零件,适合采用旋转、镜像指令编程。本任务中编程坐标系的原点选在工件上表面的对称中心,方便计算。

因采用刀具半径补偿功能,只需计算工件轮廓上基点坐标即可。图 4-12 中各基点坐标值见表 4-2。

表 4-2 基点坐标

| 基点 | 坐标 | 基点 | 坐标 |
| --- | --- | --- | --- |
| 1 | (49, 0) | 6 | (-49, 0) |
| 2 | (35.89, -14.88) | 7 | (26.85, -15.5) |
| 3 | (27.64, -19.80) | 8 | (26.85, 15.5) |
| 4 | (-27.64, -19.80) | 9 | (16.45, 9.5) |
| 5 | (-35.89, -14.88) | 10 | (16.45, -9.5) |

程序如下:
O4010
N10　G49　G69　G40;
N20　T01　M06;　　　　　　　　　　　调用1号刀
N30　M03　S800;
N40　G54　G90　G00　X80　Y0;
N50　G43　Z20　H01;
N60　Z3　M08;
N70　G01　Z-5　F100;　　　　　　　　下刀至深度5mm,留1mm余量
N80　M98　P4011;　　　　　　　　　　调用粗加工外轮廓子程序
N90　G68　X0　Y0　R180;　　　　　　坐标系旋转180°
N100　M98　P4011;　　　　　　　　　加工另一半外轮廓
N110　G69;　　　　　　　　　　　　　取消旋转
N120　G00　Z100;　　　　　　　　　　Z轴抬刀
N130　M09　M05;　　　　　　　　　　切削液关,主轴停止
N140　G28　G49　Z100;
N150　T02　M06;　　　　　　　　　　换2号刀
N160　M03　S850　M08;
N170　G54　G90　G00　X0　Y0;
N180　G43　H02　Z50;
N190　M98　P4012;　　　　　　　　　调用粗加工腰形槽子程序
N200　G68　X0　Y0　R180;
N210　M98　P0003;
N220　G69;
N230　Z100　M09;
N240　G49　G28　Z100;

```
N250  T03  M06;                                 换3号刀
N260  M03  S1500;
N270  G54  G90  G00  X40  Y0;
N280  G43  H03  Z20;
N290  G99  G81  X40  Y0  Z-3  R5  F100  M08;
N300  X-40;
N310  X0;
N320  G80  G00  Z50  M09;
N330  G49  G28  Z100;
N340  T04  M06;                                 换4号刀
N350  M03  S400  M08;
N360  G54  G90  G00  X0  Y0;
N370  G43  H04  Z20;
N380  G83  X0  Y0  Z-31  R5  Q2  F60;
N390  G80  Z50  M09;
N400  G49  G28  Z100;
N410  T05  M06;                                 换5号刀
N420  M03  S450  M08;
N430  G90  G54  G00  X0  Y0;
N440  G43  H05  Z10;
N450  G99  G85  X0  Y0  Z-31  R5  F70;
N460  G80  Z50  M09;
N470  G49  G28  Z100;
N480  T06  M06;                                 换6号刀
N490  M03  S750  M08;
N500  G90  G54  G00  X40  Y0;
N510  G43  H06  Z20;
N520  G99  G83  X40  Y0  Z-31  R5  Q2  F60;
N530  X-40;
N540  G80  Z50  M09;
N550  G49  G28  Z100;
N560  T07  M06;                                 换7号刀
N570  M03  S700  M08;
N580  G90  G54  G00  X40  Y0;
N590  G43  H07  Z20;
N600  G99  G83  X40  Y0  Z-31  R5  Q2  F50;
N610  X-40;
N620  G80  Z50  M09;
N630  G49  G28  Z100;
```

| | | | | | | |
|---|---|---|---|---|---|---|
| N640 | T08 | M06; | | | | 换8号刀 |
| N650 | M03 | S1000; | | | | |
| N660 | G54 | G90 | G00 | X80 | Y0; | |
| N670 | G43 | Z20 | H08; | | | |
| N680 | Z3 | M08; | | | | |
| N690 | G01 | Z-6 | F100; | | | |
| N700 | M98 | P4013; | | | | 调用精加工外轮廓子程序 |
| N710 | G68 | X0 | Y0 | R180; | | 工件坐标系旋转180° |
| N720 | M98 | P4013; | | | | 调用精加工外轮廓子程序 |
| N730 | G69; | | | | | 取消旋转 |
| N740 | G00 | Z50; | | | | |
| N750 | M09 | M05; | | | | |
| N760 | G49 | G28 | Z100; | | | |
| N770 | T09 | M06; | | | | 换9号刀 |
| N780 | M03 | S1000; | | | | |
| N790 | G90 | G54 | X0 | Y0; | | |
| N800 | G43 | H09 | Z50 | M08; | | |
| N810 | M98 | P4014; | | | | 调用精加工腰形槽子程序 |
| N820 | G68 | X0 | Y0 | R180; | | |
| N830 | M98 | P4014; | | | | |
| N840 | G00 | Z50 | M09; | | | |
| N850 | G69 | G40; | | | | |
| N860 | G49 | G28 | Z100; | | | |
| N870 | T10 | M06; | | | | 换10号刀 |
| N880 | M03 | S500; | | | | |
| N890 | G90 | G54 | G00 | X0 | Y0; | |
| N900 | G43 | H10 | Z10 | M08; | | |
| N910 | G76 | X0 | Y0 | Z-31 | R5 | F30; |
| N920 | G80 | Z100 | M09; | | | |
| N930 | G49 | G28 | Z100; | | | |
| N940 | T11 | M06; | | | | 换11号刀 |
| N950 | M03 | S100 | M08; | | | |
| N960 | G90 | G54 | G00 | X40 | Y0; | |
| N970 | G43 | H11 | Z50; | | | |
| N980 | G82 | X40 | Y0 | Z-31 | R5 | P2000 F30; |
| N990 | X-40; | | | | | |
| N1000 | G80 | Z50 | M09; | | | |
| N1010 | G49 | G28 | Z100; | | | |
| N1020 | M05; | | | | | |

N1030　M30；

O4011　　　　　　　　　　　　　　　　粗加工外轮廓子程序
N10　G01　G41　X49　Y0　D01　F150；
N20　G02　X35.89　Y-14.88　R15；
N30　G03　X27.64　Y-19.80　R12；
N40　G02　X-27.64　Y-19.80　R34；
N50　G03　X-35.89　Y-14.88　R12；
N60　G02　X-49　Y0　R15；
N70　G01　G40　X-60　Y0；
N80　M99；

O4012　　　　　　　　　　　　　　　　粗加工腰形槽子程序
N10　G01　G41　X26.85　Y-15.5　D02　F120；
N20　G01　Z-3　F30；
N30　G03　X26.85　Y15.5　R31；
N40　G03　X16.45　Y9.5　R6；
N50　G02　X16.45　Y-9.5　R19；
N60　G03　X26.85　Y-15.5　R6；
N70　G00　Z1；
N80　G40　X0　Y0；
N90　M99；

O4013　　　　　　　　　　　　　　　　精加工外轮廓子程序
N10　G01　G41　X49　Y0　D08　F100；
N20　G02　X35.89　Y-14.88　R15；
N30　G03　X27.64　Y-19.80　R12；
N40　G02　X-27.64　Y-19.80　R34；
N50　G03　X-35.89　Y-14.88　R12；
N60　G02　X-49　Y0　R15；
N70　G01　G40　X-60　Y0；
N80　M99；

O4014　　　　　　　　　　　　　　　　精加工腰形槽子程序
N10　G01　G41　X26.85　Y-15.5　D09　F120；
N20　G01　Z-4　F30；
N30　G03　X26.85　Y15.5　R31；
N40　G03　X16.45　Y9.5　R6；
N50　G02　X16.45　Y-9.5　R19；
N60　G03　X26.85　Y-15.5　R6；
N70　G00　Z1；
N80　G40　X0　Y0；
N90　M99；

【课后训练】

编程题

完成图4-13所示零件的编程与加工。

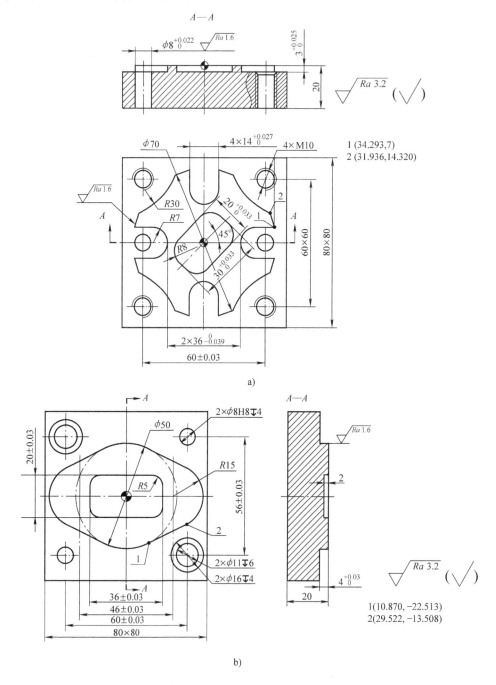

图4-13 编制零件加工程序

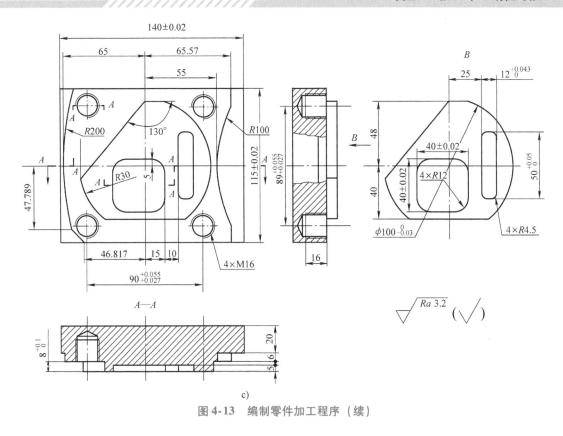

图 4-13 编制零件加工程序（续）

## 任务 4.2　卧式加工中心箱体类零件的编程与加工

【学习目标】

掌握典型箱体类零件的加工工艺、装夹方案，能够完成典型箱体类零件的程序编制及加工。

【任务导入】

完成图 4-14 所示的箱体类零件的铣削加工，中空为腔，毛坯铸件，上下表面和上孔已经加工完成，下底面上的 $6×\phi11mm$ 两侧分布的孔，其中一侧的两个孔已加工成 $\phi11H7$ 的工艺孔。要求加工四个立面上的平面和孔。

任务分析：如图 4-14 所示，四个侧面中，前后两面各有三个凸台，箱体的右侧有一个凸台，共七个凸台。每个凸台上各有通孔，其中前后两面上对应的 $\phi30H7$ 孔，要求同轴度公差为 $\phi0.02mm$，两同轴孔中心线对底面平行度公差为 $0.02mm$，同时孔之间有平行度及孔间距公差要求。各凸台面表面粗糙度为 $Ra3.2\mu m$，相对于前后 $\phi30H7$ 孔同轴线的垂直度公差为 $0.06mm$，每个凸台上 $6×M6$ 螺孔。

由于需要加工三个方位，为加工方便，考虑使用卧式加工中心。卧式加工中心一般采用单刀多工位的方法进行加工。

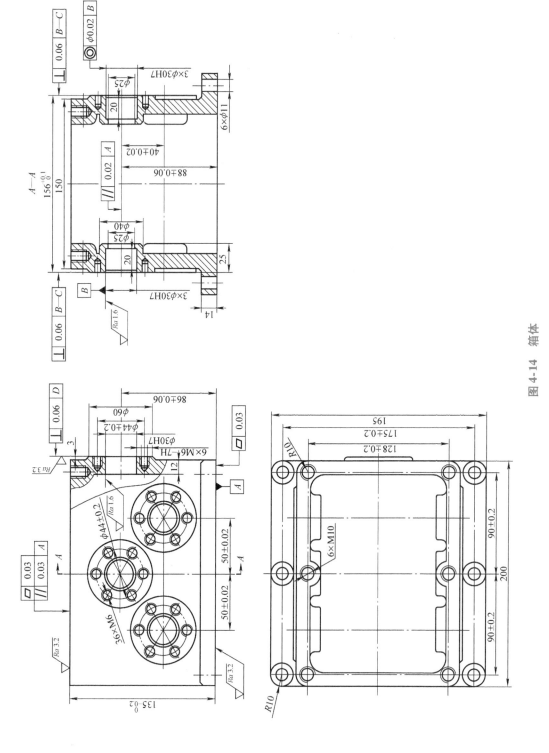

图 4-14 箱体

【新知学习】

本任务包含卧式加工中心的特点及箱体零件的工艺分析。

## 一、卧式加工中心概述

卧式加工中心是最常用的数控机床之一,其技术含量高,是数控机床产业发展水平的标志性产品之一。卧式加工中心主要通过数控系统、伺服驱动装置控制机床基本运动,其结构的主要特征是主轴水平设置,通常由 3~5 个运动部件(主轴箱、工作台、立柱或主轴套等)组成,如图 4-15 所示。在卧式加工中心上设置自动交换工作台,构成柔性制造单元(FMC),实现工件自动交换,即在加工的同时可进行另一个工件装卸。加工工件经一次装夹后,完成多工序自动加工,自动选择及更换刀具,自动改变机床主轴转速和进给速度,自动实现刀具与工件的运动轨迹变化以及自动实现其他辅助功能,如图 4-16 所示。

图 4-15 卧式加工中心

图 4-16 带交换工作台的卧式加工中心

卧式加工中心适用于零件形状比较复杂和精度要求高的产品的批量生产,特别是箱体和复杂结构件的加工。在汽车、航空航天、船舶和发电等行业被大量用于复杂零件的精密和高效加工。

与立式加工中心相比较,卧式加工中心结构复杂,占地面积大,价格也较高,而且卧式加工中心在加工时不便观察,零件装夹和测量时不方便,但加工时排屑容易,对加工有利。

## 二、卧式加工中心类型

卧式加工中心按立柱是否运动分为固定立柱型和移动立柱型。

**1. 固定立柱型**

1)工作台十字运动,工作台做 $X$、$Z$ 方向运动,主轴箱做 $Y$ 方向运动,主轴箱在立柱上有正挂、侧挂两种形式。适用于中型复杂零件的镗、铣等多工序加工。

2)主轴箱十字运动,主轴箱做 $X$、$Z$ 方向运动,工作台做 $Y$ 方向运动。适用于中小型零件的镗、铣等多工序加工。

3)主轴箱侧挂与立柱,主轴箱做 $Y$、$Z$ 方向运动,这种布局形式与刨台型卧式铣镗床类似，工作台做 $X$ 方向运动。适用于中型零件镗、铣等多工序加工。

**2. 移动立柱型**

1）刨台型，床身呈 T 字形，工作台在前床身上做 $X$ 方向运动，立柱在后床身上做 $Z$ 方向运动。主轴箱在立柱上有正挂、侧挂两种形式，做 $Y$ 方向运动。适用于中、大型零件，特别是长度较大零件的镗、铣等多工序加工。

2）立柱十字运动型，立柱做 $Z$、$U$（与 $X$ 向平行）方向运动，主轴箱在立柱上做 $Y$ 方向运动，工作台在前床身上做 $X$ 方向运动。适用于中型复杂零件的镗、铣等多工序加工。

3）主轴滑枕进给型，主轴箱在立柱上做 $Y$ 方向运动，主轴滑枕做 $Z$ 方向运动。立柱做 $X$ 方向运动。工作台是固定的，或装有回转工作台。可配备多个工作台，适用于中小型多个零件加工，工件装卸与切削时间可重合。

【任务实施】

下面分析图 4-14 所示箱体的加工工艺，编制程序。

**1. 工艺分析**

刀具：见表 4-3。

夹具：工件采用一面两孔定位，即以底面和 $2\times\phi 11H7$ 工艺孔定位。考虑到要铣立面，为了防止刀具与压板干涉，箱体中间吊拉杆，在箱体顶面上压紧，让工件充分暴露在刀具下面，如图 4-17 所示，一次装夹完成全部加工内容，以保证各加工要素间的位置精度。

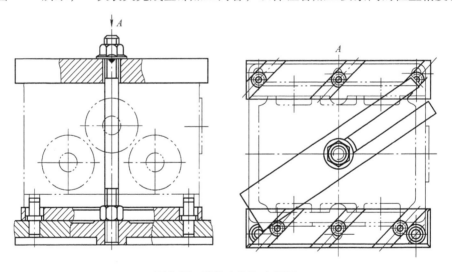

图 4-17 箱体定位和夹紧图

加工工艺方案：

凸台：粗铣→精铣。

$\phi 25\text{mm}$ 孔：镗削。

$\phi 30H7\text{mm}$ 孔：粗镗 $\phi 28\text{mm}$→半精镗 $\phi 29.5\text{mm}$→孔口倒角→精镗。

M6 螺纹：中心孔→螺纹底孔→攻螺纹。

加工顺序：遵循工序集中、先面后孔、先粗后精、先主后次的原则确定本任务中面和孔的加工方案。

由于本任务需要在三个不同的工位加工,且刀具在每一工位上加工量较少,所以采用单刀多工位的方法进行加工。先铣侧平面,然后镗 φ25mm 的孔至尺寸,接着粗镗、半精镗 φ30H7mm 孔,钻 M6 螺纹中心孔,钻底孔、攻螺纹,最后精镗 φ30H7mm 孔。具体工序步骤见表 4-3。

表 4-3 数控加工工序卡

| 工步号 | 作业内容 | 刀号 | 刀具偏置 | 刀具 | 主轴转速 /(r/min) | 进给速度 /(mm/r) | 背吃刀量 /mm |
|---|---|---|---|---|---|---|---|
| 1 | 粗、精铣凸台 | T01 | H01 | φ125mm 端面铣刀 | 300/400 | 120/80 | 1 |
| 2 | 镗 φ25mm 孔至要求尺寸 | T02 | H02 | φ25mm 粗镗刀 | 450 | 50 | |
| 3 | 粗镗 φ30H7 孔至 φ28mm | T03 | H03 | φ28mm 平底镗刀 | 420 | 45 | |
| 4 | 半精镗 φ30H7 孔至 φ29.5mm | T04 | H04 | φ29.5mm 平底镗刀 | 400 | 45 | |
| 5 | φ30H7 孔孔口倒角 | T05 | H05 | 45°倒角镗刀 | 600 | 100 | |
| 6 | 钻 M6 中心孔 | T06 | H06 | φ3mm 中心钻 | 1500 | 100 | |
| 7 | 钻 M6 螺纹底孔 | T07 | H07 | φ5mm 麻花钻 | 800 | 50 | |
| 8 | 攻 M6 螺纹孔 | T08 | H08 | M6H2 丝锥 | 100 | 100 | |
| 9 | 精镗 φ30H7 孔至 φ30H7 | T09 | H09 | φ30H7 平底精镗刀 | 550 | 40 | |

**2. 程序编制**

在每个工位上分别建立一个工件坐标系,三个工位上的 X、Y 坐标位置如图 4-18 所示,Z 方向的坐标零点在工件下底面。A 面和 C 面的工件坐标系对称,这样坐标计算相对简单,方便编程。

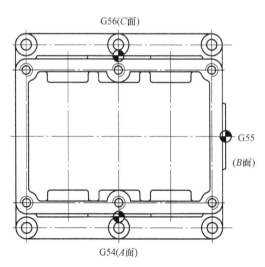

图 4-18 各个面的工件坐标系设定

程序如下:
O4020　　　　　　　　　　　　　　　　　　　主程序
N10　T01　M06;　　　　　　　　　　　　　　调用 1 号刀
N20　T02;　　　　　　　　　　　　　　　　　刀库预选 2 号刀

```
N30    M03   S300;
N40    G54   G90   G00   X150   Y77;                         定位到 A 面起刀点
N50    G43   H01   Z50;                                      建立刀具长度补偿，刀位点到 Z50
N60    G01   Z0.2  F250  M08;
N70    G01   X-150 F120;                                     粗铣 A 面
N80    G65   P4021 B90;                                      工作台转 90°，B 面到主轴侧
N90    G55   G90   G00   X120   Y88   M03   S300;            粗铣 B 面
N100   G43   H01   Z0.2  F250;
N110   G01   X-105 F120;
N120   G65   P4021 B180;                                     工作台转 180°，C 面到主轴侧
N130   G56   G90   G00   X150   Y77   M03   S300;            粗铣 C 面
N140   G43   H01   Z0.2  F250;
N150   G01   X-150 F120;
N160   M03   S400;                                           改变 S、F 值，精铣 C 面
N170   G43   H01   Z0;
N180   G01   X150  F80;
N190   G65   P4021 B90;
N200   G55   G90   G00   X105   Y88   M03   S400;            精铣 B 面
N210   G43   H01   Z0;
N220   G01   X-105 F80;
N230   G65   P4021 B0;
N240   G54   G90   G00   X150   Y88   M03   S400;            精铣 A 面
N250   G43   H01   Z0;
N260   G01   X-150 F80;
N270   G49   G00   Z200  M09;
N280   T02   M06;                                            换 2 号刀
N290   T03;                                                  预选刀具
N300   G54   G90   G00   M03   S450   M08;                   镗 A 面 3×φ25mm 孔
N310   G66   P4023 F50   H02   I5   R5   Z-30;
N320   M98   P4022;
N325   G67;
N330   G65   P4021 B180;
N340   G56   G90   G00   M03   S450   M08;                   镗 C 面 3×φ25mm 孔
N350   G66   P0007 F50   H02   I5   R5   Z-30;
N360   M98   P4022;
N370   G67;
N380   G49   G00   Z200  M09;
N390   T03   M06;
N400   T04;
N410   G56   G90   G00   M03   S420   M08;                   粗镗 C 面 3×φ30H7 孔至 φ28mm
```

| | | | | | | | | |
|---|---|---|---|---|---|---|---|---|
| N420 | G66 | P4024 | F45 | H03 | I5 | R5 | Z−19.8 | X2; |
| N430 | M98 | P4022; | | | | | | |
| N435 | G67; | | | | | | | |
| N440 | G65 | P4021 | B90; | | | | | |
| N450 | G55 | G90 | G00 | X0 | Y88 | M03 | S420 | M08; | 粗镗 B 面 φ30H7 孔至 φ28mm
| N460 | G65 | P4024 | F45 | H03 | I5 | R5 | Z−19.8 | X2; |
| N465 | G65 | P4021 | B0; | | | | | |
| N470 | G54 | G90 | G00 | M03 | S420 | M08; | | | 粗镗 A 面 3×φ30H7 孔至 φ28mm
| N480 | G66 | P4024 | F45 | H03 | I5 | R5 | Z−19.8 | X2; |
| N490 | M98 | P4022; | | | | | | |
| N495 | G67; | | | | | | | |
| N500 | G49 | G00 | Z200 | M09; | | | | |
| N510 | T04 | M06; | | | | | | |
| N520 | T05; | | | | | | | |
| N530 | G54 | G90 | G00 | M03 | S400 | M08; | | | 半精镗 A 面 3×φ30H7 孔至 φ29.5mm
| N540 | G66 | P4024 | F45 | H04 | I5 | R5 | Z−19.9 | X2; |
| N550 | M98 | P4022; | | | | | | |
| N555 | G67; | | | | | | | |
| N560 | G65 | P4021 | B90; | | | | | |
| N570 | G55 | G90 | G00 | X0 | Y88 | M03 | S400 | M08; | 半精镗 B 面 φ30H7 孔至 φ29.5mm
| N580 | G65 | P4024 | F45 | H04 | I5 | R5 | Z−19.9 | X2; |
| N590 | G65 | P4021 | B180; | | | | | |
| N600 | G56 | G90 | G00 | M03 | S400 | M08; | | | 半精镗 C 面 3×φ30H7 孔至 φ29.5mm
| N610 | G66 | P4024 | F45 | H04 | I5 | R5 | Z−19.9 | X2; |
| N620 | M98 | P4022; | | | | | | |
| N625 | G67; | | | | | | | |
| N630 | G49 | G00 | Z200 | M09; | | | | |
| N640 | T05 | M06; | | | | | | |
| N650 | T06; | | | | | | | |
| N660 | G56 | G90 | M03 | S600 | M08; | | | | C 面 3×φ30H7 孔口倒角
| N670 | G66 | P4024 | F100 | H05 | I5 | R5 | Z−1 | X2; | 修改倒角大小
| N680 | M98 | P4022; | | | | | | |
| N685 | G67; | | | | | | | |
| N690 | G65 | P4021 | B90; | | | | | |

| | | | | | | | | |
|---|---|---|---|---|---|---|---|---|
| N700 | G55 | G90 | X0 | Y88 | S600 | M03 | M08； | B 面 φ30H7 孔口倒角 |
| N710 | G65 | P4024 | F100 | H05 | I5 | R5Z－1 | X2； | 修改倒角大小 |
| N720 | G65 | P4021 | B0； | | | | | |
| N730 | G54 | G90 | G00 | S600 | M03 | M08； | | A 面 3×φ30H7 孔口倒角 |
| N740 | G66 | P4024 | F100 | H05 | I5 | R5 | Z－1 X2； | 修改倒角大小 |
| N750 | M98 | P4022； | | | | | | |
| N755 | G67； | | | | | | | |
| N760 | G49 | G00 | Z200 | M09； | | | | |
| N770 | T06 | M06； | | | | | | |
| N780 | T07； | | | | | | | |
| N790 | G54 | G90 | G00 | M03 | S1500 | M08； | | 钻 A 面 18×M6 中心孔 |
| N800 | G66 | P4023 | F100 | H06 | I5 | R5 | Z－5； | 修改倒角大小 |
| N810 | G65 | P4026 | X50 | Y48 | R22 | A30 | C6； | 钻右侧 6×M6 孔 |
| N820 | G65 | P4026 | X0 | Y88 | R22 | A30 | C6； | 钻中间 6×M6 孔 |
| N830 | G65 | P4026 | X－50 | Y48 | R22 | A30 | C6； | 钻左侧 6×M6 孔 |
| N835 | G67； | | | | | | | |
| N840 | G65 | P4021 | B90； | | | | | |
| N850 | G55 | G90 | G00 | M03 | S1500 | M08； | | 钻 B 面 6×M6 中心孔 |
| N860 | G66 | P4023 | F100 | H06 | I5 | R5 | Z－5； | |
| N870 | G65 | P4026 | X0 | Y88 | R22 | A30 | C6； | |
| N875 | G67； | | | | | | | |
| N880 | G65 | P4021 | B180； | | | | | |
| N890 | G56 | G90 | G00 | M08 | M03 | S1500； | | 钻 C 面 18×M6 中心孔 |
| N900 | G66 | P4023 | F100 | H06 | I5 | R5 | Z－5； | |
| N910 | G65 | P4026 | X50 | Y48 | R22 | A30 | C6； | 钻右侧 6×M6 螺纹孔 |
| N920 | G65 | P4026 | X0 | Y88 | R22 | A30 | C6； | 钻中间 6×M6 螺纹孔 |
| N930 | G65 | P4026 | X－50 | Y48 | R22 | A30 | C6； | 钻左侧 6×M6 螺纹孔 |
| N935 | G67； | | | | | | | |
| N940 | G49 | G00 | Z200 | M09； | | | | |
| N950 | T07 | M06； | | | | | | |
| N960 | T08； | | | | | | | |
| N970 | G56 | G90 | G00 | M03 | S800 | M08； | | 钻 C 面 18×M6 底孔 |
| N980 | G66 | P4023 | F50 | H07 | I5 | R5 | Z－11； | |
| N990 | G65 | P4026 | X50 | Y48 | R22 | A30 | C6； | |
| N1000 | G65 | P4026 | X0 | Y88 | R22 | A30 | C6； | |
| N1010 | G65 | P4026 | X－50 | Y48 | R22 | A30 | C6； | |
| N1015 | G67； | | | | | | | |
| N1020 | G65 | P4021 | B90； | | | | | |
| N1030 | G55 | G90 | G00 | M03 | S800 | M08； | | 钻 B 面 6×M6 底孔 |

```
N1040  G66  P4023  F50   H07  I5   R5   Z-11;
N1050  G65  P4026  X0    Y88  R22  A30  C6;
N1055  G67;
N1060  G65  P4021  B0;
N1070  G54  G90  G00  M03  S800  M08;              钻A面18×M6底孔
N1080  G66  P4023  F50   H07  I5   R5   Z-11;
N1090  G65  P4026  X50   Y48  R22  A30  C6;
N1100  G65  P4026  X0    Y88  R22  A30  C6;
N1110  G65  P4026  X-50  Y48  R22  A30  C6;
N1115  G67;
N1120  G49  G00  Z200  M09;
N1130  T08  M06;
N1140  T09;
N1150  G54  G90  G00  M03  S100  M08;
N1160  G66  P4025  H08  I5   R5   Z-10;            攻A面18×M6螺纹
N1170  G65  P4026  X50   Y48  R22  A30  C6;
N1180  G65  P4026  X0    Y88  R22  A30  C6;
N1190  G65  P4026  X-50  Y48  R22  A30  C6;
N1195  G67;
N1200  G65  P4021  B90;
N1210  G55  G90  G00  M03  S100  M08;              攻B面6×M6螺纹
N1220  G66  P4025  H08  I5   R5   Z-10;
N1230  G65  P4026  X0    Y88  R22  A30  C6;
N1235  G67;
N1240  G65  P4021  B180;
N1250  G56  G90  G00  M03  S100  M08;              攻C面18×M6螺纹
N1260  G66  P4025  H08  I5   R5   Z-10;
N1270  G65  P4026  X50   Y48  R22  A30  C6;
N1280  G65  P4026  X0    Y88  R22  A30  C6;
N1290  G65  P4026  X-50  Y48  R22  A30  C6;
N1295  G67;
N1300  G49  G00  Z200  M09;
N1310  T09  M06;
N1320  G56  G90  G00  S550  M03  M08;
N1330  G66  P4024  F40   H09  I5   R5   Z-30  X2;  精镗C面3×φ30H7孔
N1340  M98  P4022;
N1345  G67;
N1350  G65  P4021  B90;
N1360  G55  G90  G00  M08  S550;                   精镗B面φ30H7孔
N1370  G66  P4024  F40   H09  I5   R5   Z-30  X2;
```

```
N1375    G67;
N1380    G65   P4021   B0;
N1390    G54   G90   G00   M03   S550   M08;                    精镗 A 面 3×φ30H7 孔
N1400    G66   P4024   F40   H09   I5   R5   Z-30   X2;
N1410    M98   P006;
N1415    G67;
N1420    G40   G49   G28   Z0;
N1430    M05;
N1440    M30;
O4021                                                             工作台分度宏程序
N10    G90   G00   G40   G49   G80;
N20    G91   G28   Z0;
N30    B#2;                                                       工作台转位分度数用变
                                                                  量#2 表示
N40    M99;
O4022                                                             加工 3×φ30H7 孔和 3×
                                                                  φ25 子程序，A 面、C
                                                                  面程序相同
N10    X50   Y48;                                                 右侧孔
N20    X0   Y88;                                                  中间孔
N30    X-50   Y48;                                                左侧孔
N40    M99;
O4023                                                             钻孔宏程序，类似于 G81
N10    G90   G00   G43   H#11   Z#4;
N20    Z#18;                                                      快速到参考平面 R=#18
N30    G01   Z#26   F#9;                                          工进到孔深 Z=#26
N40    G00   Z#4;                                                 快速返回到初始平面 I=
                                                                  #4
N50    M99;
O4024                                                             钻孔宏程序，类似于 G82
N10    G90   G00   G43   H#11   Z#4;
N20    Z#18;
N30    G01   Z#26   F#9;
N40    G04   X#24;
N50    G00   Z#4;                                                 孔底暂停时间 X=#24
N60    M99;
O4025                                                             攻螺纹宏程序，类似于
                                                                  G84
N10    G90   G00   G43   H#11   Z#4;
N20    Z#18;
```

N30　G01　Z#26　F100；
N40　M04；
N50　G01　Z#18；
N60　M03；
N70　G00　Z#4；
N80　M99；
O4026　　　　　　　　　　　　　　　圆周均布孔位坐标宏程序
N10　#2 = 360/#3；　　　　　　　　 四周均布，两孔间夹角为#2
N20　#4 = 0；　　　　　　　　　　  孔加工计数器#4 置"0"
N30　WHILE　[#4　LT　#3] DO 1；　 当#4 < #3 时，循环执行 N40 ~ N50 程序
N40　G00　X [#24 + #18 * COS [#1 + 4 * #2]]　Y [#25 + #18 * SIN [#1 + #4 * #2]]；
　　　　　　　　　　　　　　　　　　孔位坐标
N50　#4 = #4 + 1；　　　　　　　　 孔加工计数器累加计数
N60　END　1；
N70　M99；

【课后训练】

编程题

完成图 4-19 所示零件的加工程序。

图 4-19a 所示零件上、下底面和下底面 4 × φ11mm 孔已经加工完成，要求把前、后面的毛坯孔 φ60mm 加工成 φ62H8，还要加工 4 × M6 螺纹孔，并且满足相关尺寸公差要求。

图 4-19b 所示零件上、下底面已经加工完成，要求把箱体四个侧面铣削至要求尺寸，前、后面的毛坯孔 φ110mm 加工成 φ120H8，左、右两侧毛坯孔 φ52mm 加工成 φ60H7，并且满足相关尺寸公差要求。

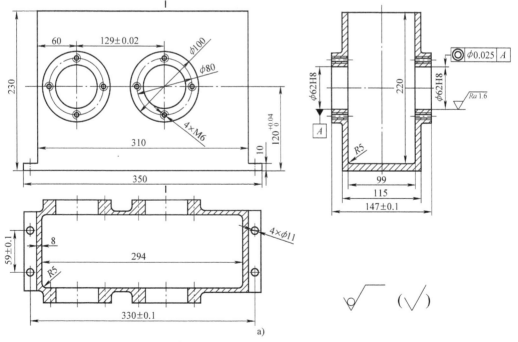

图 4-19　编制零件加工程序

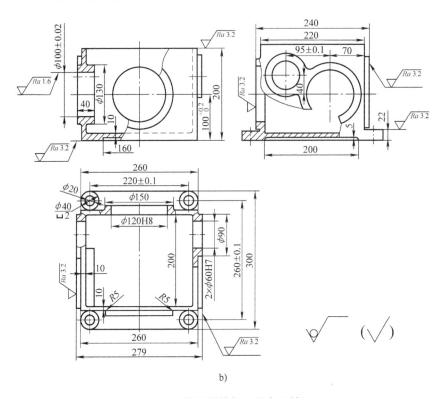

b)

图 4-19 编制零件加工程序（续）

# 参考文献

[1] 周虹. 数控编程与仿真实训 [M]. 4版. 北京：人民邮电出版社，2015.
[2] 马金平. 数控机床编程与操作项目教程 [M]. 2版. 北京：机械工业出版社，2016.
[3] 顾晔，卢卓. 数控编程与操作 [M]. 2版. 北京：人民邮电出版社，2016.
[4] 孙德英. 数控铣床加工程序编制与应用 [M]. 北京：机械工业出版社，2014.
[5] 穆国岩. 数控机床编程与操作 [M]. 2版. 北京：机械工业出版社，2018.
[6] 李艳霞. 数控机床及应用技术 [M]. 2版. 北京：人民邮电出版社，2015.